全国水利水电高职教研会规划教材

基础工程施工技术

主 编 董 伟

主 审 钟汉华 朱保才

中国水利水电出版社

www.waterpub.com.cn

·北京·

内 容 提 要

  本书按照高等职业教育土建施工类专业的教学要求，以最新的建设工程标准、规范和规程为依据，以施工员、二级建造师等职业岗位能力的培养为导向，根据编者多年的工作经验和教学实践编写而成。本书对基础工程施工工序、工艺、质量标准等做了详细的阐述，坚持以就业为导向，突出实用性、实践性；吸取了基础工程施工的新技术、新工艺、新方法，其内容的深度和难度按照高等职业教育的特点，重点讲授理论知识在工程实践中的应用，培养高等职业学校学生的职业能力；内容通俗易懂，叙述规范、简练，图文并茂。全书共分 8 个项目，包括基础工程施工基础知识、土方工程施工、基坑支护结构施工、降水排水施工、浅基础施工、预制桩基础施工、灌注桩基础施工、沉井工程施工等。

  本书具有较强的针对性、实用性和通用性，既可作为高等职业学校建筑工程技术、工程监理、工程造价等土建类专业的教材，也可作为土建类其他层次职业教育相关专业培训教材和土建工程技术人员参考书。

图书在版编目（ＣＩＰ）数据

基础工程施工技术 / 董伟主编. -- 北京 ： 中国水
利水电出版社，2016.8
  全国水利水电高职教研会规划教材
  ISBN 978-7-5170-4684-4

  Ⅰ．①基… Ⅱ．①董… Ⅲ．①基础施工－高等职业教
育－教材 Ⅳ．①TU753

中国版本图书馆CIP数据核字(2016)第211328号

书　　名	全国水利水电高职教研会规划教材 **基础工程施工技术** JICHU GONGCHENG SHIGONG JISHU	
作　　者	主编 董伟　　主审 钟汉华　朱保才	
出版发行	中国水利水电出版社 （北京市海淀区玉渊潭南路 1 号 D 座　100038） 网址：www. waterpub. com. cn E - mail：sales@waterpub. com. cn 电话：(010) 68367658（营销中心）	
经　　售	北京科水图书销售中心（零售） 电话：(010) 88383994、63202643、68545874 全国各地新华书店和相关出版物销售网点	
排　　版	中国水利水电出版社微机排版中心	
印　　刷	北京瑞斯通印务发展有限公司	
规　　格	184mm×260mm　16 开本　17.75 印张　421 千字	
版　　次	2016 年 8 月第 1 版　2016 年 8 月第 1 次印刷	
印　　数	0001—2000 册	
定　　价	**39.50 元**	

前言
qianyan

本书是为适应 21 世纪现代职业教育发展需要，结合我国目前高职高专建筑工程技术专业岗位的能力要求、相关课程设置与高职高专的教学特点，结合社会对技术人才的要求，衔接国家现行的有关标准及相关专业施工规范，本着提高学生素质和技能的原则编写的。吸取了地基与基础施工的新技术、新工艺、新方法；其内容的深度和难度按照高等职业教育的特点，重点讲授理论知识在工程实践中的应用，培养高等职业学校学生的职业能力。

本书内容共分 8 个项目，包括基础工程施工基础知识、土方工程施工、基坑支护结构施工、降水排水施工、浅基础施工、预制桩基础施工、灌注桩基础施工、沉井工程施工等。

本书在编写过程中，努力体现现在职业教育教学特点，遵照"素质为本、能力为主、需要为准、够用为度"的原则，并结合我国地基与基础施工的实际精选内容，以贯彻理论联系实际、注重实践能力的整体要求，突出针对性和实用性，便于学生学习。同时，本书还在一定程度上反映了国内外基础工程施工的先进经验和技术成就。

本书既可作为高等职业学校建筑工程技术、工程监理、工程造价等土建类专业的教材，也可作为土建类其他层次职业教育相关专业培训教材和土建工程技术人员参考书。本书是依据最新的技术规范、施工及验收标准、规范要求进行编写的，建议安排 80～100 学时进行教学。

本书主要特色如下：

（1）内容全面。本书涵盖了基础工程施工基础知识、土方工程施工、基坑支护结构施工、降水排水施工、浅基础施工、预制桩基础施工、灌注桩基础施工、沉井工程施工等基础工程各方面的施工技术。

（2）校企结合，编写大纲的制定、编写内容均由企业工程技术人员把关，企业工程技术人员直接参与编写，并且采用了现行的国家标准和企业标准。

（3）每个项目前面都设置了学习目标和引例与思考，帮助学生和教师掌握所学和所教的重点。

本书由湖北水利水电职业技术学院董伟任主编；湖北水利水电职业技术学院邵元纯、沈小芹、熊英、石硕任副主编；湖北水利水电职业技术学院赵建新、张博，湖北轻工职业技术学院钟汉斌，湖北新南洋建设工程有限公司李泽勇任参编；湖北水利水电职业技术学院钟汉华、中建三局第二建设工程有限责任公司朱保才任主审；董伟负责统稿。本书具体项目编写分工为项目1由邵元纯编写；项目2、6、7由董伟编写；项目3由沈小芹和熊英共同编写；项目4由李泽勇和赵建新共同编写；项目5由石硕编写；项目8由钟汉斌和张博共同编写。

本书在编写过程中，参考和引用了国内外的文献资料，在此谨向原书作者表示衷心感谢。由于编者水平有限，本书难免存在不足和疏漏之处，敬请各位读者批评指正。

编　者

2016 年 1 月

目　　录

项目 1　基础工程施工基础知识

【学习目标】

掌握基础施工图的识读方法，能够阅读一般房屋基础施工图并根据图纸进行后序工作；了解土的组成、物理性质和鉴别方法；了解工程地质、地基承载力和地质勘察的相关知识，能够阅读和使用工程地质勘察报告。

【引例与思考】

拟在某地兴建一幢 30 层楼房。根据当地经验，地质情况大致如下：上部 10～15m 为较软弱的黏性土，以下为粉土、粉细砂，至 45～55m 深度处为基岩，基岩上有数米厚的中粗砂夹卵石或卵石层。下部砂层及砂卵石层中有孔隙承压水。根据上述情况，请从地基基础设计需要出发提出勘察要求，勘察时采用哪些勘察测试手段为宜？

任务 1.1　基础施工图的识读

基础是房屋施工图的图示内容之一，要熟练的识读基础施工图首先要掌握房屋施工图的图示方法和相关制图规定。

1.1.1　建筑识图概述

1.1.1.1　房屋施工图的产生、分类

1. 房屋施工图的产生

建筑工程施工图是由设计单位根据设计任务书的要求、有关的设计资料、计算数据及建筑艺术等多方面因素设计绘制而成的。根据建筑工程的复杂程度，其设计过程分两阶段设计和三阶段设计两种，一般情况都按两阶段进行设计，对于较大的或技术上较复杂、设计要求高的工程，才按三阶段进行设计。

两阶段设计包括初步设计和施工图设计两个阶段。

初步设计的主要任务是根据建设单位提出的设计任务和要求，进行调查研究、搜集资料，提出设计方案，其内容包括必要的工程图纸、设计概算和设计说明等。初步设计的工程图纸和有关文件只是作为提供方案研究和审批之用，不能作为施工的依据。

施工图设计的主要任务是满足工程施工各项具体技术要求，提供一切准确可靠的施工依据，其内容包括工程施工所有专业的基本图、详图及其说明书、计算书等。此外还应有整个工程的施工预算书。整套施工图纸是设计人员的最终成果，是施工单位进行施工的依据。

当工程项目比较复杂，许多工程技术问题和各工种之间的协调问题在初步设计阶段无法确定时，就需要在初步设计和施工图设计之间插入一个技术设计阶段，形成三阶段设计。技术设计的主要任务是在初步设计的基础上，进一步确定各专业间的具体技术问题，

使各专业之间取得统一，达到相互配合协调。

2. 房屋施工图的分类

（1）建筑施工图（简称建施）。建筑施工图主要表达建筑物的外部形状、内部布置、装饰构造、施工要求等。

这类基本图有首页图、建筑总平面图、平面图、立面图、剖面图，以及墙身、楼梯、门、窗详图等。

（2）结构施工图（简称结施）。结构施工图主要表达承重结构的构件类型、布置情况以及构造作法等。

这类基本图有基础平面图、基础详图、楼层及屋盖结构平面图、楼梯结构图和各构件的结构详图等（梁、柱、板）。

（3）设备施工图（简称设施）。设备施工图主要表达房屋各专用管线和设备布置及构造等情况。

这类基本图有给水排水、采暖通风、电气照明等设备的平面布置图、系统图和施工详图。

3. 房屋施工图的编排顺序

建筑工程施工图一般的编排顺序是首页图、建筑施工图、结构施工图、给水排水施工图、采暖通风施工图、电气施工图等。如果是以某专业工种为主体的工程，则应该突出该专业的施工图而另外编排。

1.1.1.2　屋施工图识读方法和步骤

在识读整套图纸时，应按照"总体了解、顺序识读、前后对照、重点细读"的读图方法。

1. 总体了解

一般是先看目录、总平面图和施工总说明，以大致了解工程的概况，如工程设计单位、建设单位、新建房屋的位置、周围环境、施工技术要求等。对照目录检查图纸是否齐全，采用了哪些标准图并准备齐全这些标准图。然后看建筑平、立面图和剖面图，大体上想象一下建筑物的立体形象及内部布置。

2. 顺序识读

在总体了解建筑物的情况以后，根据施工的先后顺序，从基础、墙体（或柱）、结构平面布置、建筑构造及装修的顺序，仔细阅读有关图纸。

3. 前后对照

读图时，要注意平面图、剖面图对照着读，建筑施工图和结构施工图对照着读，土建施工图与设备施工图对照着读，做到对整个工程施工情况及技术要求心中有数。

4. 重点细读

根据工种的不同，将有关专业施工图再有重点地仔细读一遍，并将遇到的问题记录下来，及时向设计部门反映。识读一张图纸时，应按由外向里、由大到小、由粗至细、图样与说明交替、有关图纸对照看的方法，重点看轴线及各种尺寸关系。

1.1.1.3　识读房屋施工图的相关规定

房屋施工图是按照正投影的原理及视图、剖面、断面等基本方法绘制而成。它的绘制应遵守《房屋建筑制图统一标准》（GB/T 50001—2010）、《建筑制图标准》（GB/T 50104—2010）、《建筑结构制图标准》（GB/T 50105—2010）及相关专业图的规定和制图标准。

1. 图线

在房屋工程图中，无论是建筑施工图还是结构施工图，为反映不同的内容，表明内容的主次及增加图面效果，图线宜采用不同的线型和线宽。建筑、结构施工图中图线的选用见表 1.1。

表 1.1   建筑、结构施工图中图线的选用

名 称		线 型	线宽	在建筑施工图中的用途	在结构施工图中的用途
实线	粗	——————	b	1. 平、剖面图中被剖切的主要建筑构造（包括构配件）的轮廓线。 2. 建筑立面图或室内立面图的外轮廓线。 3. 建筑构造图中被剖切的主要部分的轮廓线。 4. 建筑构配件详图中的外轮廓线。 5. 平、立、剖面图的剖切符号	螺栓、主钢筋线、结构平面图中的单线结构构件线、钢木支撑线及系杆线，图名下横线、剖切线
	中粗	——————	$0.7b$	1. 平、剖面图中被剖切的次要建筑构造（包括构配件）的轮廓线。 2. 建筑平、立、剖面图中建筑构配件的轮廓线。 3. 建筑构造详图及建筑构配件详图中的一般轮廓线	结构平面图及详图中剖到或可见的墙身轮廓线、基础轮廓线、钢、木结构轮廓线、钢筋线
	中	——————	$0.5b$	小于 $0.7b$ 的图形线、尺寸线、尺寸界线、索引符号、标高符号、详图材料做法引出线、粉刷线、保温层线、地面、墙面的高差分界线等	结构平面图及详图中剖到或可见的墙身轮廓线、基础轮廓线、可见的钢筋混凝土构件轮廓线、钢筋线
	细	——————	$0.25b$	图例填充线、家具线、纹样线等	标注引出线、标高符号线、索引符号线、尺寸线
虚线	粗	– – – – –	b	—	不可见的钢筋线、螺栓线、结构平面图中的不可见的单线结构构件线及钢、木支撑线
	中粗	– – – – –	$0.7b$	1. 建筑构造详图及建筑构配件不可见的轮廓线。 2. 平面图中的起重机（吊车）轮廓线。 3. 拟建、扩建的建筑物轮廓线	结构平面图中的不可见构件、墙身轮廓线及钢、木结构构件线、不可见的钢筋线
	中	– – – – –	$0.5b$	投影线、小于 $0.7b$ 的不可见的轮廓线	结构平面图中的不可见构件、墙身轮廓线及钢、木结构构件线、不可见的钢筋线
	细	– – – – –	$0.25b$	图例填充线、家具线等	基础平面图中的管沟轮廓线、不可见的钢筋混凝土构件轮廓线

续表

名　称		线　型	线宽	在建筑施工图中的用途	在结构施工图中的用途
单点长划线	粗	—— · —— · ——	b	起重机（吊车）轨道线	柱间支撑、垂直支撑、设备基础轴线图中的中心线
	细	— · — · — · —	$0.25b$	中心线、对称线、定位轴线	中心线、对称线、定位轴线、重心线
双点长划线	粗	—— ·· —— ·· ——	b	—	预应力钢筋线
	细	— ·· — ·· —	$0.25b$	—	原有结构轮廓线
折断线		——～——	$0.25b$	部分省略表示时的断开界线	断开界线
波浪线		～～～	$0.25b$	1. 部分省略表示时的断开界线，曲线形构件断开界限。 2. 构造层次的断开界限	断开界线

注　地坪线的线宽可用 $1.4b$。

2. 定位轴线

定位轴线是用来确定建筑物主要结构及构件位置的尺寸基准线。它是施工时定位放线及构件安装的依据。按规定，定位轴线采用细点划线表示。通常应编号，轴线编号的圆圈用细实线，一般直径为 8mm，详图直径为 10mm。在圆圈内写上编号，水平方向的编号用阿拉伯数字，从左至右顺序编写。垂直方向的编号，用大写拉丁字母，从下至上顺序编写。这里应注意的是拉丁字母中的 I、O、Z 不得作为轴线编号，以免与数字 1、0、2 混淆。定位轴线的编号宜注写在图的下方和左侧。

两条轴线之间如有附加轴线，编号要用分数表示。如 ⅟₂ 所示，其中分母表示前一轴线的编号，分子表示附加轴线的编号。各种定位轴线见表 1.2。

表 1.2　　　　　　　　定　位　轴　线

名称	符　号	用　途	名称	符　号	用　途
一般轴线	○	通用详图的编号，只有圆圈，不注编号	附加轴线	1/5	表示 5 号轴线之后附加的第一根轴线
	①	水平方向轴线编号，用 1、2、3、…编写		2/B	表示 B 号轴线之后附加的第二根轴线
	Ⓑ	垂直方向轴线编号，用 A、B、C、…编写		1　2,4,…	表示详图用于 3 根或 3 根以上轴线
	①③　①③	表示详图用于 2 根轴线		① ～ ⑫	表示详图用于 3 根以上连续编号的轴线

3. 尺寸及标高

施工图上的尺寸可分为总尺寸、定位尺寸及细部尺寸三种。细部尺寸表示各部位构造的大小，定位尺寸表示各部位构造之间的相互位置，总尺寸应等于各分尺寸之和。尺寸除了总平面图尺寸及标高尺寸以米（m）为单位外，其余一律以毫米（mm）为单位。

在施工图上，常用标高符号表示某一部位的高度。标高符号用细实线绘制，符号中的三角形为等腰直角三角形，90°角所指为实际高度线。长横线上下用来注写标高数值，数值以 m 为单位，一般注至小数点后三位（总平面图中为二位数）。如标高数字前有"—"号的，表示该处完成面低于零点标高。如数字前没有符号的，表示高于零点标高。

标高符号形式如图 1.1 所示。标高符号画法如图 1.2 所示。立面图与剖面图上的标高符号注法如图 1.3 所示。

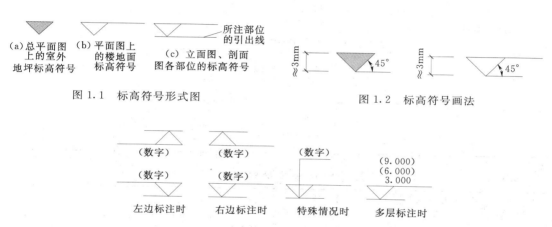

图 1.1　标高符号形式图　　　　　图 1.2　标高符号画法

图 1.3　标高符号注法

4. 索引符号和详图符号

在施工图中，由于房屋体形大，房屋的平、立、剖面图均采用小比例绘制，因而某些局部无法表达清楚，需要另绘制其详图进行表达。

对需用详图表达部分应标注索引符号，并在所绘详图处标注详图符号。

索引符号由直径为 10mm 的圆和其水平直径组成，圆及其水平直径均应以细实线绘制。

索引符号如用于索引剖面详图，应在被剖切的部位绘制剖切位置线，并以引出线引出索引符号，引出线所在的一侧应为投射方向，见表 1.3。

5. 常用建筑材料图例

按照《房屋建筑制图统一标准》（GB/T 50001—2010）的规定，常用建筑材料应按表1.4 所列图例画法绘制。

1.1.1.4　钢筋混凝土结构的基本知识

用钢筋和混凝土制成的梁、板、柱、基础等构件，称为钢筋混凝土构件。全部由钢筋混凝土构件组成的房屋结构，称为钢筋混凝土结构。

表 1.3 索引符号与详图符号

名　称	符　号	说　明
详图的索引符号	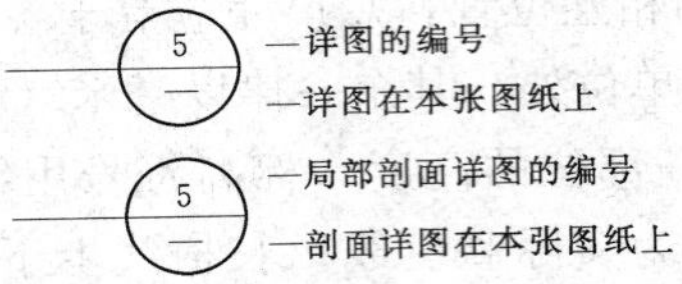 ⑤／— —详图的编号、—详图在本张图纸上；⑤／— —局部剖面详图的编号、—剖面详图在本张图纸上	细实线单圆圈直径应为 10mm、详图在本张图纸上、剖开后从上往下投影
	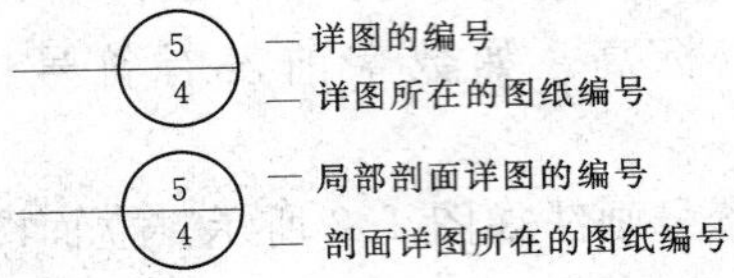 ⑤／4 —详图的编号、—详图所在的图纸编号；⑤／4 —局部剖面详图的编号、—剖面详图所在的图纸编号	详图不在本张图纸上、剖开后从下往上投影
详图的索引符号	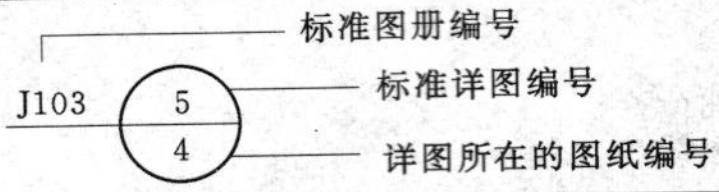 J103 ⑤／4 —标准图册编号、—标准详图编号、—详图所在的图纸编号	标准详图
详图的符号	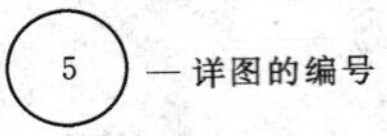 ⑤ —详图的编号	粗实线单圆圈直径应为 14mm、被索引的在本张图纸上
详图的符号	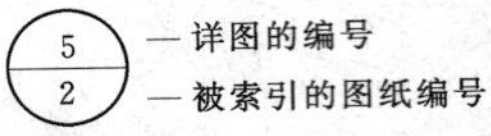 ⑤／2 —详图的编号、—被索引的图纸编号	被索引的不在本张图纸上

表 1.4 常用建筑材料图例

名称	图例	说　明	名称	图例	说　明
自然土壤		包括各种自然土壤	混凝土	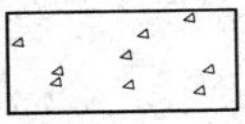	
夯实土壤			钢筋混凝土	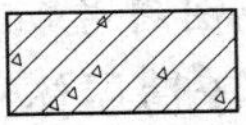	断面图形小，不易画出图例线时，可涂黑
砂、灰土	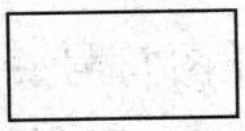	靠近轮廓线绘较密的点	玻璃	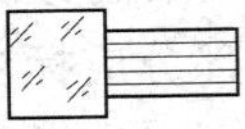	
毛石	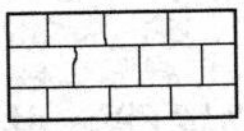		金属	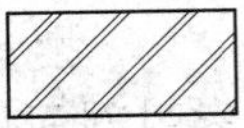	包括各种金属，图形小时，可涂黑
普通砖	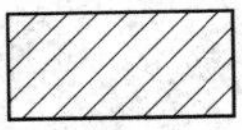	包括砌体、砌块，断面较窄不易画图例线时，可涂红	防水材料	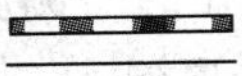	构造层次多或比例较大时，采用上面图例
空心砖	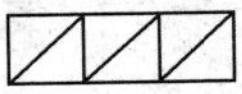	指非承重砖砌体	胶合板	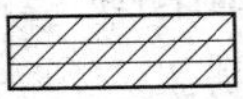	应注明×层胶合板
木材		上图为横断面，下图为纵断面	液体	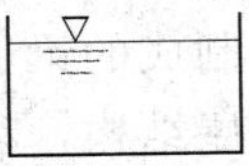	注明液体名称

6

1. 钢筋混凝土结构中的材料

（1）混凝土。由水泥、石子、砂和水及其他掺和料按一定比例配合，经过搅拌、捣实、养护而形成的一种人造石。它是一种脆性材料，抗压能力好，抗拉能力差，一般仅为抗压强度的 1/10～1/20。混凝土的强度等级按《混凝土结构设计规范》（GB 50010—2010）规定分为 14 个不同的等级：C15、C20、C25、C30、C35、C40、C45、C50、C55、C60、C65、C70、C75、C80 等。工程上常用的混凝土有 C20、C25、C30、C35、C40 等。

（2）钢筋。钢筋是建筑工程中用量最大的钢材品种之一。按钢筋的外观特征可分为光面钢筋和带肋钢筋，按钢筋的生产加工工艺可分为热轧钢筋、冷拉钢筋、钢丝和热处理钢筋，按钢筋的力学性能可分为：有明显屈服点钢筋和没有明显屈服点钢筋。建筑结构中常用热轧钢筋，其种类有：HPB300、HRB335、HRB400、HRB500 分别用符号Φ、Φ、Φ、Φ 表示。

配置在钢筋混凝土构件中的钢筋，按其所起的作用主要有以下几种：

1）受力筋，构件中承受拉力或压力的钢筋。如图 1.4（a）中钢筋混凝土梁底部的 2Φ20；图 1.4（b）中单元入口处的雨篷板中靠近顶面的Φ10@140 等钢筋，均为受力筋。

2）箍筋，构件中承受剪力和扭矩的钢筋，同时用来固定纵向钢筋的位置，形成钢筋骨架，多用于梁和柱内。如图 1.4（a）钢筋混凝土梁中的Φ8@200 便是箍筋。

3）架立筋，一般用于梁内，固定箍筋位置，并与受力筋、箍筋一起构成钢筋骨架。如图 1.4（a）钢筋混凝土梁中的 2Φ10 便是架立筋。

4）分布筋，一般用于板、墙类构件中，与受力筋垂直布置，用于固定受力筋的位置，与受力筋一起形成钢筋网片，同时将承受的荷载均匀地传给受力筋。如图 1.4（b）单元入口处雨篷板内位于受力筋之下的Φ6@200 便是分布筋。

5）构造筋，包括架立筋、分布筋、腰筋、拉接筋、吊筋等由于构造要求和施工安装需要而配置的钢筋，统称为构造筋。

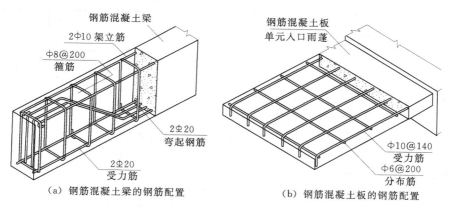

（a）钢筋混凝土梁的钢筋配置　　　　　（b）钢筋混凝土板的钢筋配置

图 1.4　钢筋混凝土构件的钢筋配置

2. 钢筋混凝土构件的图示方法

（1）钢筋图例。为规范表达钢筋混凝土构件的位置、形状、数量等参数，在钢筋混凝土构件的立面图和断面图上，构件轮廓用细实线画出，钢筋用粗实线及黑圆点表示，图内不画材料图例。一般钢筋的规定画法，见表 1.5。

表 1.5　　　　　　　　　　一般钢筋图例

图例	说明	图例	说明
●	钢筋横断面	///	带丝扣的钢筋端部
——	无弯勾的钢筋及端部	—⌐——⌐—	无弯勾的钢筋搭接
⌐	带半圆弯勾的钢筋端部	—¬——L—	带直勾的钢筋搭接
／	长短钢筋重叠时，短钢筋端部用45°短划表示	⌐——⊃	带半圆勾的钢筋搭接
L	带直勾的钢筋端部	—▯—▯—	套管接头（花篮螺丝）

（2）钢筋的标注。钢筋的标注方法有以下两种：

1）钢筋的根数、级别和直径的标注，如图 1.5 所示。

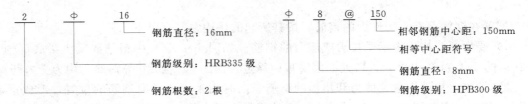

图 1.5　钢筋的标注方法一　　　　　　图 1.6　钢筋的标注方法二

2）钢筋级别、直径和相邻钢筋中心距离的标注，主要用来表示分布钢筋与箍筋，标注方法如图 1.6 所示。

3. 常用结构构件代号

建筑结构的基本构件种类繁多，布置复杂，为了便于制图图示、施工查阅和统计，常用构件代号用各构件名称的汉语拼音的第一个字母表示，详见表 1.6。

表 1.6　　　　　　　　　　常用构件代号

序号	名称	代号	序号	名称	代号	序号	名称	代号
1	板	B	15	吊车梁	DL	29	基础	J
2	屋面板	WB	16	圈梁	QL	30	设备基础	SJ
3	空心板	KB	17	过梁	GL	31	桩	ZH
4	槽形板	CB	18	连系梁	LL	32	柱间支撑	ZC
5	折板	ZB	19	基础梁	JL	33	垂直支撑	CC
6	密肋板	MB	20	楼梯梁	TL	34	水平支撑	SC
7	楼梯板	TB	21	檩条	LT	35	梯	T
8	盖板或沟盖板	GB	22	屋架	WJ	36	雨篷	YP
9	挡雨板或檐口板	YB	23	托架	TJ	37	阳台	YT
10	吊车安全走道板	DB	24	天窗架	CJ	38	梁垫	LD
11	墙板	QB	25	框架	KJ	39	预埋件	M
12	天沟板	TGB	26	刚架	GJ	40	天窗端壁	TD
13	梁	L	27	支架	ZJ	41	钢筋网	W
14	屋面梁	WL	28	柱	Z	42	钢筋骨架	G

1.1.2 基础平面布置图的识读

基础是位于墙或柱下面的承重构件，它承受建筑的全部荷载，并传递给基础下面的地基。根据上部结构的形式和地基承载能力的不同，基础可做成条形基础、独立基础、联合基础等。基础图是表示房屋地面以下基础部分的平面布置和详细构造的图样，通常包括基础平面图和基础详图两部分。

1.1.2.1 基础平面图的形成与作用

假想用一个水平剖切面，沿建筑物首层室内地面把建筑物水平剖开，移去剖切面以上的建筑物和回填土，向下作水平投影，所得到的图称为基础平面图。基础平面图主要表达基础的平面位置、形式及其种类，是基础施工时定位、放线、开挖基坑的依据。

1.1.2.2 基础平面图的图示方法

1. 图线

应符合结构施工图图线的有关要求。如基础为条形基础或独立基础，被剖切平面剖切到的基础墙或柱用粗实线表示，基础底部的投影用细实线表示。如基础为筏板基础，则用细实线表示基础的平面形状，用粗实线表示基础中钢筋的配置情况。

2. 绘制比例

基础平面图绘制，一般采用 1：100、1：200 等比例，常采用与建筑平面图相同的比例。

3. 轴线

在基础平面布置中，基础墙、基础梁以及基础底面的轮廓形状与定位轴线有着密切的关系。基础平面图上的轴线和编号应与建筑平面图上的轴线和编号一致。

4. 尺寸标注

基础平面图中应标注出基础的定形尺寸和定位尺寸。定形尺寸包括基础墙宽度、基础底面尺寸等，可直接标注，也可用文字加以说明和用基础代号等形式标注。定位尺寸包括基础梁、柱等的轴线尺寸，必须与建筑平面图的定位轴线及编号相一致。

5. 剖切符号

基础平面图主要用来表达建筑物基础的平面布置情况，对于基础的具体做法是用基础详图来加以表达的，详图实际上是基础的断面图，不同尺寸和构造的基础需加画断面图，与其对应在基础平面图上要标注剖切符号并对其进行编号。

1.1.2.3 基础平面图的阅读方法

（1）了解图名、比例。

（2）与建筑平面图对照，了解基础平面图的定位轴线。

（3）了解基础的平面布置，结构构件的种类、位置、代号。

（4）了解剖切编号，通过剖切编号了解基础的种类，各类基础的平面尺寸。

（5）阅读基础设计说明，了解基础的施工要求、用料。

（6）联合阅读基础平面图与设备施工图，了解设备管线穿越基础的准确位置、洞口的形状、大小以及洞口上方的过梁要求。

1.1.2.4 几种常见的基础平面图

1. 条形基础

图 1.7 所示为办公楼的基础平面图，它表示出条形基础的平面布置情况。在基础图中，被剖切到的基础墙轮廓要画成粗实线，基础底部的轮廓画成细实线。图中的材料图例可与建筑平面图的画法一致。

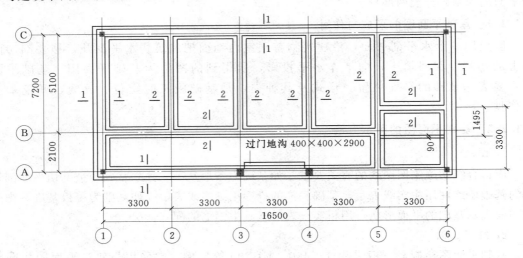

图 1.7 条形基础平面图

2. 独立基础

采用框架结构的房屋以及工业厂房的基础常用柱下独立基础，如图 1.8 所示。

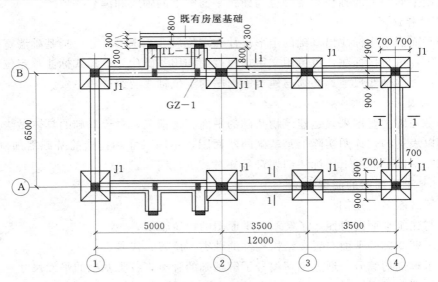

图 1.8 独立基础平面图

1.1.3 基础详图的识读

1.1.3.1 基础详图的形成与作用

假想用剖切平面垂直剖切基础，用较大比例画出的断面图称为基础详图。基础详图主要表达基础的形状、大小、材料和构造做法，是基础施工的重要依据。

1.1.3.2 基础详图的图示方法

基础详图实际上是基础平面图的配合图，通过平面图与详图配合来表达完整的基础情况。基础详图尽可能与基础平面图画在同一张图纸上，以便对照施工。

1. 图线

基础详图中的基础轮廓、基础墙及柱轮廓等均用中实线（0.5b）绘制。

2. 绘制比例

基础详图是局部图样，它采用比基础平面图要放大的比例，一般常用比例为 1∶10、1∶20 或 1∶50。

3. 轴线

为了便于对照阅读，基础详图的定位轴线应与对应的基础平面图中的定位轴线的编号一致。

4. 图例

剖切的断面需要绘制材料图例。通常材料图例按照制图规范的规定绘制，如果是钢筋混凝土结构，一般不绘制材料图例，而直接绘制相应的配筋图，由配筋图代表材料图例。

5. 尺寸标注

主要标注基础的定形尺寸，另外还应标注钢筋的规格、防潮层位置、室内地面、室外地坪及基础底面标高。

6. 文字说明

有关钢筋、混凝土、砖、砂浆的强度和防潮层材料及施工技术要求等说明。

1.1.3.3 基础平面图的阅读方法

（1）了解图名与比例，因基础的种类往往比较多，读图时，将基础详图的图名与基础平面图的剖切符号、定位轴线对照，了解该基础在建筑中的位置。

（2）了解基础的形状、大小与材料。

（3）了解基础各部位的标高，计算基础的埋置深度。

（4）了解基础的配筋情况。

（5）了解垫层的厚度尺寸与材料。

（6）了解基础梁的配筋情况。

（7）了解管线穿越洞口的详细做法。

1.1.3.4 几种常见的基础详图

1. 条形基础

图 1.9 所示是墙下钢筋混凝土条形基础（图 1.7）的基础详图。混凝土采用 C20，钢筋采用 HPB300 钢筋。

2. 柱下独立基础

图 1.10 所示为柱下独立基础详图，图中的柱轴线、外型尺寸、钢筋配置等标注清楚。

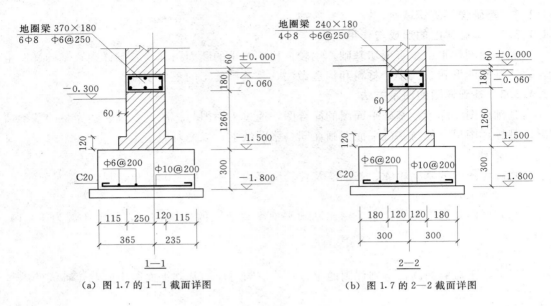

(a) 图 1.7 的 1—1 截面详图   (b) 图 1.7 的 2—2 截面详图

图 1.9　条形基础详图

基础底部通常浇注 100mm 厚混凝土垫层。柱的钢筋在柱的详图中注明，基础底板纵横双向配置Φ12@200 的钢筋网。立面图采用全剖面，平面图采用局部剖面表示钢筋网配置情况。

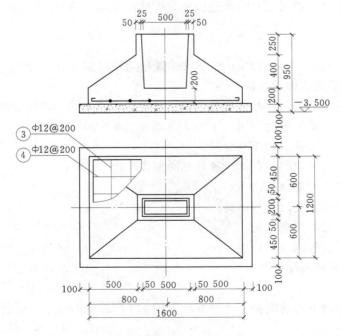

图 1.10　柱下独立基础详图

1.1.4　基础施工图识读案例

图 1.11 和图 1.12 分别是某房屋的基础平面布置图和详图。平面图中粗实线表示墙体，细实线表示基础底面轮廓，读图时应该弄清楚以下几个问题：

1. 轴线网及其尺寸

应将基础平面图和建筑平面图对照着看，两者的轴线网及其尺寸应该完全一致。

2. 基础的类型

由图 1.11 和图 1.12 可知，基础是钢筋混凝土条形基础。外墙为 37 墙，内墙为 24 墙。

基础平面布置图

图 1.11　条形基础平面图

3. 基础的形状、大小及其与轴线的关系

从图 1.11 中，可看到每一条定位轴线处均有四条线，两条粗实线（基础墙宽）和两条细实线（基础底面宽度）。基础底面宽度根据受力情况而定，如图中标注的（560、440）、（550、550）、（290、410）、（400、400），说明基础宽度分别为 1000mm、1100mm、700mm、800mm。从图 1.12 中，可看出基础断面为矩形，基础高度为 0.3m。

4. 基础中有无地沟与孔洞

由图 1.11 可知，Ⓔ轴线上③轴到④轴间的基础墙上两处画有两段虚线，在引出线上注有：300×400/底−1.100，其中 300 表示洞口宽度，400 表示洞口高度，洞深同基础墙厚，不用表示。−1.100 表示洞底标高为−1.1m。

5. 基础底面的标高和室内、外地面的标高

从图 1.12 断面看出，基础顶面标高为−1.200m，底面标高为−0.150m，室内地面标高为±0.000，由此得知基础的埋深小于 1.5m。

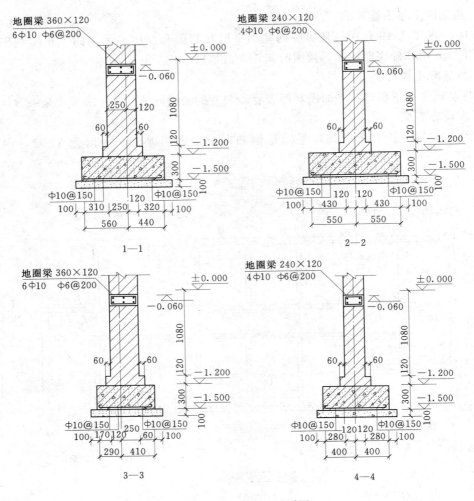

图 1.12　条形基础详图

6. 基础的详细构造

由图 1.12 可知，基础底面有 100mm 厚的素混凝土垫层，每边比基础宽出 100mm。基础顶面墙体做了 60mm 宽大放脚，大放脚高 120mm。基础内配有 Φ10@150 双向钢筋网片。外墙圈梁的配筋为 6Φ10，内墙圈梁的配筋为 4Φ10，箍筋为 Φ6@200。圈梁顶面标高为 −0.060m。

任务 1.2　地基土的基本性质及分类

1.2.1　土的组成与物理性质

1.2.1.1　土的组成和结构

一般情况下，天然状态的土是由固相、液相和气相三部分组成，这三部分通常称为土的三相组成，如图 1.13 所示。这些组成部分的性质及相互间的比例关系决定了土的物理力学性质。

1. 土的固相

土的固相，即土中固体颗粒，简称土粒，是土中最主要的组成部分。土粒分为无机矿物颗粒与有机质，无机矿物颗粒由原生矿物和次生矿物组成。土粒的成分不同、粗细不同、形状不同，土的性质也不同。

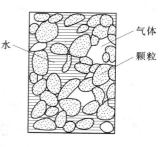

图 1.13　土的三相组成示意图

（1）原生矿物。岩石经物理风化作用后破碎形成的矿物颗粒，称原生矿物。常见的原生矿物有石英、长石和白云母等，无黏性土的主要矿物成分是石英、长石等原生矿物。

（2）次生矿物。岩石经化学风化作用（水化、氧化、碳化等）所形成的矿物，称次生矿物。常见的次生矿物有高岭石、伊利石和蒙脱石等三大黏土矿物。另外，还有一类易溶于水的次生矿物，称水溶盐。

（3）土中的有机质。土中的有机质是在土的形成过程中动、植物的残骸及其分解物质与土混掺沉积在一起，经生物化学作用生成的物质。有机质亲水性很强，因此有机土压缩性大、强度低。当有机质含量超过 5% 时，不能作为堤坝工程的填筑土料，否则会影响工程的质量。

2. 土中水

土中的水按存在方式不同，分别以固态、液态、气态三种形式存在。

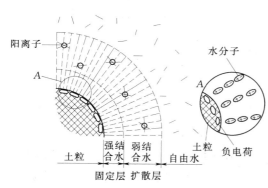

图 1.14　土粒与水分子相互作用模拟图

（1）液态水。按照水与土相互作用的强弱，土中的液态水分为结合水和自由水。

1）结合水。结合水是指受土粒表面电场力作用失去自由活动的水。大多数黏土颗粒表面带有负电荷，因而围绕土粒周围形成了一定强度的电场，使孔隙中的水分子极化，这些极化后的极性水分子和水溶液中所含的阳离子，在电场力的作用下定向地吸附在土颗粒表面周围，形成一层不可自由移动的水膜，即结合水。结合水又可根据受电场力作用的强弱分成强结合水和弱结合水，如图 1.14 所示。

2）自由水。土孔隙中位于结合水以外的水称为自由水，自由水由于不受土粒表面静电场力的作用，可在孔隙中自由移动，按其运动时所受的作用力不同，可分为重力水和毛细水。重力水可溶解土中的水溶盐，使土的强度降低，压缩性增大，还可以形成渗透水流，并对土粒产生渗透力，使土体发生渗透变形。在工程实践中毛细水的上升可能使地基浸湿，使地下室受潮或使地基、路基产生冻胀，造成土地盐渍化等问题。

（2）气态水。气态水即水汽，对土的性质影响不大。

（3）固态水。固态水即冰。当气温降至 0℃ 以下时，液态水结冰为固态水。水结冰，体积膨胀，使地基发生冻胀，所以寒冷地区确定基础的埋置深度时要注意冻胀问题。

3. 土中气体

土中的气体可分为自由气体和封闭气体两种基本类型。自由气体是与大气连通的气体，与大气连通的气体，受外荷载作用时，易被排出土外，对土的工程力学性质影响不大。封闭气体是与大气不连通、以气泡形式存在的气体，封闭气体的存在可以使土的弹性增大，使填土不易压实，还会使土的渗透性减小。

（a）单粒结构　　（b）蜂窝结构　　（c）絮状结构

图 1.15　土的结构

4. 土的结构

土的结构是指土粒或粒团的排列方式及其粒间或粒团间连结的特征。土的结构是在地质作用过程中逐渐形成的，它与土的矿物成分、颗粒形状和沉积条件有关。通常土的结构可分为三种基本类型，即单粒结构、蜂窝结构和絮状结构，如图 1.15 所示。

1.2.1.2　土的物理性质指标

土的物理性质不仅取决于三相组成中各相的性质，而且三相之间量的相对比例关系也是一个非常重要的影响因素。把土体三相间量的相对比例关系称为土的物质性质指标，工程中常用土的物理性质指标作为评价土体工程性质优劣的基本指标，物理性质指标还是工程地质勘察报告中不可缺少的基本内容。

为了更直观反映土中三相数量之间的比例关系，常常把分散的三相物质分别集中在一起，并以图 1.16 的形式表示出来，该图称为土的三相草图。

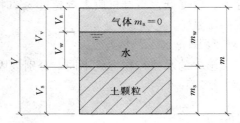

图 1.16　土的三相草图

图中各符号的意义如下：

W 表示重量，m 表示质量，V 表示体积。下标 a 表示气体，下标 s 表示土粒，下标 w 表示水，下标 v 表示孔隙。如 W_s、m_s、V_s 分别表示土粒重量、土粒质量和土粒体积。

土的物理性质指标包括实测指标（如土的密度、含水率和土粒比重）和换算指标（如土的干重度、饱和重度、浮重度、孔隙比、孔隙率和饱和度等）两大类。

1. 实测指标

（1）土的密度 ρ。土的质量密度（简称土的密度）是指天然状态下单位体积土的质量，常用 ρ 表示，单位为 g/cm^3，其表达式为

$$\rho=\frac{m}{V}=\frac{m_s+m_w}{V} \tag{1.1}$$

一般土的密度为 $1.6\sim2.2g/cm^3$。土的密度一般常用环刀法测定（试验方法详见土工试验部分）。

土的重度：是指天然状态下单位土体所受的重力，常用 γ 表示，单位为 kN/m^3，其表达式为

$$\gamma = \frac{W}{V} = \frac{W_s + W_w}{V} \tag{1.2}$$

$$\gamma = \rho g \tag{1.3}$$

式中　g——重力加速度,在国际单位制中常用 9.8m/s^2,为换算方便,也可近似用 $g = 10\text{m/} s^2$ 进行计算。

（2）土粒比重 G_s。土粒比重是指土在 $105 \sim 110℃$ 温度下烘至恒重时的质量与同体积 $4℃$ 时纯水的质量之比,简称比重,其表达式为

$$G_s = \frac{m_s}{V_s \rho_w} \tag{1.4}$$

式中　ρ_w——$4℃$ 时纯水的密度,取 $\rho_w = 1\text{g/cm}^3$。

土粒比重常用比重瓶法来测定。

土粒比重其值主要取决于土的矿物成分和有机质含量,颗粒越细比重越大,当土中含有机质时,比重值减小。

（3）土的含水率 ω。土的含水率是指土中水的质量与土粒质量的百分数比值,其表达式为

$$\omega = \frac{m_w}{m_s} \times 100\% \tag{1.5}$$

2. 换算指标

（1）孔隙比 e。土的孔隙比是指土中孔隙体积与土颗粒体积之比,其表达式为

$$e = \frac{V_v}{V_s} \tag{1.6}$$

（2）孔隙率 n。土的孔隙率是指土中孔隙体积与总体积之比,常用百分数表示,其表达式为

$$n = \frac{V_v}{V} \times 100\% \tag{1.7}$$

孔隙率表示土中孔隙体积占土的总体积的百分数,所以其值恒小于 100%。

（3）饱和度 S_r。饱和度反映土中孔隙被水充满的程度,饱和度是土中水的体积与孔隙体积之比,用百分数表示,其表达式为

$$S_r = \frac{V_w}{V_v} \times 100\% \tag{1.8}$$

理论上,当 $S_r = 100\%$ 时,表示土体孔隙中全部充满了水,土是完全饱和的;当 $S_r = 0$ 时,表明土是完全干燥的。

（4）干密度 ρ_d。土的干密度是指单位土体中土粒的质量,即土体中土粒质量 m_s 与总体积 V 之比,单位为 g/cm^3,表达式为

$$\rho_d = \frac{m_s}{V} \tag{1.9}$$

单位体积的干土所受的重力称为干重度（γ_d）,单位为 kN/m^3,可按下式计算：

$$\gamma_d = \frac{W_s}{V} \tag{1.10}$$

土的干密度（或干重度）是评价土的密实程度的指标,干密度大表明土密实,干密度

小表明土疏松。因此，在填筑堤坝、路基等填方工程中，常把干密度作为填土设计和施工质量控制的指标。

（5）饱和密度 ρ_{sat}。土的饱和密度是指土在饱和状态时，单位体积土的密度，单位为 kN/m^3。此时，土中的孔隙完全被水所充满，土体处于固相和液相的二相状态，其表达式为

$$\rho_{sat}=\frac{m_s+m_w'}{V}=\frac{m_s+m_v\rho_w}{V} \tag{1.11}$$

式中　　m_w'——土中孔隙全部充满水时的水重；

　　　　ρ_w——水的重度，$\rho_w=1g/cm^3$。

饱和重度 $\gamma_{sat}=\rho_{sat}g$。

1.2.1.3　土的物理状态指标

土的三相比例反映着土的物理状态，如干燥或潮湿、疏松或紧密。土的物理状态对土的工程性质影响较大，类别不同的土所表现出的物理状态特征也不同。

1. 黏性土的稠度

所谓稠度，是指黏性土在某一含水率时的稀稠程度或软硬程度，黏性土处在某种稠度时所呈现出的状态，称稠度状态，黏性土有四种稠度状态即：固态、半固态、可塑状态和流动状态，土的状态不同，稠度不同，强度及变形特性也不同，土的工程性质不同。

所谓界限含水率是指黏性土从一个稠度状态过渡到另一个稠度状态时的分界含水率，也称稠度界限。黏性土的物理状态随其含水率的变化而有所不同，四种稠度状态之间有三个界限含水率，分别叫做缩限 w_s、塑限 w_p 和液限 w_L，如图 1.17 所示。

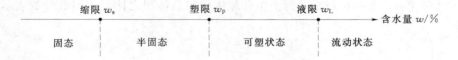

图 1.17　黏性土的稠度状态

（1）缩限 w_s 是指固态与半固态之间的界限含水率。当含水率小于缩限 ω_s 时，土体的体积不随含水率的减小而缩小。

（2）塑限 w_p 是指半固态与可塑态之间的界限含水率。

（3）液限 w_L 是指可塑状态与流动状态之间的界限含水率。

（4）塑性指数 I_p 是指液限与塑限的差值。

（5）液性指数 I_L 是天然含水率与塑限的差值和液限与塑限的差值之比。

2. 无黏性土的密实状态

无黏性土是单粒结构的散粒体，它的密实状态对其工程性质影响很大。密实的砂土，结构稳定，强度较高，压缩性较小，是良好的天然地基。疏松的砂土，特别是饱和的松散粉细砂，结构常处于不稳定状态，容易产生流沙，在振动荷载作用下，可能会发生液化，对工程建筑不利。所以，常根据密实度来判定天然状态下无黏性土的工程性质。

（1）孔隙比 e 判别。判别无黏性土密实度最简便的方法是用孔隙比 e，孔隙比越小，表示土越密实，孔隙比越大，土越疏松。但由于颗粒的形状和级配对孔隙比的影响很大，

而孔隙比没有考虑颗粒级配这一重要因素的影响，故应用时存有缺陷。

（2）相对密度 D_r 判别。为弥补用孔隙比判别的缺陷，在工程上采取相对密度判别，相对密度 D_r 是将天然状态的孔隙比 e 与最疏松状态的孔隙比 $e_{\max}$ 和最密实状态的孔隙比 $e_{\min}$ 进行对比，作为衡量无黏性土密实度的指标，其表达式为

$$D_r = \frac{e_{\max} - e}{e_{\max} - e_{\min}} \tag{1.12}$$

显然，相对密度 D_r 越大，土越密实。当 $D_r = 0$ 时，表示土处于最疏松状态；当 $D_r = 1$ 时，表示土处于最紧密状态。

1.2.1.4　土的压实性

土的压实性就是指土体在一定的击实功能作用下，土颗粒克服粒间阻力，产生位移，颗粒重新排列，使土的孔隙比减小、密度增大，从而提高土料的强度，减小其压缩性和渗透性。对土料压实的方法主要有碾压、夯实、振动三类，但在压实过程中，即使采用相同的压实功能，对于不同种类、不同含水率的土，压实效果也不完全相同。因此，为了技术上可靠和经济上的合理，必须对填土的压实性进行研究。

1. 黏性土的击实特征

实践证明，对过湿的黏性土进行夯实或碾压会出现软弹现象，此时土的密度不会增大；对很干的土进行夯实或碾压，也不会将土充分压实。所以，要使黏性土的压实效果最好，含水量一定要适宜。

根据黏性土的击实数据绘出的击实曲线如图 1.18 所示。由图 1.18 可知，当含水量较低时，随着含水量的增加，土的干密度也逐渐增大，表明压实效果逐步提高；当含水量超过某一界限 w_{op} 时，干密度则随着含水量增大而减小，即压实效果下降。这说明土的压实效果随着含水量而变化，并在击实曲线上出现一个峰值，相应于这个峰值的含水量就是最优含水量 w_{op}。因此，黏性土在最优含水量时，可压实达到最大干密度，即达到其最密实、承载力最高的状态。

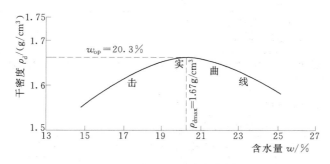

图 1.18　黏性土的击实曲线

通过大量实践，人们发现，黏性土的最优含水量 w_{op} 与土的塑限很接近，大约是 $w_{op} = w_p \pm 2$；而且当土体压实程度不足时，可以加大击实功，以达到所要求的干密度。

2. 无黏性土的击实特征

无黏性土颗粒较粗大，颗粒之间没有黏聚力，压缩性低，抗剪强度较大。无黏性土中含水量的变化对它的性质影响不明显。根据无黏性土的击实试验数据绘出的击实曲线如图

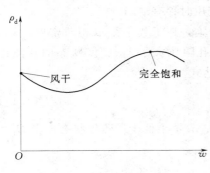

图 1.19 无黏性土的击实曲线

1.19 所示。由图中可以看出，在风干和饱和状态下，无黏性土的击实都能得到较好的效果。

工程实践证明，对于无黏性土的压实，应该有一定静荷载与动荷载联合使用，才能达到较好的压实效果。因此，振动碾是无黏性土最理想的压实工具。

1.2.2 土的工程分类与鉴别

土的工程分类目的是为判断土的工程特性和评价土作为建筑场地的可用程度。把土性能指标接近的划分为一类，以便对土体做出合理的评价和选择合适的地基处理方法。土的分类方法很多，不同部门根据研究对象的不同采用不同的分类方法。

1.2.2.1 按土的主要特征分类

《建筑地基基础设计规范》（GB 50007—2011）将作为建筑地基的岩土，分为岩石、碎石土、砂土、粉土、黏性土和人工填土六大类，另有淤泥质土、红黏土、膨胀土、黄土等特殊土。

1. 岩石

作为建筑地基的岩石根据其坚硬程度和完整程度分类。岩石按饱和单轴抗压强度标准值分为坚硬岩、较坚硬岩、较软岩、软岩和极软岩 5 个等级；岩石风化程度可分为未风化、微风化、中等风化、强风化和全风化岩石，详见表 1.7。

表 1.7   岩 石 风 化 程 度 划 分

风化特征	特　　　征
未风化	岩质新鲜，表面未有风化迹象
微风化	岩质新鲜，表面稍有风化迹象
中等风化	1. 结构和构造层理清晰
	2. 岩石被节理、裂缝分割成块状（200～500mm），裂缝中填充少量风化物。锤击声脆，且不易击碎
	3. 用镐难挖掘，用岩心钻方可钻进
强风化	1. 结构和构造层理不甚清晰，矿物成分已显著变化
	2. 岩石被节理、裂缝分割成碎石状（20～200mm），碎石用手可以折断
	3. 用镐难挖掘，用手摇钻不易钻进
全风化	1. 结构和构造层理错综杂乱，矿物成分变化很显著
	2. 岩石被节理、裂缝分割成碎屑状（＜200mm），用手可捏碎
	3. 用锹镐挖掘困难，用手摇钻钻进极困难

2. 碎石土

粒径大于 2mm 的颗粒含量超过总质量的 50％的土为碎石土，根据粒组含量及颗粒形状可进一步分为漂石或块石、卵石或碎石、圆砾或角砾。

3．砂土

粒径大于 2mm 的颗粒含量不超过总质量的 50%、粒径大于 0.075mm 的颗粒含量超过全重 50% 的土为砂土。根据粒组含量可进一步分为砾砂、粗砂、中砂、细砂和粉砂。

4．粉土

塑性指数 $I_p \leqslant 10$ 且粒径大于 0.075mm 的颗粒含量不超过全重 50% 的土为粉土。

5．黏性土

塑性指数 $I_p > 10$ 的土为黏性土。黏性土按塑性指数大小又分为黏土（$I_p > 17$）；粉质黏土（$10 < I_p \leqslant 17$）。

6．人工填土

人工填土是指由于人类活动而形成的堆积物。人工填土物质成分较复杂，均匀性也较差，按堆积物的成分和成因可分为如下几类：

（1）素填土。由碎石土、砂土、粉土或黏性土所组成的填土。

（2）压实填土。经过压实或夯实的素填土。

（3）杂填土。含有建筑物垃圾、工业废料及生活垃圾等杂物的填土。

（4）冲填土。由水力冲填泥沙形成的填土。

在工程建设中所遇到的人工填土，各地区往往不一样。在历代古城，一般都保留有人类文化活动的遗物或古建筑的碎石、瓦砾。在山区常是由于平整场地而堆积、未经压实的素填土。城市建设常遇到的是煤渣、建筑垃圾或生活垃圾堆积的杂填土，一般是不良地基，多需进行处理。

7．特殊性土

《建筑地基基础设计规范》（GB 50007—2011）中又把淤泥、淤泥质土、红黏土和膨胀土及湿陷性黄土单独制定了它们的分类标准。

（1）淤泥和淤泥质土。淤泥和淤泥质土是指在静水或缓慢流水环境中沉积，经生物化学作用形成的黏性土。天然含水率大于液限，天然孔隙比 $e \geqslant 1.5$ 的黏性土称为淤泥；天然含水率大于液限而天然孔隙比 $1 \leqslant e < 1.5$ 为淤泥质土。

淤泥和淤泥质土的主要特点是含水率大、强度低、压缩性高、透水性差，固结需时间长。一般地基需要预压加固。

（2）红黏土。红黏土是指碳酸盐岩系出露的岩石，经风化作用而形成的褐红色的黏性土的高塑性黏土。其液限一般大于 50%，具有上层土硬、下层土软，失水后有明显的收缩性及裂隙发育的特性。针对以上红黏土地基情况，可采用换土，将起伏岩面进行必要的清除，对孔洞予以充填或注意采取防渗及排水措施等。

（3）膨胀土。土中黏粒成分主要由亲水性矿物组成，同时具有显著的吸水膨胀性和失水收缩性，其自由胀缩率大于或等于 40% 的黏性土为膨胀土。膨胀土一般强度较高，压缩性较低，易被误认为工程性能较好的土，但由于具有胀缩性，在设计和施工中如果没有采取必要的措施，会对工程造成危害。

（4）湿陷性黄土。黄土广泛分布于我国西北地区，是一种第四纪时期形成的黄色粉状土，当土体浸水后沉降，其湿陷系数大于或等于 0.015 的土称为湿陷性黄土。天然状态下的黄土质地坚硬、密度低、含水量低、强度高。对湿陷性黄土地基一般采取防渗、换填、预浸法等处理。

1.2.2.2　按土的坚硬程度分类及其鉴别方法

在建筑施工中，根据土的开挖难易程度，将土分为松软土、普通土、坚土、砂砾坚土、软石、次坚石、坚石、特坚石等八类。前四类属一般土，后四类属岩石。土的这八种分类方法及现场鉴别方法见表 1.8。由于土的类别不同，单位工程消耗的人工或机械台班不同，因而施工费用就不同，施工方法也不同。所以，正确区分土的种类、类别，对合理选择开挖方法、准确套用定额和计算土方工程费用关系重大。

表 1.8　　　　　　　　　　　　　土的工程分类及鉴别方法

土的分类	土 的 名 称	可松性系数		现场鉴别方法
		K_s	K_s'	
一类土（松软土）	砂；亚砂土；冲积砂土层；种植土；泥炭（淤泥）	1.08～1.17	1.01～1.03	能用锹、锄头挖掘
二类土（普通土）	亚黏土；潮湿的黄土；夹有碎石、卵石的砂；种植土；填筑土及亚砂土	1.14～1.28	1.02～1.05	用锹、锄头挖掘，少许用镐翻松
三类土（坚土）	软及中等密实黏土；重亚黏土；粗砾石；干黄土及含碎石、卵石的黄土、亚黏土；压实的填筑土	1.24～1.30	1.04～1.07	主要用镐，少许用锹、锄头挖掘，部分用撬棍
四类土（砂砾坚土）	重黏土及含碎石、卵石的黏土；粗卵石；密实的黄土；天然级配砂石；软泥灰岩及蛋白石	1.26～1.32	1.06～1.09	整个用镐、撬棍，然后用锹挖掘，部分用楔子及大锤
五类土（软石）	硬石炭纪黏土；中等密实的页岩、泥灰岩、白垩土；胶结不紧的砾岩；软的石灰岩	1.30～1.45	1.10～1.20	用镐或撬棍、大锤挖掘，部分使用爆破方法
六类土（次坚石）	泥岩；砂岩；砾岩；坚实的页岩；泥灰岩；密实的石灰岩；风化花岗岩；片麻岩	1.30～1.45	1.10～1.20	用爆破方法开挖，部分用风镐
七类土（坚石）	大理岩；辉绿岩；玢岩；粗、中粒花岗岩；坚实的白云岩、砂岩、砾岩、片麻岩、石灰岩、风化痕迹的安山岩、玄武岩	1.30～1.45	1.10～1.20	用爆破方法开挖
八类土（特坚石）	安山岩；玄武岩；花岗片麻岩、坚实的细粒花岗岩、闪长岩、石英岩、辉长岩、辉绿岩、玢岩	1.45～1.50	1.20～1.30	用爆破方法开挖

任务 1.3　地　质　勘　察

1.3.1　工程地质常识

1.3.1.1　地质作用

在地质历史发展的过程中，由自然动力引起的地球和地壳物质组成、内部结构及地表形态不断变化发展的作用，称为地质作用。土木工程建筑场地的地形地貌和组成物质的成分、分布、厚度与工程特性，都取决于地质作用。

地质作用按其动力来源可分为内力地质作用和外力地质作用。内力地质作用是由地球内部的能量所引起的，包括地壳运动、岩浆作用、变质作用、地震作用。外力地质作用是由地球外部的能量引起的，主要来自太阳的辐射热能，它引起大气圈、水圈、生物圈的物质循环运动，形成了河流、地下水、海洋、湖泊、冰川、风等地质营力，各种地质营力在运动的过程中不断地改造着地表。

地壳在内力和外力地质作用下，形成了各种类型的地形，称为地貌。地表形态可按不同的成因划分为各种相应的地貌单元。在山区，基岩常露出地表；而在平原地区，各种成因的土层覆盖在基岩之上，土层往往很厚。

1.3.1.2 风化作用

地壳表层的岩石，在太阳辐射、大气、水和生物等风化营力的作用下，发生物理和化学变化，使岩石崩解破碎以致逐渐分解的作用，称为风化作用。

风化作用使坚硬致密的岩石松散破坏，改变了岩石原有的矿物组成和化学成分，使岩石的强度和稳定性大为降低，对工程建筑条件产生不良的影响。此外，如滑坡、崩塌、碎落、岩堆及泥石流等不良地质现象，大部分都是在风化作用的基础上逐渐形成和发展起来的。所以了解风化作用，认识风化现象，分析岩石风化程度，对评价工程建筑条件是必不可少的。

1.3.1.3 地质构造

在漫长的地质历史发展演变过程中，地壳在内、外力地质作用下，不断运动、发展和变化，所造成的各种不同的构造形迹，如褶皱、断裂等，称为地质构造。它与场地稳定性以及地震评价等的关系尤为密切，因而是评价建筑场地工程地质条件所应考虑的基本因素。

1. 褶皱构造

组成地壳的岩层，受构造应力的强烈作用，使岩层形成一系列波状弯曲而未丧失其连续性的构造，称为褶皱构造。褶皱的基本单元，即岩层的一个弯曲称为褶曲。褶曲虽然有各式各样的形式，但基本形式只有两种，即背斜和向斜（图 1.20）。背斜由核部老岩层和翼部新岩层组成，横剖面呈凸起弯曲的形态，向斜则由核部新岩层和翼部老岩层组成，横剖面呈向下凹曲的形态。

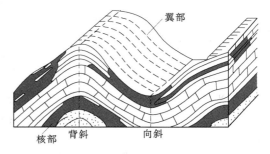

图 1.20 背斜与向斜

在褶曲山区，岩层遭受的构造变动常较大，故节理发育，地形起伏不平，坡度也大。因此，在褶曲山区的斜坡或坡脚做建筑物时，必须注意边坡的稳定问题。

2. 断裂构造

岩体受力断裂，使原有的连续完整性遭受破坏而形成断裂构造，沿断裂面两侧的岩层未发生位移或仅有微小错动的断裂构造，称为节理；反之，如发生了相对的位移，则称为断层。断裂构造在地壳中广泛分布，它往往是工程岩体稳定性的控制性因素。

分居于断层面两侧相互错动的两个断块，其中位于断层面之上的称为上盘，位于断层面之下的称为下盘。若按断块之间的相对错动的方向来划分，上盘下降、下盘上升的断层，称正断层；反之，上盘上升、下盘下降的断层称逆断层。如两断块水平互错，则称为平移断层（图 1.21）。

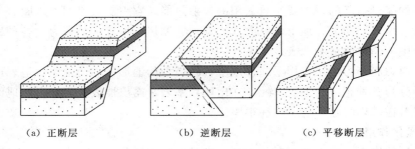

（a）正断层　　　　　（b）逆断层　　　　　（c）平移断层

图 1.21　断层类型示意图

　　断层面往往不是一个简单的平面而是有一定宽度的断层带。断层规模越大，这个带就越宽，破坏程度也越严重。因此，工程设计原则上应避免将建筑物跨放在断层带上，尤其要注意避开近期活动的断层带。调查活动断层的位置、活动特点和强烈程度对于工程建设有着重要的实际意义。

1.3.1.4　不良地质条件

　　建筑工程中常见的不良地质条件有山坡滑动、河床冲淤、地震、岩溶等，这些不良地质条件可能导致建筑物地基基础事故。对此，应查明其范围、活动性、影响因素、发生机理，评价其对工程的影响，制定相应的防治措施。

　　1. 山坡滑动

　　一般天然山坡经历漫长的地质年代，已趋稳定。但由于人类活动和自然环境的因素，会使原来稳定的山坡失稳而滑动。人类活动因素包括：在山麓建房，为利用土地削去坡脚；在坡上建房，增加坡面荷载；生产与生活用水大量渗入坡积物，降低土的抗剪强度指标，导致山坡滑动。自然环境因素包括：坡脚被河流冲刷，使山坡失稳；当地连降暴雨，大量雨水渗入，降低土的内摩擦角，引起滑动；地震、风化作用等可能引发的滑坡。滑坡产生的内因是组成斜坡的岩土性质、结构构造和斜坡的外形。由软质岩层及覆盖土所组成的斜坡，在雨季或浸水后，因抗剪强度显著降低而极易产生滑动；当岩层的倾向与斜坡坡面的倾向一致时，易产生滑坡。

　　在工程建设中，对滑坡必须采取预防为主的原则，场址要选择在相对稳定的地段，避免大挖大填。目前整治滑坡常用排水、支挡、减重与反压护坡等措施，也可用化学加固等方法来改善岩土的性质。

　　2. 河床冲淤

　　平原河道往往有弯曲，凹岸受水流的冲刷产生坍岸，危及岸上建筑物的安全；凸岸水流的流速慢，产生淤积，使当地的抽水站无水可抽（图 1.22）。河岸的冲淤在多沙河上尤为严重，例如，在潼关上游黄河北干流，河床冲淤频繁，黄河主干流游荡，当地有"三十年河东，三十年河西"的民谣。渭河下游华县、华阴与潼关一段河床冲淤也十分严重。

1.3.2　地质勘察任务与要求

　　任何建筑工程都是建造在地基上的，地基岩土的工程地质条件将直接影响建筑物安

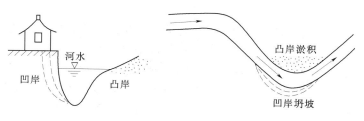

图 1.22 河床冲淤示意图

全。因此，在建筑物进行设计之前，必须通过各种勘察手段和测试方法进行工程地质勘察，为设计和施工提供可靠的工程地质资料。

1.3.2.1 工程地质勘察的任务

工程地质勘察是完成工程地质学在经济建设中"防灾"这一总任务的具体实践过程，其任务从总体上来说是为工程建设规划、设计、施工提供可靠的地质依据，以充分利用有利的自然和地质条件，避开或改造不利的地质因素，保证建筑物的安全和正常使用。具体而言，工程地质勘察的任务可归纳如下。

（1）查明建筑场地的工程地质条件，选择地质条件优越合适的建筑场地。

（2）查明场区内崩塌、滑坡、岩溶、岸边冲刷等物理地质作用和现象，分析和判明它们对建筑场地稳定性的危害程度，为拟定改善和防治不良地质条件的措施提供地质依据。

（3）查明建筑物地基岩土的地层时代、岩性、地质构造、土的成因类型及其埋藏分布规律。测定地基岩土的物理力学性质。

（4）查明地下水类型、水质、埋深及分布变化。

（5）根据建筑场地的工程地质条件，分析研究可能发生的工程地质问题，提出拟建建筑物的结构形式、基础类型及施工方法的建议。

（6）对于不利于建筑的岩土层，提出切实可行的处理方法或防治措施。

1.3.2.2 工程地质勘察的一般要求

建设工程项目设计一般分为可行性研究、初步设计和施工图设计三个阶段。为了提供各设计阶段所需的工程地质资料，勘察工作也相应地划分为选址勘察（可行性研究勘察）、初步勘察、详细勘察三个阶段。

下面简述各勘察阶段的任务和工作内容。

1. 选址勘察阶段

选址勘察工作对于大型工程是非常重要的环节，其目的在于从总体上判定拟建场地的工程地质条件能否适宜工程建设项目。一般通过取得几个候选址的工程地质资料进行对比分析，对拟选场址的稳定性和适宜性作出工程地质评价。选择场址阶段应进行下列工作：

（1）搜集区域地质、地形地貌、地震、矿产和附近地区的工程地质资料及当地的建筑经验。

（2）在收集和分析已有资料的基础上，通过踏勘，了解场地的地层、构造、岩石和土的性质、不良地质现象及地下水等工程地质条件。

（3）对工程地质条件复杂，已有资料不能符合要求，但其他方面条件较好且倾向于选取的场地，应根据具体情况进行工程地质测绘及必要的勘探工作。

2. 初步勘察阶段

初步勘察阶段是在选定的建设场址上进行的。根据选址报告书了解建设项目类型、规模、建设物高度、基础的形式及埋置深度和主要设备等情况。初步勘察的目的是：对场地内建筑地段的稳定性作出评价；为确定建筑总平面布置、主要建筑物地基基础设计方案以及不良地质现象的防治工程方案做出工程地质论证。本阶段的主要工作如下：

（1）搜集本项目可行性研究报告、有关工程性质及工程规模的文件。

（2）初步查明地层、构造、岩石和土的性质；地下水埋藏条件、冻结深度、不良地质现象的成因和分布范围及其对场地稳定性的影响程度和发展趋势。当场地条件复杂时，应进行工程地质测绘与调查。

（3）对抗震设防烈度为 7 度或 7 度以上的建筑场地，应判定场地和地基的地震效应。

3. 详细勘察阶段

在初步设计完成之后进行详细勘察，它是为施工图设计提供资料的。此时场地的工程地质条件已基本查明。所以详细勘察的目的是：提出设计所需的工程地质条件的各项技术参数，对建筑地基作出岩土工程评价，为基础设计、地基处理和加固、不良地质现象的防治工程等具体方案作出论证和结论。详细勘察阶段的主要工作要求如下：

（1）取得附有坐标及地形的建筑物总平面布置图，各建筑物的地面整平标高、建筑物的性质和规模，可能采取的基础形式与尺寸和预计埋置的深度，建筑物的单位荷载和总荷载、结构特点和对地基基础的特殊要求。

（2）查明不良地质现象的成因类型，分布范围、发展趋势及危害程度，提出评价与整治所需的岩土技术参数和整治方案建议。

（3）查明建筑物范围各层岩土的类别、结构、厚度、坡度、工程特性，计算和评价地基的稳定性和承载力。

（4）对需进行沉降计算的建筑物，提出地基变形计算参数，预测建筑物的沉降、差异沉降或整体倾斜。

（5）对抗震设防烈度大于或等于 6 度的场地，应划分场地土类型和场地类别。对抗震设防烈度大于或等于 7 度的场地，尚应分析预测地震效应，判定饱和砂土和粉土的地震液化可能性，并对液化等级做出评价。

（6）查明地下水的埋藏条件，判定地下水对建筑材料的腐蚀性。当需基坑降水设计时，尚应查明水位变化幅度与规律，提供地层的渗透性系数。

（7）提供为深基坑开挖的边坡稳定计算和支护设计所需的岩土技术参数，论证和评价基坑开挖、降水等对邻近工程和环境的影响。

（8）为选择桩的类型、长度，确定单桩承载力，计算群桩的沉降以及选择施工方法提供岩土技术参数。

1.3.3　地质勘察的方法

1.3.3.1　工程地质测绘

1. 工程地质测绘的内容

工程地质测绘是早期岩土工程勘察阶段的主要勘察方法。工程地质测绘实质上是综合性地质测绘，它的任务是在地形图上填绘出测区的工程地质条件。测绘成果是提供给其他工程地质工作，如勘探、取样、试验、监测等的规划、设计和实施的基础。

工程地质测绘的内容包括有工程地质条件的全部要素，即测绘拟建场地的地层、岩性、地质构造、地貌、水文地质条件、物理地质作用和现象；已有建筑物的变形和破坏状况和建筑经验；可利用的天然建筑材料的质量及其分布等。因此，工程地质测绘是多种内容的测绘，它有别于矿产地质或普查地质测绘。工程地质测绘是围绕工程建筑所需的工程地质问题而进行的。

2. 工程地质测绘的方法

工程地质测绘方法有相片成图法和实地测绘法。相片成图法是利用地面摄影或航空摄影的照片，先在室内进行解释，划分地层岩性、地质构造、地貌、水系及不良地质现象等，并在相片上选择若干点和路线，然后据此做实地调查、进行核对修正和补充，将调查得到的资料转绘在等高线图上而成工程地质图。

当该地区没有航测等相片时，工程地质测绘主要依靠野外工作，即实地测绘法。实地测绘法有路线法、布点法、追索法三种。

1.3.3.2 工程地质勘探

工程地质勘探方法主要有钻探、井探、槽探和地球物理勘探等。勘探方法的选取应符合勘探目的和岩土的特性。当需查明岩土的性质和分布，采取岩土试样或进行原位测试时，可采用上述勘探方法。

1. 钻探

工程地质钻探是获取地表下准确的地质资料的重要方法，而且还可通过钻探的钻孔采取原状岩土样和做原位试验。钻孔的直径、深度、方向取决于钻孔用途和钻探点的地质条件。钻孔的直径一般为 75～150mm，但在一些大型建筑物的工程地质勘探时，孔径往往大于 150mm，有时可达到 500mm。直径达 500mm 以上的钻孔称为钻井。钻孔的深度由数米至上百米，视工程要求和地质条件而定，一般的建筑工程地质钻探深度在数十米以内。钻孔的方向一般为垂直的，也可打成斜孔。在地下工程中有打成水平的，甚至打成直立向上的钻孔。

2. 井探、槽探

当钻探方法难以查明地下情况时，可采用探井、探槽进行勘探。探井、探槽主要是人力开挖，也有用机械开挖。利用井探、槽探可以直接观察地层结构的变化，取得准确的资料和采取原状土样。

槽探是在地表挖掘成长条形的槽子，深度通常小于 3m，其宽度一般为 0.8～1.0m，长度视需要而定。常用槽探来了解地质构造线，断裂破碎带的宽度、地层分界线、岩脉宽度及其延伸方向和采取原状土样等。槽探一般应垂直岩层走向或构造线布置。

井探一般是垂直向下掘进，浅者称为探坑，深者称为探井。断面一般为 1.5m×1.0m 的矩形或直径为 0.8～1.0m 的圆形。井探主要是用来查明覆盖层的厚度和性质、滑动面、断面、地下水位以及采取原状土样等。

3. 地球物理勘探

地球物理勘探简称为物探，是利用仪器在地面、空中、水上测量物理场的分布情况，通过对测得的数据和分析判释，并结合有关的地质资料推断地质性状的勘探方法。各种地球物理场有电场、重力场、磁场、弹性波应力场、辐射场等。工程地质勘察可在下列方面采用物探：

（1）作为钻探的先行手段，了解隐蔽的地质界线、界面或异常点。

（2）作为钻探的辅助手段，在钻孔之间增加地球物理勘察点，为钻探成果的内插、外推提供依据。

（3）作为原位测试手段，测定岩土体的波速、动弹性模量、动剪切模量、特征周期、电阻率、放射性辐射参数、土对金属的腐蚀等参数。

1.3.3.3　测试

测试是工程地质勘察的重要内容。通过室内试验或现场原位试验，可以取得岩土的物理力学性质和地下水水质等定量指标，以供设计计算时使用。

1. 室内试验

室内试验项目应按岩土类别、工程类型，考虑工程分析计算要求确定。

2. 原位测试

原位测试包括地基静载荷试验、旁压试验、土的现场剪切试验、地基土的动力参数的测定、桩的静载荷试验以及触探试验等等。有时，还要进行地下水位变化和抽水试验等测试工作。一般来说，原位测试能在现场条件下直接测定土的性质，避免试样在取样、运输以及室内试验操作过程中被扰动后导致测定结果的失真，因而其结果较为可靠。

3. 长期观测

有时在建筑物建成之前或以后的一段时期内，还要对场地或建筑物进行专门的工程性质长期观测工作。这种观测的时间一般不小于 1 个水文年。对重要建筑物或变形较大的地基，可能要对建筑物进行沉降观测，直至地基变形稳定为止，从而观察沉降的发展过程，在必要时可及时采取处理措施，或为了积累沉降资料，以便总结经验。

1.3.4　工程地质勘察报告

在野外勘察工作和室内土样试验完成后，将工程地质勘察纲要、勘探孔平面布置图、钻孔记录表、原位测试记录表、土的物理力学试验成果、勘察任务委托书、建筑平面布置图及地形图等有关资料汇总，并进行整理、检查、分析、鉴定，经确定无误后编制成工程地质勘察成果报告。提供建设单位、设计单位和施工单位使用，是存档长期保存的技术资料。

1.3.4.1　工程地质勘察报告的基本内容

1. 文字部分

文字部分包括勘察目的、任务、要求和勘察工作概况；拟建工程概述；建筑场地描述及地震基本烈度；建筑场地的地层分布、结构、岩土的颜色、密度、湿度、均匀性、层厚；地下水的埋藏深度、水质侵蚀性及当地冻结深度；各土层的物理力学性质、地基承载力和其他设计计算指标；建筑场地稳定性与适宜性的评价；建筑场地及地基的综合工程地质评价；结论与建议；根据拟建工程的特点，结合场地的岩土性质，提出的地基与基础方案设计建议；推荐持力层的最佳方案、建议采用何种地基加固处理方案；对工程施工和使用期间可能发生的岩土工程问题，提出预测、监控和预防措施的建议。

2. 图表部分

一般工程勘察报告书中所附图表有下列几种：勘探点平面布置图；工程地质剖面图；

地质柱状图或综合地质柱状图；室内土工试验成果表；原位测试成果图表、其他必要的专门土建和计算分析图表。

1.3.4.2 工程地质勘察报告的阅读

工程地质勘察报告的表达形式各地不统一，但其内容一般包括工程概况、场地描述、勘探点平面布置图、工程地质剖面图、土层分布、土的物理力学性质指标及工程地质评价等内容。下面根据某单位拟建在某市的某花苑工程情况，介绍怎样阅读工程地质勘察报告。该项目的工程地质勘察报告摘录如下。

1. 工程概况

该花苑工程包括兴建两幢 28 层塔楼及 4 层裙楼。场地整平高程为 30.00m。塔楼底面积 73 m×40m，设一层地下室，拟采用钢筋混凝土框剪结构，最大柱荷载为 17000kN，采用桩基方案。裙楼底面积 73m×60m，钢筋混凝土框架结构，采用天然地基浅基础或沉管灌注桩基础方案。

2. 勘察目的与要求

受某市城镇建设局委托，某勘测总队对拟建的某市西区某花苑进行岩土工程勘察工作，要求达到以下目的：

（1）查明拟建场地的地层结构及其分布规律，提供各层土的物理力学性质指标、承载能力及变形指标。

（2）提出建议基础方案并进行分析论证，提供相关的设计参数。

（3）查明地下水类型、埋藏条件、有无腐蚀性等。

（4）查明场地内及其附近有无影响工程稳定的不良地质情况，成因分布范围，并提出处理措施及建议。

（5）查明埋藏的河道、沟浜、墓穴、防空洞、孤石等对工程不利的埋藏物。

（6）划分场地土类型和场地类别，对场地土进行液化判别。

（7）为基坑开挖的边坡设计和支护结构设计提供必要的参数，评价基坑开挖对周围环境的影响，建议合理的开挖方案，并对施工中应注意的问题提出建议。

（8）对施工过程和使用过程中的监测方案提出建议。

3. 勘探点平面布置图

按建筑物轮廓布置钻孔 25 个。如图 1.23 所示。

4. 场地描述

拟建场地位于河流西岸一级阶地上，由于场地基岩受河水冲刷，松散覆盖层下为坚硬的微风化砾岩。阶地上冲积层呈"二元结构"；上层颗粒细，为黏土或粉土层；下层颗粒粗，为砂砾或卵石层。根据场地岩、土样剪切波速测量结果，地表下 15m 范围内剪切波速平均值 $v_{sm}=324.4m/s$，属中硬场地土类型。又据有关地震烈度区划图资料，场地一带基本地震烈度为 6 度。

5. 地层分布

该工程取 Ⅰ—Ⅰ′ 至 Ⅷ—Ⅷ′ 八个地质剖面，其中 Ⅶ—Ⅶ′ 剖面如图 1.24 所示。ZK1 钻孔柱状图如图 1.25 所示。

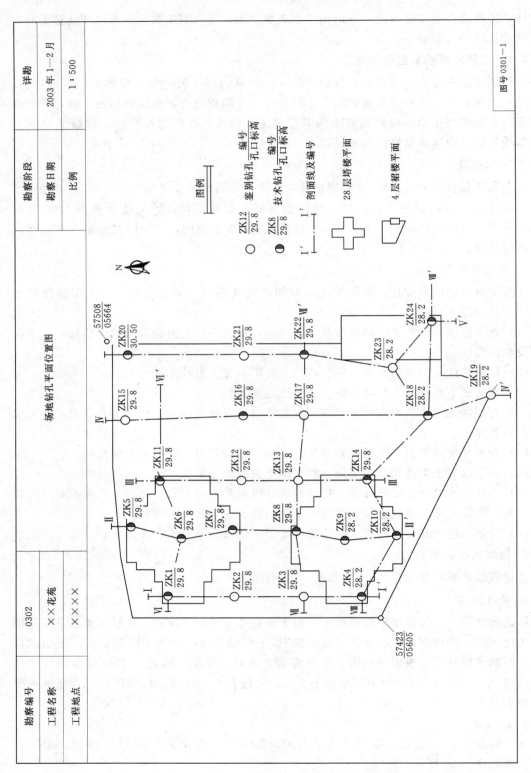

图 1.23　勘探点平面布置图

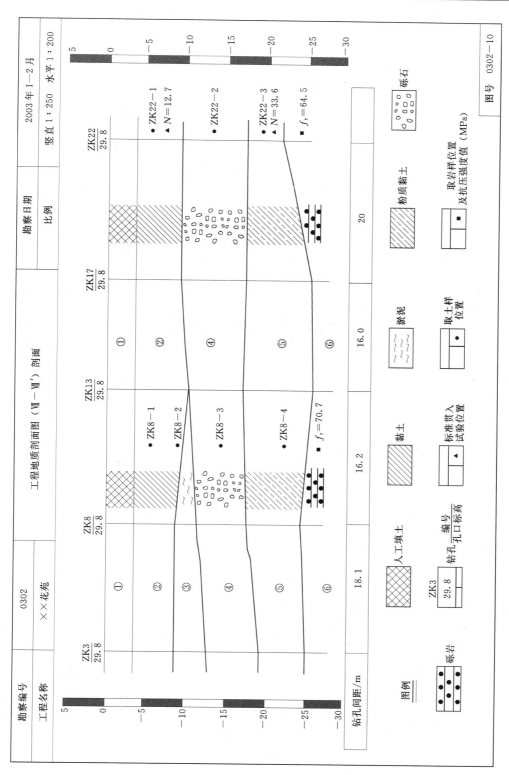

图 1.24 工程地质剖面图

勘察编号	0302					钻孔柱状图		孔口标高	29.8m

工程名称	××花苑							地下水位	27.6m

钻孔编号	ZK1							钻探日期	2003 年 2 月 7 日

地质代号	层底标高 /m	分层厚度 /m	层序号	地质柱状图 1∶200	岩心采取率 /%	工程地质简述	标贯 N 深度 /m	标贯 N 实际击数 校正击数	岩土样 编号 深度/m	备注
Q^{ml}	3.0　3.0		①		75	填土： 杂色、松散、内有碎砖、瓦片、混凝土块、粗砂及黏性土，钻进时常遇混凝土板				
Q^{al}	10.7　7.7		②		90	黏土： 黄褐色、冲积、可塑、具黏滑感，顶部为灰黑色耕作层，底部土中含较多粗颗粒	10.85～11.15	$\dfrac{31}{25.7}$	$\dfrac{ZK1-1}{10.5\sim10.7}$	
	14.3　3.6		④		70	砾石： 土黄色、冲积、松散、稍密，上部以砾、砂为主，含泥量较大，下部颗粒变粗，含砾石、卵石，粒径一般 2～5cm，个别达 7～9cm，磨圆度好				
Q^{el}	27.3　13.0		⑤		85	粉质黏土： 褐黄色带白色斑点、残积，为砾岩风化产物，硬塑－坚硬，土中含较多粗石英粒，局部为岩芯砾石颗粒	20.55～20.85	$\dfrac{42}{29.8}$	$\dfrac{ZK1-2}{20.2\sim20.4}$	
γ_5^3	32.4　5.1		⑥		80	砾岩： 褐红色、铁质硅质胶结、中－微风化，岩质坚硬、性脆，砾石成分有石英、砂岩、石灰岩块，岩芯呈柱状			$\dfrac{ZK1-3}{31.2\sim31.3}$	
			⑥						图号 0302－7	

▲ 标贯位置　　　　　■ 岩样位置　　　　　● 砂、土样位置

拟编：　　　　　　　　　　　　　　　　　　　　审核：

图 1.25　钻孔柱状图

钻探显示，场地的地层自上而下分为六层，各土层描述如下：

（1）人工填土：浅黄色，松散。以中、粗砂和粉质细粒土为主。有混凝土块、碎砖、瓦片，厚约 3m。

（2）黏土：冲积，硬塑，压缩系数 $a_{1.2}=0.29\text{MPa}^{-1}$，具有中等压缩性。地基承载力特征值 $f_a=288.5\text{kPa}$，桩侧土极限侧阻力标准值 $q_{sik}=70\text{kPa}$，厚度 4～5m。

（3）淤泥：灰黑色，冲积，流塑，具有高压缩性，底夹薄粉砂层。厚度 0～3.70m，场地西部较厚，东部缺失。

（4）砾石：褐黄色，冲积，稍密，饱和，层中含卵石和粉粒，透水性强，厚度 3.70～8.20m。

（5）粉质黏土：褐黄色，残积，硬塑至坚硬，为砾岩风化产物。压缩系数 $a_{1.2}=0.22\text{MPa}^{-1}$，具有中等偏低压缩性。桩侧土极限侧阻力标准值 $q_{sik}=90\text{kPa}$，桩端土极限端阻力标准值 $q_{PK}=5400\text{kPa}$，厚度 5～6m。

（6）砾岩：褐红色，岩质坚硬，岩样单轴抗压强度标准值 $f_{rk}=58.5\text{kPa}$，场地东部的基岩埋藏浅，而西部较深，埋深一般为 24～26cm。

6. 地下水情况

本区地下水为潜水，埋深约 2.10m。表层黏土层为隔水层，渗透系数 $k=1.28\times10^{-7}$ cm/s；砾石层为强透水层，渗透系数 $k=2.07\times10^{-1}$cm/s，砾石层地下水量丰富。分析水质，地下水化学成分对混凝土无腐蚀性。场地一带的地下水与邻近的河水有水力联系。

7. 土的物理力学性质指标

土的物理力学性质指标见表 1.9。

表 1.9　　　　　　　　某花苑岩土物理力学性质指标的标准值

主要指标		天然含水量 $w/\%$	土的天然重度 γ /(kN/m³)	孔隙比 e	液限 w_L /%	塑限 w_p /%	塑性指数 I_p	液性指数 I_L
②	黏土	25.3	19.1	0.710	39.2	21.2	18.0	0.23
③	淤泥	77.4	15.3	2.107	47.3	26.0	21.3	2.55
⑤	粉质黏土	18.1	19.5	0.647	36.5	20.3	16.2	<0
⑥	砾岩							

主要指标		压缩系数 a_{1-2} /MPa⁻¹	压缩模量 E_{a1-2} /MPa	饱和单轴抗压强度 f_{rk}/MPa	抗剪强度 黏聚力 /kPa	抗剪强度 内摩擦角 $\varphi/(°)$	地基承载力特征值 f_{ak}/kPa
②	黏土	0.29	5.90		25.7	14.8	288.5
③	淤泥	1.16	2.18		6	6	35
⑤	粉质黏土	0.22	7.49		30.8	17.2	355
⑥	砾岩			58.5			

注　1. 黏土层、淤泥层、粉质黏土层、砾岩承载力参考《建筑地基基础设计规范》(GB 50007—2011)确定。

　　2. 黏土层、淤泥层、粉质黏土层各取土样 6～7 件，除 c、φ、地基承载力、岩石抗压强度为标准值外，其余指标均为标准值。

8. S波测试结果

S波测试结果报告，其中 ZK1 孔测试结果见表 1.10。

表 1.10　　　　　　　　　　　　ZK1 孔 S 波测试结果表

层序	层底深度/m	岩性	层厚/m	S 波速度/（m/s）	密度/（g/cm³）	剪变模量/MPa
1	3.0	填土	3.0	128	1.71	30.5
2	10.7	黏土	7.7	305	1.91	175.6
3	14.3	砾石	3.6	560	2.01	860.2
4	27.3	粉质黏土	13.0	224	1.95	105.2
5	32.4	砾岩	5.1	1018	2.2	2485.9

9. 工程地质评价

（1）本场地地层建筑条件评价。

1）人工填土层物质成分复杂，含有分布不均的混凝土块和砖瓦等杂物，呈松散状，承载力低。

2）黏土层呈硬塑状态，具有中等压缩性，场地内厚度变化不大，一般为 4～5m。地基承载力特征值 f_a＝288.5kPa，可直接作为 5～6 层建筑物的天然地基。

3）淤泥层含水量高，孔隙比大，具有高压缩性，厚度变化大，不宜作为建筑物地基的持力层。

4）砾石层，呈稍密状态，厚度变化颇大，土的承载能力不高。

5）粉质黏土，呈硬塑至坚硬状态，桩侧土极限侧阻力标准值 q_{sik}＝90kPa，桩端土极限端阻力标准值 q_{PK}＝5400kPa，可作为沉管灌注桩的地基持力层。

6）微风化砾岩，岩样的单轴抗压强度标准值 f_{rk}＝58.5kPa，呈整体块状结构，是理想的高层建筑桩基持力层。

（2）基型与地基持力层的选择。

1）4 层裙楼。对 4 层裙楼可采用天然地基上的浅基础方案，以硬塑黏土作为持力层。由于裙楼上部荷载较小，黏土层相对来说承载力较高，并有一定厚度，其下又没有软弱淤泥层。黏土层作为持力层具有下列有利因素：

a. 地基承载力完全可以满足设计要求（其地基承载力标准值达 288.5kPa）。

b. 该层具有一定厚度，在本场地内的厚度为 4～5m，分布稳定，且其下方不存在淤泥等软弱土层。

c. 黏土层呈硬塑状态，是场地内的隔水层，预计基坑开挖后的涌水量较少，基坑边坡易于维持稳定状态。

d. 上部结构荷载不大，若柱基的埋深和宽度加大，黏土层承载力还可提高。

2）28 层塔楼。对 28 层塔楼来说，情况与裙楼完全不同：塔楼层数高，荷载大且集中，最大柱荷载为 17000kN；黏土层虽有一定承载力和厚度，但该地段下方分布有厚薄不均的软弱淤泥土层，加之塔楼设置有一层地下室，部分黏土层被挖去后，将使基底更接近软弱淤泥层顶面，正常使用过程中发生不均匀沉降的可能性很大；场地内基岩强度高，埋藏深度又不大，故选择砾岩作为桩基持力层合理可靠。从地下室底面起算的桩长为 20m

左右，施工难度不大。

选择砾岩作为桩基持力层，由于砾石层地下水量丰富，透水性强，因而不宜采用人工挖孔桩，而应选用钻孔灌注桩，并以微风化砾岩作为桩端持力层。

1.3.5 地基承载力基本知识

所谓地基承载力，是指地基单位面积上所能承受荷载的能力。地基承载力一般可分为地基极限承载力和地基承载力特征值两种。地基极限承载力是指地基发生剪切破坏丧失整体稳定时的地基承载力，是地基所能承受的基底压力极限值，用 p_u 表示；地基承载力特征值则是满足土的强度稳定和变形要求时的地基承载能力，以 f_a 表示。将地基极限承载力除以安全系数 K，即为地基承载力特征值。

要研究地基承载力，首先要研究地基在荷载作用下的破坏类型和破坏过程。

1.3.5.1 地基的破坏类型

现场载荷试验和室内模型试验表明，在荷载作用下，建筑物地基的破坏通常是由于承载力不足而引起的剪切破坏，地基剪切破坏随着土的性质而不同，一般可分为整体剪切破坏、局部剪切破坏和冲切剪切破坏三种类型。三种不同破坏类型的地基作用荷载 p 和沉降 s 之间的关系，即 p-s 曲线如图 1.26 所示。

1. 整体剪切破坏

对于比较密实的砂土或较坚硬的黏性土，常发生这种破坏类型。其特点是地基中产生连续的滑动面一直延续到地表，基础两侧土体有明显隆起，破坏时基础急剧下沉或向一侧突然倾斜，p-s 曲线有明显拐点，如图 1.26（a）所示。

2. 局部剪切破坏

在中等密实砂土或中等强度的黏性土地基中都可能发生这种破坏类型。局部剪切破坏的特点是基底边缘的一定区域内有滑动面，类似于整体剪切破坏，但滑动面没有发展到地表，基础两侧土体微有隆起，基础下沉比较缓慢，一般无明显倾斜，p-s 曲线拐点不易确定，如图 1.26（b）所示。

3. 冲切剪切破坏

若地基为压缩性较高的松砂或软黏土时，基

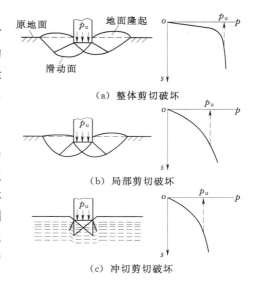

图 1.26　地基的破坏形式

础在荷载作用下会连续下沉，破坏时地基无明显滑动面，基础两侧土体无隆起也无明显倾斜，基础只是下陷，就像"切入"土中一样，故称为冲切剪切破坏，或称刺入剪切破坏。该破坏形式的 p-s 曲线也无明显的拐点，如图 1.26（c）所示。

1.3.5.2 地基变形的三个阶段

根据地基从加荷到整体剪切破坏的过程，地基的变形一般经过三个阶段。

（1）弹性变形阶段：相应于图 1.27（a）中 p-s 曲线的 oa 部分。由于荷载较小，地基主要产生压密变形，荷载与沉降关系接近于直线。此时土体中各点的剪应力均小于抗剪强度，地基处于弹性平衡状态。

（2）塑性变形阶段：相应于图 1.27（a）中 $p-s$ 曲线的 ab 部分。当荷载增加到超过 a 点压力时，荷载与沉降之间呈曲线关系。此时土中局部范围内产生剪切破坏，即出现塑性变形区。随着荷载增加，剪切破坏区逐渐扩大。

（3）破坏阶段：相应于图 1.27（a）中 $p-s$ 曲线的 bc 阶段。在这个阶段塑性区已发展到形成一连续的滑动面，荷载略有增加或不增加，沉降均有急剧变化，地基丧失稳定。

对应于上述地基变形的三个阶段，在 $p-s$ 曲线上有两个转折点 a 和 b〔图 1.27（a）〕。a 点所对应的荷载为临塑荷载，以 p_{cr} 表示，即地基从压密变形阶段转为塑性变形阶段的临界荷载。当基底压力等于该荷载时，基础边缘的土体开始出现剪切破坏，但塑性破坏区尚未发展。b 点所对应的荷载称为极限荷载，以 p_u 表示，是使地基发生整体剪切破坏的荷载。荷载从 p_{cr} 增加到 p_u 的过程是地基剪切破坏区逐渐发展的过程〔图 1.27（b）〕。

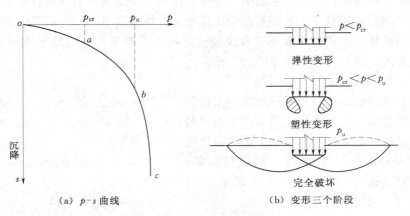

（a）$p-s$ 曲线　　　　（b）变形三个阶段

图 1.27　地基荷载试验的 $p-s$ 曲线

项 目 小 结

本项目内容包括基础施工图的识读、地基土的基本性质及分类和地质勘察。在基础施工图的识读中，简单介绍了建筑识图的基本知识，详细说明了基础平面图和基础详图的图示内容和识读方法；在地基土的基本性质及分类中，涉及了土的组成、土的物理性质、土的工程分类和土的鉴别方法等问题；在地质勘察中，简单介绍了工程地质和地基承载力的基本概念，着重阐述工程地质勘察的任务、要求、方法及如何阅读和使用工程地质勘察报告。

本项目的教学目标是，通过本单元的学习，使学生掌握基础施工图的识读方法，能够阅读一般房屋基础施工图并根据图纸进行后序工作；了解土的组成、物理性质和鉴别方法，为地基和基础施工做准备；了解工程地质、地基承载力和地质勘察的相关知识，能够阅读和使用工程地质勘察报告。

复习与思考题

1. 房屋施工图包含哪几个组成部分?

2. 什么是基础平面布置图和基础详图?其图示方法如何?

3. 土是由哪几部分组成的?土中水具有哪几种存在形式?

4. 土的物理性质指标有几个?哪些是直接测定的?

5. 土如何按其工程性质分类,各类土划分的依据是什么?

6. 工程地质勘察的任务有哪些,分哪几个阶段?

7. 工程地质勘察报告有哪些内容?

8. 什么是地基承载力特征值?地基破坏的类型有那几种?

项目 2　土 方 工 程 施 工

【学习目标】

　　了解土方工程施工特点；掌握土方量的计算、场地平整施工的竖向规划设计；熟悉常用土方机械的性能和使用范围；了解基槽检验工作的内容和常用检验方法；掌握填土压实的要求和方法。

【引例与思考】

　　某大厦为钢筋混凝土框架—剪力墙结构，建筑面积 12000m²。地上 32 层，地下 3 层，基底标高 −15m，基坑开挖深度 −13m。根据岩土工程勘察报告，土层可分为两层：人工堆积层和第四纪沉积层。拟建场区内地表以下的地下水，按含水层埋藏深度和地下水位高程划分为 3 层：上层滞水（埋深 4.30～5.40m）、层间潜水（埋深 15.32m）和潜水（埋深 21.70～23.40m）。基坑北面边坡场地较宽阔，西面边坡的北段距离二层热力站约为 3.5m，南段距离银监会楼房 2.3m，东面边坡临近幼儿园间距约为 3.5m。思考：（1）基坑土方量如何计算？（2）如何选用基坑土方开挖方式和施工机械？

任务 2.1　土方量的计算与调配

　　在土方工程施工之前，必须先计算土方的工程量。但各种土方工程的外形往往很复杂，不规则，很难进行精确计算。因此，一般情况下，将工程区域假设或划分为一定的几何形体，采用具有一定精度而又和实际情况近似的方法进行计算。

　　场地平整一般施工工艺流程为现场勘察→清除地面障碍物→标定平整范围→设置水准基点→设置方格网、测量标高→计算土方挖填工程量→编制土方调配方案→挖、填土方→场地碾压→验收。

　　场地平整前，施工人员应到工程施工现场进行勘察，了解地形、地貌和周围环境，根据建筑总平面图了解、确定场地平整的大致范围；拆除施工场地上的旧有房屋和坟墓，拆迁或改建通信、电力设备、上下水道以及地下建筑物，迁移树木，去除耕植土及河塘淤泥等。然后根据建筑总平面图要求的标高，从基准水准点引进基准标高作为场地平整的基点。

2.1.1　基坑、基槽土方量计算

2.1.1.1　基坑土方量计算

　　基坑土方量可按立体几何中的拟柱体（由两个平行的平面做底的一种多面体）体积公式计算（图 2.1），即

$$V_{坑} = \frac{H}{6}(A_1 + 4A_0 + A_2) \qquad (2.1)$$

式中 H——基坑深度，m；

A_1、A_2——基坑上、下两底面积，m^2；

A_0——基坑中截面面积，m^2。

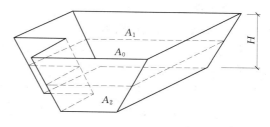

图 2.1 基坑土方量计算

2.1.1.2 基槽土方量计算

基槽和路堤、管沟的土方量，可沿其长度方向分段后，再按基坑土方量计算方法分别计算各段土方量，汇总得到总土方量。即

$$V_{槽} = \sum V_i \qquad (2.2)$$

式中 V_i——基槽的第 i 段土方量，m^3。

一般在工程实际中，基槽土方量的计算多按照不同基槽断面，以基槽的长度乘以相应断面积计算，即

$$V_{槽} = \sum L_i A \qquad (2.3)$$

式中 L_i——基槽所在断面的长度，m；

A——基槽所在断面的平均断面积，m^2。

2.1.2 场地平整土方量计算

场地平整就是将现场天然地面改造成施工所要求的设计平面。首先要确定场地设计标高（通常由设计单位在总图规划和竖向设计中确定），计算挖、填土方工程量，确定土方调配方案；并根据工程现场施工条件、施工工期及现有机械设备条件，选择土方施工机械，拟定施工方案。

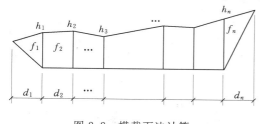

图 2.2 横截面法计算

场地挖填土方量计算有横截面法和方格网法两种。

横截面法是将要计算的场地划分成若干横截面后，用横截面计算公式逐段计算，最后将逐段计算结果汇总。横截面法计算精度较低，可用于地形起伏变化较大地区。

在地形起伏变化较大的地区，或挖填深度较大，断面又不规则的地区，采用断面法比较方便。其方法为：沿场地取若干个相互平行的断面（可利用地形图定出或实地测量定出），将所取的每个断面（包括边坡断面），划分为若干个三角形和梯形（图 2.2）。

断面面积求出后，即可计算土方体积，设各断面面积分别为 F_1、F_2、$\cdots$、F_n。

相邻两断面间的距离依次为 L_1、L_2、L_3、$\cdots$、L_n，则所求土方体积为

$$V = \frac{1}{2}(F_1 + F_2)L_1 + \frac{1}{2}(F_2 + F_3)L_2 + \cdots + \frac{1}{2}(F_{n-1} + F_n)L_n \qquad (2.4)$$

式中 F_1、F_2、$\cdots$、F_n——各断面面积，m^2；

L_1、L_2、L_3、$\cdots$、L_n——相邻两断面间的距离，m。

下面着重介绍方格网法。对于地形较平坦地区，场地平整的土方量通常采用方格网法计算。即根据场地设计平面标高和方格网各方格角点的自然地面标高之差，得到相应角点的施工高度（填挖高度），由此计算每一方格的土方量，并计算出场地边坡的土方量，从

而求得整个场地的填挖土方量。其计算步骤如下。

2.1.2.1 确定场地设计标高

大型工程项目通常都要确定场地设计平面，进行场地平整。场地平整就是将自然地面改造成人们所要求的平面。场地设计标高应满足规划、生产工艺及运输、排水及最高洪水位等要求，并力求使场地内土方挖填平衡且土方量最小。

对于较大面积的场地平整（如工业厂房和住宅区场地、车站、机场、运动场等），正确地选择设计标高是十分重要的。选择场地设计标高时，应尽可能满足：场地以内的挖方和填方应达到相互平衡，以降低土方运输费用；要有一定排水坡度，满足排水要求；尽量利用地形（不考虑泄水坡度时），以减少挖方数量；符合生产工艺和运输的要求；考虑最高洪水位的影响。

确定场地设计标高的方法，有"挖填土方量平衡法"和"最佳设计平面法"。前者是场地设计标高确定一般方法，如场地比较平缓，对场地设计标高无特殊要求，可按照"挖填土方量相等"的原则确定场地设计标高。后者是采用最小二乘法原理，计算出最佳设计平面。所谓最佳设计平面，是指场地各方格角点的挖、填高度的平方和为最小，按照这样的设计平面，既能满足土方工程量为最小，也能保证挖填土方量相等，但是此法的计算较为繁琐。

1. 挖填土方量平衡法

挖填土方量平衡法，概念直观，计算简便，精度能满足工程要求。采用挖填土方量平衡法确定场地设计标高，可按下述方法进行。

如图 2.3（a）所示，将地形图上场地的范围划分为若干方格。每个方格的角点标高，可根据地形图上该角点相邻两等高线的标高，用插入法（图 2.4）求得。在无地形图的情况下，可在地面用木桩打好方格网，然后用仪器直接测出各角点标高。

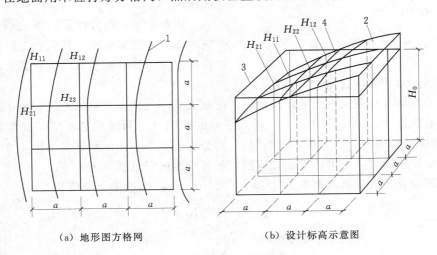

（a）地形图方格网　　（b）设计标高示意图

图 2.3　场地设计标高计算示意图

1—等高线；2—自然地面；3—设计平面；4—零线

从工程经济效益的角度来说，合理的设计标高，应该使得场地内的土方，在场地平整

前和平整后相等而达到挖方和填方的平衡，如图 2.3（b）所示，即

$$na^2 H_0 = \sum_{i=1}^{n} \left(a^2 \frac{H_{i1} + H_{i2} + H_{i3} + H_{i4}}{4} \right) \tag{2.5}$$

由式（2.5）可得到

$$H_0 = \frac{1}{4n} \sum_{i=1}^{n} (H_{i1} + H_{i2} + H_{i3} + H_{i4}) \tag{2.6}$$

式中　　　　　H_0——所计算场地的设计标高，m；

　　　　　　　a——方格边长，m；

　　　　　　　n——方格数；

H_{i1}、H_{i2}、H_{i3}、H_{i4}——第 i 个方格四个角点的原地形标高，m。

　　从图 2.3（b）可以看出，H_{11} 系一个方格的角点标高，H_{12} 及 H_{21} 系相邻两个方格的公共角点标高，H_{22} 系相邻的四个方格的公共角点标高。如果将所有方格的四个角点相加，则类似 H_{11} 这样的角点标高加一次，类似 H_{12}、H_{21} 的角点标高需加两次，类似 H_{22} 的角点标高要加四次，这种在计算过程中被应用次数 P_i 反映了各角点标高对计算结果的影响程度，测量上的术语称为"权"。考虑各角点标高的"权"，式（2.6）可改写为便于计算的形式：

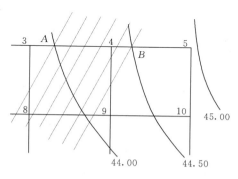

图 2.4　插入法

$$H_0 = \frac{\sum H_1 + 2\sum H_2 + 3\sum H_3 + 4\sum H_4}{4n} \tag{2.7}$$

式中　　H_1——一个方格仅有的角点标高，m；

　　　　H_2——二个方格共有的角点标高，m；

　　　　H_3——三个方格共有的角点标高，m；

　　　　H_4——四个方格共有的角点标高，m。

　　按调整后的同一设计标高进行场地平整时，整个场地表面均处于同一水平面，但实际上由于排水的要求，场地需有一定泄水坡度。平整场地的表面坡度应符合设计要求，如无设计要求时，排水沟方向的坡度不应小于 2‰。因此，还需要根据场地的泄水坡度的要求（单向泄水或双向泄水），计算出场地内各方格角点实际施工所用的设计标高。

　　单向泄水时设计标高计算，是将已调整的设计标高（H_0）作为场地中心线的标高（图 2.5），场地内任意一点的设计标高则为

$$H_{ij} = H_0 \pm Li \tag{2.8}$$

式中　　H_{ij}——考虑泄水坡度场地内任一点的设计标高，m；

　　　　L——该点至 $H_0 - H_0$ 中心线的距离，m；

　　　　i——场地单向泄水坡度（不小于 2‰）。

　　双向泄水时设计标高计算，是将已调整的设计标高（H_0）作为场地方向的中心点（图 2.6），场地内任一点的设计标高为

$$H_{ij} = H_0 \pm L_x i_x \pm L_y i_y \qquad (2.9)$$

式中　L_x、L_y——该点沿 $x-x$、$y-y$ 方向距场地的中心线的距离，m；

　　　i_x、i_y——该点沿 $x-x$、$y-y$ 方向的泄水坡度。

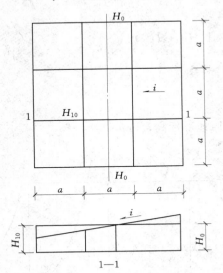

图 2.5　单向泄水坡度场地

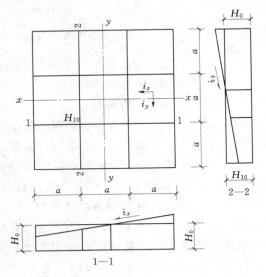

图 2.6　双向泄水坡度场地

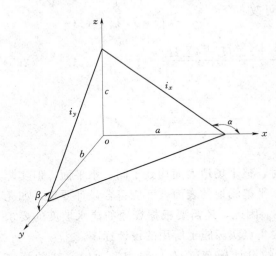

图 2.7　一个平面的空间位置

c—原点标高；$i_x = \tan\alpha = -c/a$，x 方向的坡度；

$i_y = \tan\beta = -c/b$，y 方向的坡度

2. 最小二乘法原理求最佳设计平面

按上述方法得到的设计平面，能使挖方量与填方量平衡，但不能保证总的土方量最小。应用最小二乘法的原理，可求得满足上述两个条件的最佳设计平面，即设计标高满足规划、生产工艺及运输、排水及最高洪水水位等要求，并做到场地内土方挖填平衡，且挖填的总土方工程量最小。

当地形比较复杂时，一般需设计成多平面场地，此时可根据工艺要求和地形特点，预先把场地划分成几个平面，分别计算出最佳设计单平面的各个参数。然后适当修正各设计单平面交界处的标高，使场地各单平面之间的变化缓和且连续。因此，确定单平面的最佳设计平面是竖向规划设计的基础。

我们知道，任何一个平面在直角坐标体系中都可以用三个参数 c、i_x、i_y 来确定（图 2.7）。在这个平面上任何一点 i 的标高 H'_i，可以根据下式求出：

$$H'_i = c + x_i i_x + y_i i_y \qquad (2.10)$$

式中　i_x——i 点在 x 方向的坐标；

i_y——i 点在 y 方向的坐标。

与前述方法类似,将场地划分成方格网,并将原地形标高 H_i 标于图上,则该场地方格网角点的施工高度为

$$h_i = H_i' - H_i = c + x_i i_x + y_i i_y - H_i \qquad (2.11)$$

式中　h_i——方格网各角点的施工高度,m;

　　　H_i'——方格网各角点的设计平面标高,m;

　　　H_i——方格网各角点的原地形标高,m。

由土方量计算公式可知,施工高度之和与土方工程量成正比。由于施工高度有正有负,当施工高度之和为零时,则表明该场地土方的填挖平衡,但它不能反映出填方和挖方的绝对值之和为多少。为了不使施工高度正负相互抵消,若把施工高度平方之后再相加,则其总和能反映出土方工程填挖方绝对值之和的大小。但要注意,在计算施工高度总和时,应考虑方格网各点施工高度在计算土方量时被应用的次数 P_i,令 σ 为土方施工高度之平方和,则

$$\sigma = \sum_{i=1}^{n} P_i h_i^2 = P_1 h_1^2 + P_2 h_2^2 + \cdots + P_n h_n^2 \qquad (2.12)$$

将式(2.11)代入上式,得

$$\sigma = P_1(c + x_1 i_x + y_1 i_y - H_1)^2 + P_2(c + x_2 i_x + y_2 i_y - H_2)^2 + \cdots + P_n(c + x_n i_x + y_n i_y - H_n)^2 \qquad (2.13)$$

当 σ 的值最小时,该设计平面既能使土方工程量最小,又能保证填挖方量相等(填挖方不平衡时,上式所得数值不可能最小)。这就是用最小二乘法求最佳设计平面的方法。

为了求得 σ 最小时的设计平面参数 c、i_x、i_y 可以对上式的 c、i_x、i_y 分别求偏导数,并令其为 0,于是得

$$\left. \begin{aligned} \frac{\partial \sigma}{\partial c} &= \sum_{i=1}^{n} P_i(c + x_i i_x + y_i i_y - H_i) = 0 \\ \frac{\partial \sigma}{\partial i_x} &= \sum_{i=1}^{n} P_i x_i(c + x_i i_x + y_i i_y - H_i) = 0 \\ \frac{\partial \sigma}{\partial i_y} &= \sum_{i=1}^{n} P_i y_i(c + x_i i_x + y_i i_y - H_i) = 0 \end{aligned} \right\} \qquad (2.14)$$

经过整理,可得下列准则方程:

$$\left. \begin{aligned} [P]c + [Px]i_x + [Py]i_y - [PH] &= 0 \\ [Px]c + [Pxx]i_x + [Pxy]i_y - [PxH] &= 0 \\ [Py]c + [Pxy]i_x + [Pyy]i_y - [PyH] &= 0 \end{aligned} \right\} \qquad (2.15)$$

式中:

$$[P] = P_1 + P_2 + \cdots + P_n$$
$$[Px] = P_1 x_1 + P_2 x_2 + \cdots + P_n x_n$$
$$[Pxx] = P_1 x_1 x_1 + P_2 x_2 x_2 + \cdots + P_n x_n x_n$$
$$[Pxy] = P_1 x_1 y_1 + P_2 x_2 y_2 + \cdots + P_n x_n y_n$$

其他依此类推。

解联立方程组,可求得最佳设计平面(此时尚未考虑工艺、运输等要求)的三个参数

c、i_x、i_y。然后即可算出各角点的施工高度。

在实际计算时，可采用列表方法（表 2.1）。最后一列的和 $[Ph]$ 可用于检验计算结果，当 $[Ph]=0$，则表明计算无误。

表 2.1   最佳设计平面计算表

1	2	3	4	5	6	7	8	9	10	11	12	13	14	15
点号	x	y	H	P	Px	Py	PH	Pxx	Pxy	Pyy	PxH	PyH	h	Ph
0	…	…	…	…	…	…	…	…	…	…	…	…	…	…
1	…	…	…	…	…	…	…	…	…	…	…	…	…	…
2	…	…	…	…	…	…	…	…	…	…	…	…	…	…
3	…	…	…	…	…	…	…	…	…	…	…	…	…	…
⋮	…	…	…	…	…	…	…	…	…	…	…	…	…	…
				$[P]$	$[Px]$	$[Py]$	$[Pz]$	$[Pxx]$	$[Pxy]$	$[Pyy]$	$[Pxz]$	$[Pyz]$		$[Ph]$

应用上述准则方程时，若已知 c 或 i_x 或 i_y 时，只要把这些已知值作为常数代入，即可求得该条件下的最佳设计平面，但它与无任何限制条件下求得的最佳设计平面相比，其总土方量一般要比后者大。

3. 调整场地设计标高

初步确定场地设计标高仅为一理论值，实际上，还需要考虑以下因素对初步场地设计标高值进行调整，这项工作在完成土方量计算后进行。

（1）土的可松性影响。由于具有可松性，会造成填土的多余，需相应地提高设计标高，以达到土方量的实际平衡。

（2）场内挖方和填方的影响。由于场地内大型基坑挖出的土方、修筑路堤填高的土方，以及从经济角度比较，将部分挖方就近弃于场外（简称弃土）或将部分填方就近取土于场外（简称借土）等，均会引起挖填土方量的变化。必要时，需重新调整设计标高。

（3）考虑工程余土或工程用土，相应提高或降低设计标高。

场地设计平面的调整工作也是繁重的，如修改设计标高，则须重新计算土方工程量。

2.1.2.2 划分场地方格网

方格网图由设计单位（一般在 1∶500 的地形图上）将场地划分为边长 $a=10\sim40m$ 的若干方格，与测量的纵横坐标相对应，在各方格角点规定的位置上标注角点的自然地面标高和设计标高，如图 2.8 所示。

2.1.2.3 计算场地各个角点的施工高度

施工高度为角点设计地面标高与自然地面标高之差，是以角点设计标高为基准的挖方或填方的施工高度，填在方格点的右上角。各方格角点的施工高度按下式计算：

$$h_n = H_n - H \tag{2.16}$$

式中 h_n——角点施工高度，即填挖高度，m，以"＋"为填，"－"为挖；

      H_n——角点设计标高，m；

      H——角点的自然地面标高，m。

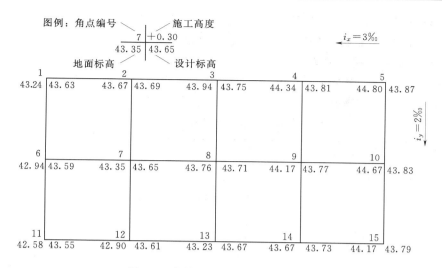

图 2.8 方格网法计算土方工程量图

2.1.2.4 确定"零线"

如果一个方格中一部分角点的施工高度为"＋"，而另一部分为"－"时，此方格中的土方一部分为填方，一部分为挖方。计算此类方格的土方量需先确定填方与挖方的分界线，即"零线"。

"零线"位置的确定方法是：先求出有关方格边线（此边线一端为挖，一端为填）上的"零点"（即不挖不填的点），然后将相邻的两个"零点"相连即为"零线"。

如图 2.9 所示，设 h_1 为填方角点的填方高度，h_2 为挖方角点的挖方高度，0 为零点位置，则可求得

$$x_1 = \frac{ah_1}{h_1 + h_2}, \quad x_2 = \frac{ah_2}{h_1 + h_2} \tag{2.17}$$

式中 x_1、x_2——角点至零点的距离，m；

h_1、h_2——相邻两角点的施工高度，m，均用绝对值；

a——方格网的边长，m。

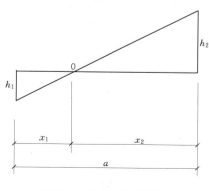

图 2.9 求零点的图解法

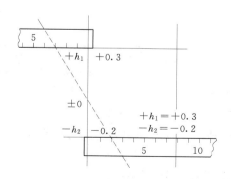

图 2.10 零点位置图解法

在实际工程中，确定零点的办法也可以用图解法，如图 2.10 所示。方法是用尺在各

角点上标出挖填施工高度相应比例，用尺相连，与方格相交点即为零点位置。将相邻的零点连接起来，即为零线。它是确定方格中挖方与填方的分界线。

2.1.2.5 计算场地填挖土方量

零线确定后，便可进行土方量的计算。按方格网底面积图形和表 2.2 中的计算公式，计算每个方格内的挖方或填方量。

表 2.2   常用方格网点计算公式

项 目	图 式	计 算 公 式
一点填方或挖方（三角形）		$V = \dfrac{1}{2}bc\dfrac{\sum h}{3} = \dfrac{bch_3}{6}$ 当 $b=a=c$ 时，$V = \dfrac{a^2 h_3}{6}$
两点填方或挖方（梯形）		$V_+ = \dfrac{b+c}{2}a\dfrac{\sum h}{4} = \dfrac{a}{8}(b+c)(h_1+h_3)$ $V_- = \dfrac{d+e}{2}a\dfrac{\sum h}{4} = \dfrac{a}{8}(d+e)(h_2+h_4)$
三点填方或挖方（五角形）		$V = \left(a^2 - \dfrac{bc}{2}\right)\dfrac{\sum h}{5}$ $= \left(a^2 - \dfrac{bc}{2}\right)\dfrac{h_1+h_2+h_4}{5}$
四点填方或挖方（正方形）		$V = \dfrac{a^2}{4}\sum h = \dfrac{a^2}{4}(h_1+h_2+h_3+h_4)$

注 1. a—方格网的边长，m；b、c—零点到一角的边长，m；h_1、h_2、h_3、h_4—方格网四角点的施工高度，m，用绝对值代入；$\sum h$—填方或挖方施工高度的总和，m，用绝对值代入；V—填方或挖方体积，m³。

      2. 本表公式是按照各计算图形底面积乘以平均施工高度而得出的。

2.1.2.6 计算边坡土方量

场地的挖方区和填方区的边沿都需要做成边坡，以保证挖方、填方区土壁稳定和施工安全。

边坡土方量计算不仅用于平整场地，而且可用于修筑路堤、路堑的边坡挖、填土方量计算，其计算方法常采用图解法。

图解法系根据地形图和边坡竖向布置图或现场测绘，将要计算的边坡划分成两种近似的几何形体进行土方量计算，一种为三角棱锥体，如图 2.11 中①～③、⑤～⑩，另一种为三角棱柱体，如图 2.11 中④。

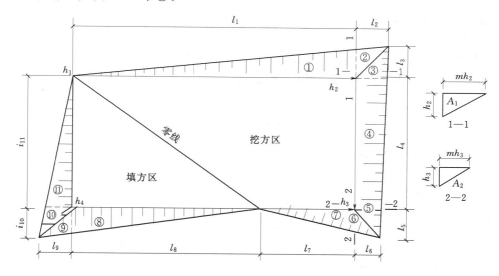

图 2.11　场地边坡平面图

1. 三角棱锥体边坡体积

例如图 2.11 中的①，体积计算为

$$V_1 = \frac{1}{3} A_1 l_1 \tag{2.18}$$

$$A_1 = \frac{h_2 (m h_2)}{2} = \frac{m h_2^2}{2} \tag{2.19}$$

上二式中　l_1——边坡①的长度，m；

　　　　　A_1——边坡①的端面积，m^2；

　　　　　h_2——角点的挖土高度，m；

　　　　　m——边坡的坡度系数，$m = \dfrac{\text{宽}}{\text{高}}$。

2. 三角棱柱体边坡体积

例如图 2.11 中的④，当两端横断面面积相差不大时，体积计算为

$$V_4 = \frac{A_1 + A_2}{2} l_4 \tag{2.20}$$

当两端横断面面积相差很大时，则

$$V_4 = \frac{l_4}{6} (A_1 + 4 A_0 + A_2) \tag{2.21}$$

式中　　　l_4——边坡④的长度，m；

A_1、A_2、A_0——边坡④两端及中部横断面面积，m^2，算法同式（2.19）。

2.1.2.7　计算土方总量

将挖方区（或填方区）所有方格计算的土方量和边坡土方量汇总，即得该场地挖方和

填方的总土方量。

2.1.2.8　应用案例

【**例 2.1**】　某建筑施工场地地形图和方格网布置，如图 2.12 所示。方格网的边长 a＝20m，方格网各角点上的标高分别为地面的设计标高和自然标高，该场地为粉质黏土，为了保证填方区和挖方区边坡稳定性，设计填方区边坡坡度系数为 1.0，挖方区边坡坡度系数为 0.5，试用方格网法计算挖方和填方的总土方量。

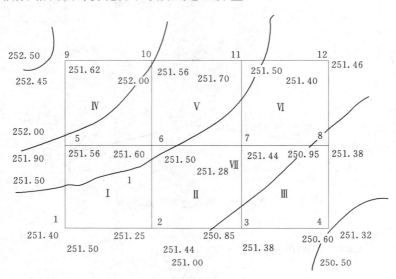

图 2.12　某建筑场地方格网布置图

【**解**】　1. 计算各角点的施工高度

根据方格网各角点的地面设计标高和自然标高，按照式（2.16）计算得

$$h_1＝251.50－251.40＝0.10(m)；\quad h_2＝251.44－251.25＝0.19(m)；$$
$$h_3＝251.38－250.85＝0.53(m)；\quad h_4＝251.32－250.60＝0.72(m)；$$
$$h_5＝251.56－251.90＝－0.34(m)；\quad h_6＝251.50－251.60＝－0.10(m)；$$
$$h_7＝251.44－251.28＝0.16(m)；\quad h_8＝251.38－250.95＝0.43(m)；$$
$$h_9＝251.62－252.45＝－0.83(m)；\quad h_{10}＝251.56－252.00＝－0.44(m)；$$
$$h_{11}＝251.50－251.70＝－0.20(m)；\quad h_{12}＝251.46－251.40＝0.06(m)。$$

各角点施工高度计算结果标注在图 2.13 中。

2. 计算零点位置

由图 2.13 可知，方格网边 1—5、2—6、6—7、7—11、11—12 两端的施工高度符号不同，这说明在这些方格边上有零点存在，由公式（2.17）求得 1—5 线：$x_1＝4.55m$；2—6 线：$x_1＝13.10m$；6—7 线：$x_1＝7.69m$；7—11 线：$x_1＝8.89m$；11—12 线：$x_1＝15.38m$。

将各零点标于图上，并将相邻的零点连接起来，即得零线位置，如图 2.13 所示。

3. 计算各方格的土方量

方格 Ⅲ、Ⅳ 底面为正方形，土方量为

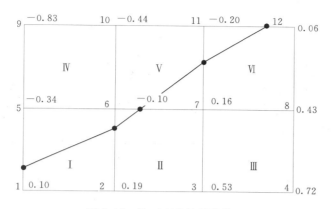

图 2.13 施工高度及零线位置

$$V_{\text{III}}（+）=20^2/4\times（0.53+0.72+0.16+0.43）=184（m^3）$$
$$V_{\text{IV}}（-）=20^2/4\times（0.34+0.10+0.83+0.44）=171（m^3）$$

方格 I 底面为两个梯形，土方量为

$$V_{\text{I}}（+）=20/8\times（4.55+13.10）\times（0.10+0.19）=12.80（m^3）$$
$$V_{\text{I}}（-）=20/8\times（15.45+6.90）\times（0.34+0.10）=24.59（m^3）$$

方格 II、V、VI 底面为三边形和五边形，土方量为 $V_{\text{II}}（+）=65.73m^3$；$V_{\text{II}}（-）=0.88m^3$；$V_{\text{V}}（+）=2.92m^3$；$V_{\text{V}}（-）=51.10m^3$；$V_{\text{VI}}（+）=40.89m^3$；$V_{\text{VI}}（-）=5.70m^3$

方格网总填方量：$\sum V（+）=184+12.80+65.73+2.92+40.89=306.34（m^3）$。

方格网总挖方量：$\sum V（-）=171+24.59+0.88+51.10+5.70=253.26（m^3）$。

4. 边坡土方量计算

如图 2.14 所示，除④、⑦按三角棱柱体计算外，其余均按三角棱锥体计算，由式（2.18）、式（2.20）、式（2.21）计算可得：$V_①（+）=0.003m^3$；$V_②（+）=V_③（+）=0.0001m^3$；$V_④（+）=5.22m^3$；$V_⑤（+）=V_⑥（+）=0.06m^3$；$V_⑦（+）=7.93m^3$；$V_⑧（+）=V_⑨（+）=0.01m^3$；$V_⑩=0.01m^3$；$V_⑪=2.03m^3$；$V_⑫=V_⑬=0.02m^3$；$V_⑭=3.18m^3$。

边坡总填方量：$\sum V（+）=0.003+0.0001+5.22+2\times0.06+7.93+2\times0.01+0.01=13.29（m^3）$。

边坡总挖方量：$\sum V（-）=2.03+2\times0.02+3.18=5.25（m^3）$。

2.1.3 土方平衡与调配

土方工程量计算完成后即可进行土方调配。所谓土方调配，就是对挖方的土需运至何处，填方的土应取自何方，进行统筹安排。其目的是在土方运输量最小或土方运输费最小的条件下，确定挖填方区土方的调配方向、数量即平均运距，从而缩短工期，降低成本。

土方调配工作主要包括以下内容：划分调配区、计算土方调配区之间的平均运距、选择最优的调配方案及绘制土方调配图表。

2.1.3.1 土方平衡与调配的原则

（1）应力求达到挖、填平衡和运距最短。使挖、填方量与运距的乘积之和尽可能为最

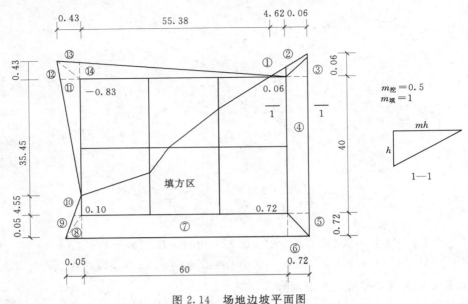

图 2.14 场地边坡平面图

小，即使土方运输量或运费最小。应根据场地和其周围地形条件综合考虑，必要时可在填方区周围就近借土，或在挖方区周围就近弃土，而不是只局限于场地以内的挖、填平衡，这样才能做到经济合理。

（2）应考虑近期施工与后期利用相结合及分区与全场相结合原则，以避免重复挖运和场地混乱。当工程分期分批施工时，先期工程的土方余额应结合后期工程的需要而考虑其利用数量与堆放位置，以便就近调配。堆放位置的选择应为后期工程创造良好的工作面和施工条件，力求避免重复挖运。如先期工程有土方欠额时，可由后期工程地点挖取。

（3）土方调配还应尽可能与大型地下建筑物的施工相结合。当大型建筑物位于填土区而其基坑开挖的土方量又较大时，为了避免土方的重复挖、填和运输，该填土区暂时不予填土，待地下建筑物施工之后再行填土。为此，在填方保留区附近应有相应的挖方保留区，或将附近挖方工程的余土按需要合理堆放，以便就近调配。

（4）合理布置挖、填分区线，选择恰当的调配方向、运输线路，以充分发挥挖方机械和运输车辆的性能。

总之，进行土方调配，必须根据现场的具体情况、有关技术资料、工期要求、土方机械与施工方法，结合上述原则，予以综合考虑，从而做出经济合理的调配方案。

2.1.3.2 步骤与方法

1. 划分调配区

在场地平面土上先划出挖、填方区的分界线（即零线），然后在挖、填方区适当划分出若干调配区。调配区的划分应与建筑物的平面位置及土方工程量计算用的方格网相协调，通常可由若干个方格组成一个调配区。同时还应满足土方及运输机械的技术要求。

划分调配区应注意以下几点：

（1）划分应与建筑物的平面位置相协调，并考虑开工顺序、分期开工顺序。

（2）调配区的大小应满足土方机械的施工要求。

（3）调配区范围应与场地土方量计算的方格网相协调，一般可由若干个方格组成一个调配区。

（4）当土方运距较大或场地范围内土方调配不能达到平衡时，可考虑就近借土或弃土，一个借土区或一个弃土区可作为一个独立的调配区。

2. 计算土方量

计算各调配区的土方量，并标明在调配图上，如图 2.15 所示。

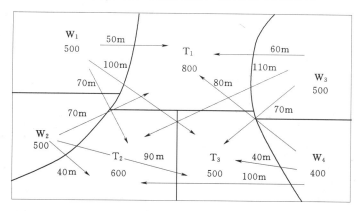

图 2.15　挖方区及土方量分布图（图中土方量单位为 100m³）

3. 计算各挖、填方调配区之间的平均运距

平均运距是指挖方区与填方区之间的重心距离。取场地或方格网的纵横两边为坐标轴，计算各调配区的重心位置：

$$x_0 = \frac{\sum V_i x_i}{\sum V_i}, \ y_0 = \frac{\sum V_i y_i}{\sum V_i} \tag{2.22}$$

式中　V_i——第 i 个方格的土方量，m³；

$\quad\quad x_i$、y_i——第 i 个方格的重心坐标。

填、挖方区之间的平均运距 L 为

$$L = \sqrt{(x_{OW} - x_{OT})^2 + (y_{OW} - y_{OT})^2} \tag{2.23}$$

式中　x_{OW}、y_{OW}——挖方区的重心坐标；

$\quad\quad x_{OT}$、y_{OT}——填方区的重心坐标。

当填、挖方调配区之间的距离较远，采用自行式铲运机或其他运土工具沿现场道路或规定路线运土时，其运距应按实际情况进行计算。为简化计算，也可假定每个方格上的土方都是均匀分布的，从而用图解法求出形心位置以代替重心位置。

4. 确定土方调配的初始方案

以挖方区与填方区土方调配保持平衡为原则，制定出土方调配的初始方案，通常采用"最小元素法"制定。

最小元素法即对运距（或单价）最小的一对挖填分区，优先地最大限度地供应土方量，满足该分区后，以此类推，直至所有的挖方分区土方量全部分完为止。

已知某场地的挖方区为 W_1、W_2、W_3，填方区为 T_1、T_2、T_3，其挖填方量如图

2.15 所示，求出各挖方区到各填方区的运距及各区的土方量后，绘制出土方平衡-运距表，见表 2.3。试用"最小元素法"编制调配方案。

表 2.3 土方平衡-运距表

挖方区	填 方 区			挖方量 /100m³
	T_1	T_2	T_3	
W_1	50 / X_{11}	70 / X_{12}	100 / X_{13}	500
W_2	70 / X_{21}	40 / X_{22}	90 / X_{23}	500
W_3	60 / X_{31}	110 / X_{32}	70 / X_{33}	500
W_4	80 / X_{41}	100 / X_{42}	40 / X_{43}	400
填方量/100m³	800	600	500	$\Sigma=1900$

注 表中小方格内的数字为平均运距，用 X 表示，单位 m。表示 i 挖方区调入 j 填方区的土方量（100m³）。

先在运距表小方格中找一个最小数值。找出来后确定此最小运距离所对于的土方量，使其尽可能的大。运距可用 C_{ij} 表示。由表 2.3 中可知 $C_{22}=C_{43}=40$ 最小，在这两个最小运距中任取一个，现取 $C_{43}=40$，所对应的需调配的土方量 X_{43}，从表中表明对应 X_{43} 最大的挖方量是 400，即把 W_4 挖方区的土方全部调到 T_3 填方区，而 W_4 的土方全部运往 T_3，就不能满足 X_{41}、X_{42} 的需要了，所以 $X_{41}=X_{42}=0$。将 400 填入 X_{43} 格内，同时将 X_{41}、X_{42} 格内画上一个"×"号，然后在没有填上数字和"×"号的方格内再选一个运距最小的方格，即 $C_{22}=40$，便可确定 $X_{22}=500$，同时使 $X_{21}=X_{23}=0$。此时，又将 500 填入 X_{22} 格内，并在 X_{21}、X_{23} 格内画上"×"号。重复上述步骤，依次确定 X_{ij} 其余的数值，最后得出见表 2.4 的初始调配方案。

表 2.4 初始调配方案

挖方区	填 方 区			挖方量 /100m³
	T_1	T_2	T_3	
W_1	50 / 500	70 / ×	100 / ×	500
W_2	70 / ×	40 / 500	90 / ×	500
W_3	60 / 300	110 / 100	70 / 100	500
W_4	80 / ×	100 / ×	40 / 400	400
填方量/100m³	800	600	500	$\Sigma=1900$

5. 用"表上作业法"确定最优方案

以初始调配方案为基础，采用"表上作业法"可以求出在保持挖、填平衡的条件下，使土方调配总运距最小的最优方案。该方案是土方调配中最经济的方案，即土方调配最优方案。

将初始方案中有调配数方格的平均运距列出来，再根据这些数字的方格，按下式求解：

$$C_{ij} = u_i + v_j \qquad\qquad (2.24)$$

式中　C_{ij}——本例中的平均运距；

u_i、v_j——位势数。

各空格的检验数：$\qquad\qquad \lambda_{ij} = C_{ij} - u_i - v_j \qquad\qquad (2.25)$

最优方案的判别方法：所有检验数 $\lambda_{ij} \geqslant 0$，则初始方案即为最优解。

令 $u_1 = 0$，则 $v_1 = C_{11} - u_1 = 50 - 0 = 50$；$u_3 = C_{31} - v_1 = 60 - 50 = 10$；$v_2 = C_{32} - u_3 = 110 - 10 = 100$；$v_3 = C_{33} - u_3 = 70 - 10 = 60$；$u_2 = C_{22} - v_2 = 40 - 100 = -60$；$u_4 = C_{43} - v_3 = 40 - 60 = -20$，将依次求得的位势数填入表 2.5 中。

表 2.5　　　　　　　　　　　　　位　势　数　表

挖　方　区		填　方　区		
		T_1	T_2	T_3
		$v_1 = 50$	$v_2 = 100$	$v_3 = 60$
W_1	$u_1 = 0$	50 500	70 ×	100 ×
W_2	$u_2 = -60$	70 ×	40 500	90 ×
W_3	$u_3 = 10$	60 300	110 100	70 100
W_4	$u_4 = -20$	80 ×	100 ×	40 400

依次求出各空格的检验数。如：$\lambda_{21} = C_{21} - u_2 - v_1 = 70 - (-60) - 50 = 80 > 0$。但是 $\lambda_{12} = C_{12} - u_1 - v_2 = 70 - 0 - 100 = -30 < 0$，故初始方案还不是最优方案，需要进行进一步调整。我们将检验数依次填入表 2.5，表中只写出各检验数的正负号，因为我们只对检验数的符号感兴趣，而检验数的值对求解无关，因此可不必填入具体数值。

6. 方案的调整

（1）在所有负检验数中选一个（一般可选最小的一个），本处就是 λ_{12}，把它所对应的变量（X_{12}）作为调整对象。

（2）找出该变量的闭回路。其作法是：从 X_{12} 方格出发，沿水平或竖直方向前进，遇到适当的有数字的方格作 90°转弯。然后依次继续前进，如果线路恰当，有限步后便能回到出发点，形成一条有数字的方格为转角点的、用水平和竖直线联起来的闭回路（表 2.6）。

（3）从空格 X_{12} 出发，沿着闭回路（方向任意）一直前进，在各奇数次转角点（以

X_{12} 出发为 0）的数字中，挑出一个最小的（本表即为 500、100 中选 100），将它由 X_{32} 调到 X_{12} 方格中（即为空格中），见表 2.6。

表 2.6　　　　　　　　　最 优 方 案 调 整 表

挖方区	填方区			挖方区	填方区		
	T_1	T_2	T_3		T_1	T_2	T_3
W_1	500	←X_{12}		W_1	400	100	
W_2	↓	↑ 500 ↑		W_2		500	
W_3	300→	100	100	W_3	400	0	100
W_4			400	W_4			400

（4）将 100 填入 X_{12} 方格中，被挑出的 X_{32} 为 0（变为空格）；同时将闭回路上其他奇数次转角上的数字都减去 100，偶次转角上数字都增加 100，使得填、挖方区的土方量仍然保持平衡，这样调整后，便可得新的调配方案（表 2.7）。

表 2.7　　　　　　　　　新 的 调 配 方 案

挖方区	填 方 区			挖方量 /100m³
	T_1	T_2	T_3	
W_1	50 400	70 100	100 ×	500
W_2	70 ×	40 500	90 ×	500
W_3	60 400	110 ×	70 100	500
W_4	80 ×	100 ×	40 400	400
填方量/100m³	800	600	500	Σ＝1900

（5）对新调配方案，仍用"位势法"进行检验。看其是否最优方案。若检验数中仍有负数出现那就仍按上述步骤调整，直到求得最优方案为止。

按照上述步骤，求出相应的位势数，填入表 2.8。通过计算，表中所有检验数均为正号，故该方案（表 2.7）即为最优方案。

最优方案与初始方案总运输量比较如下：

初始方案的总运输量为 $Z_1 ＝ 500 \times 50 + 500 \times 40 + 300 \times 60 + 100 \times 110 + 100 \times 70 + 400 \times 40 ＝ 97000 (m^3 \cdot m)$。

最优方案的总运输量为 $Z_2 ＝ 400 \times 50 + 100 \times 70 + 500 \times 40 + 400 \times 60 + 100 \times 70 + 400$

$\times 40 = 94000(\mathrm{m}^3 \cdot \mathrm{m})$。$Z_2 - Z_1 = 94000 - 97000 = -3000(\mathrm{m}^3 \cdot \mathrm{m})$。即调整后总运输量减少了 $3000(\mathrm{m}^3 \cdot \mathrm{m})$。

表 2.8　　　　　　　　　　　　　　　　　　新调配方案的位势数表

挖　方　区		填　方　区		
		T_1	T_2	T_3
		$v_1 = 50$	$v_2 = 70$	$v_3 = 60$
W_1	$u_1 = 0$	50 400	70 100	100 ×
W_2	$u_2 = -30$	70 ×	40 500	90 ×
W_3	$u_3 = 10$	60 400	110 ×	70 100
W_4	$u_4 = -20$	80 ×	100 ×	40 400

7. 绘出土方调配图

经土方调配最优化求出最佳土方调配后，即可绘制土方调配图以指导土方工程施工，如图 2.16 所示。

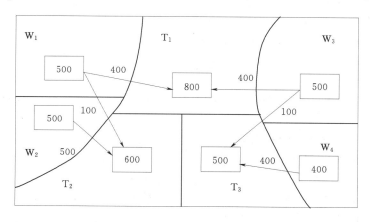

图 2.16　土方调配图（图中数据为土方量，单位为 100m³）

任务 2.2　土方机械化施工

2.2.1　施工机械及其特点

2.2.1.1　推土机

推土机是土方工程施工的主要机械之一，是在履带式拖拉机上安装推土铲刀等工作装置而成的机械。按铲刀的操纵机构不同，推土机分为索式和液压式两种。索式推土机的铲刀借本身自重切入土中，在硬土中切土深度较小。液压式推土机由于用液压操纵，能使铲刀强制切入土中，切入深度较大。同时，液压式推土机铲刀还可以调整角度，具有更大的灵活性，是目前常用的一种推土机（图 2.17）。

图 2.17　液压式推土机外形图

推土机操纵灵活，运转方便，所需工作面较小、行驶速度快、易于转移，能爬 30°左右的缓坡，因此应用范围较广。适用于开挖一至三类土。多用于挖土深度不大的场地平整，开挖深度不大于 1.5m 的基坑，回填基坑和沟槽，堆筑高度在 1.5m 以内的路基、堤坝，平整其他机械卸置的土堆；推送松散的硬土、岩石和冻土，配合铲运机进行助铲；配合挖土机施工，为挖土机清理余土和创造工作面。如两台以上推土机在同一地区作业时，前后距离应大于 8.0m，左右距离应大于 1.5m。在狭窄道路上行驶时，未得前机同意，后机不得超越。此外，将铲刀卸下后，还能牵引其他无动力的土方施工机械，如拖式铲运机、松土机、羊足碾等，进行土方其他施工过程的施工。

1. 推土机作业方法

推土机的运距宜在 100m 以内，效率最高的推运距离为 40～60m。为提高生产率，可采用下述方法：

（1）下坡推土。推土机顺地面坡势沿下坡方向推土，借助机械往下的重力作用，可增大铲刀切土深度和运土数量，可提高推土机能力和缩短推土时间，一般可提高生产率 30％～40％。但坡度不宜大于 15°，以免后退时爬坡困难（图 2.18）。

（2）槽形推土。当运距较远，挖土层较厚时，利用已推过的土槽再次推土，可以减少铲刀两侧土的散漏。这样作业可提高效率 10％～30％。槽深 1m 左右为宜，槽间土埂宽约 0.5m。在推出多条槽后，再将土埂推入槽内，然后运出（图 2.19）。

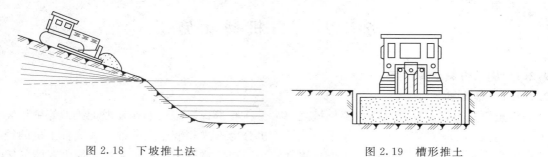

图 2.18　下坡推土法　　　　　　　　　　　图 2.19　槽形推土

此外，对于推运疏松土壤，且运距较大时，还应在铲刀两侧装置挡板，以增加铲刀前土的体积，减少土向两侧散失。在土层较硬的情况下，则可在铲刀前面装置活动松土齿，当推土机倒退回程时，即可将土翻松。这样，便可减少切土时阻力，从而可提高切土运行速度。

（3）并列推土。对于大面积的施工区，可用 2～3 台推土机并列推土。推土时两铲刀相距 15～30cm，这样可以减少土的散失而增大推土量，能提高生产率 15%～30%（图 2.20）。但平均运距不宜超过 50～75m，亦不宜小于 20m；且推土机数量不宜超过 3 台，否则倒车不便，行驶不一致，反而影响生产率的提高。

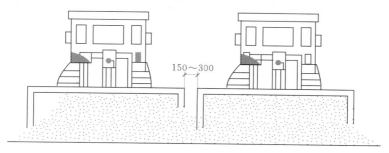

图 2.20　并列推土

（4）分批集中，一次推送。若运距较远而土质又比较坚硬时，由于切土的深度不大，宜采用多次铲土，分批集中，再一次推送的方法，使铲刀前保持满载，以提高生产率。

2. 推土机的生产率计算

推土机的生产率为

$$Q_d = 8Q_h K_B \tag{2.26}$$

$$Q_h = \frac{3600q}{T_V K_s} \tag{2.27}$$

式中　Q_d——台班生产率，m^3/台班；

　　　Q_h——推土机生产率，m^3/h；

　　　T_V——从推土开始到将土送到填土地点的延续时间，s；

　　　q——推土机每次推土量，m^3；

　　　K_s——土的最初可松性系数，见表 1.8 参数；

　　　K_B——时间利用系数，取 $K_B = 0.72～0.75$。

2.2.1.2　铲运机

铲运机是一种能够独立完成铲土、运土、卸土、填筑、整平的土方机械。按行走机构可分为拖式铲运机（图 2.21）和自行式铲运机（图 2.22）两种。拖式铲运机由拖拉机牵引，自行式铲运机的行驶和作业都靠本身的动力设备。

铲运机的工作装置是铲斗，铲斗前方有一个能开启的斗门，铲斗前设有切土刀片。切土时，铲斗门打开，铲斗下降，刀片切入土中。铲运机前进时，被切入的土挤入铲斗；铲斗装满土后，提起土斗，放下斗门，将土运至卸土地点。

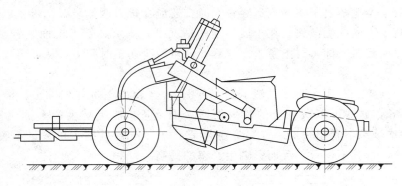

图 2.21　拖式铲运机外形图

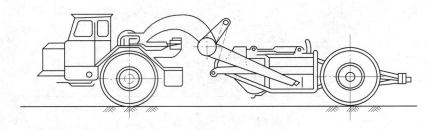

图 2.22　自行式铲运机外形图

铲运机对行驶的道路要求较低，操纵灵活，生产率较高。可在一至三类土中直接挖、运土，常用于坡度在 20°以内的大面积土方挖、填、平整和压实，大型基坑、沟槽的开挖，路基和堤坝的填筑，不适于砾石层、冻土地带及沼泽地区使用。坚硬土开挖时要用推土机助铲或用松土机配合。

1. 铲运机作业方法

在土方工程中，常使用的铲运机的铲斗容量为 2.5～8m³；自行式铲运机适用于运距 800～3500m 的大型土方工程施工，以运距在 800～1500m 的范围内的生产效率最高；拖式铲运机适用于运距为 80～800m 的土方工程施工，而运距在 200～350m 时，效率最高。如果采用双联铲运或挂大斗铲运时，其运距可增加到 1000m。运距越长，生产率越低，因此，在规划铲运机的运行路线时，应力求符合经济运距的要求。为提高生产率，一般采用下述方法：

（1）合理选择铲运机的开行路线。在场地平整施工中，铲运机的开行路线应根据场地挖、填方区分布的具体情况合理选择，这对提高铲运机的生产率有很大关系。铲运机的开行路线，一般有以下几种：

1）环形路线。当地形起伏不大，施工地段较短时，多采用环形路线 [图 2.23（a）、(b)]。环形路线每一循环只完成一次铲土和卸土，挖土和填土交替；挖填之间距离较短时，则可采用大循环路线 [图 2.23（c）]，一个循环能完成多次铲土和卸土，这样可减少铲运机的转弯次数，提高工作效率。

2）"8"字形路线。施工地段较长或地形起伏较大时，多采用"8"字形开行路线 [图 2.23（d）]。这种开行路线，铲运机在上下坡时是斜向行驶，受地形坡度限制小；一个循

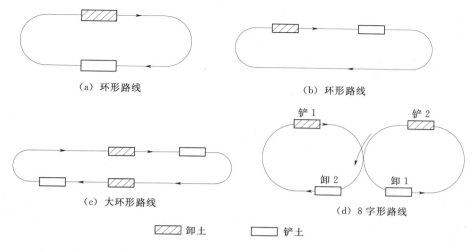

图 2.23　铲运机开行路线

环中两次转弯方向不同，可避免机械行驶时的单侧磨损；一个循环完成两次铲土和卸土，减少了转弯次数及空车行驶距离，从而亦可缩短运行时间，提高生产率。

尚需指出，铲运机应避免在转弯时铲土，否则，铲刀受力不均易引起翻车事故。因此，为了充分发挥铲运机的效能，保证能在直线段上铲土并装满土斗，要求铲土区应有足够的最小铲土长度。

（2）作业方法。为提高铲运机的生产效率，除了合理选择开行路线外，还可根据不同的施工条件，采取不同的施工方法。

1）下坡铲土。铲运机利用地形进行下坡推土，借助铲运机的重力，加深铲斗切土深度。缩短铲土时间；但纵坡不得超过 25°，横坡不大于 5°，铲运机不能在陡坡上急转弯，以免翻车。

2）跨铲法。铲运机间隔铲土，预留土埂（图 2.24）。这样，在间隔铲土时由于形成一个土槽，减少向外撒土量；铲土埂时，铲土阻力减小。一般土埂高不大于 300mm，宽度不大于拖拉机两履带间的净距。

3）推土机助铲（图 2.25）。地势平坦、土质较坚硬时，可用推土机在铲运机后面顶推，以加大铲刀切土能力，缩短铲土时

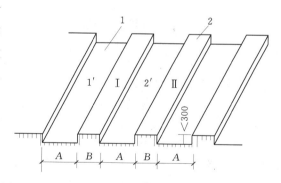

图 2.24　跨铲法
1—沟槽；2—土埂；A—铲土宽；
B—不大于拖拉机履带净距

间，提高生产率。推土机在助铲的空隙可兼作松土或平整工作，为铲运机创造作业条件。

4）双联铲运法。当拖式铲运机的动力有富裕时，可在拖拉机后面串联两个铲斗进行双联铲运（图 2.26）。对坚硬土层，可用双联单铲，即一个土斗铲满后，再铲另一斗土；对松软土层，则可用双联双铲，即两个土斗同时铲土。

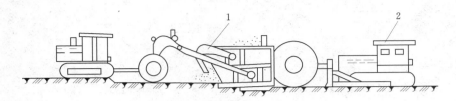

图 2.25　推土机助铲
1—铲运机；2—推土机

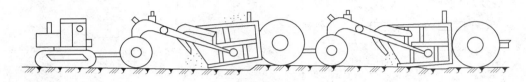

图 2.26　双联铲运法

5）挂大斗铲运。在土质松软地区，可改挂大型铲土斗，以充分利用拖拉机的牵引力来提高工效。

2. 铲运机的生产率计算

铲运机的生产率可按下式计算：

$$Q_d = 8Q_h K_B \tag{2.28}$$

$$Q_h = \frac{3600 q K_c}{T_c K_s} \tag{2.29}$$

式中　Q_d——铲运机台班生产率，m^3/台班；

　　　Q_h——铲运机生产率，m^3/h；

　　　T_c——从挖土开始至卸土完毕的循环延续时间，s；

　　　q——铲斗容量，m^3；

　　　K_c——铲斗装土的充盈系数，一般砂土为 0.75，其他土为 0.85~1.0；

　　　K_s——土的最初可松性系数，见表 1.8 参数；

　　　K_B——时间利用系数，取 $K_B = 0.65~0.75$。

2.2.1.3　单斗挖土机

单斗挖土机是基坑（槽）土方开挖常用的一种机械。按其行走装置的不同，分为履带式和轮胎式两类。根据工作的需要，其工作装置可以更换。依其工作装置的不同，分为正铲、反铲、拉铲和抓铲四种。

1. 正铲挖土机

正铲挖土机的挖土特点是：前进向上，强制切土。它适用于开挖停机面以上的一至三类土，且需与运土汽车配合完成整个挖运任务，其挖掘力大，生产率高。开挖大型基坑时需设坡道，挖土机在坑内作业，因此适宜在土质较好、无地下水的地区工作；当地下水位较高时，应采取降低地下水位的措施，把基坑土疏干。

（1）正铲挖土机的作业方式。根据挖土机的开挖路线与汽车相对位置不同，其卸土方式有侧向卸土和后方卸土两种。

1）正向挖土，侧向卸土［图 2.27（a）］。即挖土机沿前进方向挖土，运输车辆停在侧面卸土（可停在停机面上或高于停机面）。此法挖土机卸土时动臂转角小，运输车辆行驶方便，故生产效率高，应用较广。

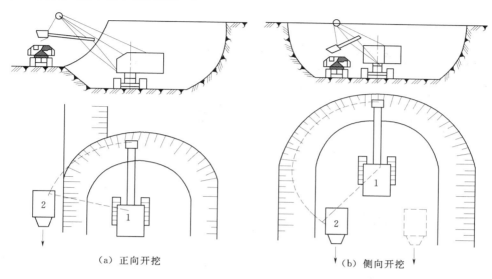

（a）正向开挖　　　　　　　　　　　（b）侧向开挖

图 2.27　正铲挖土机开挖方式
1—正铲挖土机；2—自卸汽车

2）正向挖土，后方卸土。即挖土机沿前进方向挖土，运输车辆停在挖土机后方装土［图 2.27（b）］。此法挖土机卸土时动臂转角大、生产率低，运输车辆要倒车进入。一般在基坑窄而深的情况下采用。

（2）正铲挖土机的工作面。挖土机的工作面是指挖土机在一个停机点进行挖土的工作范围。工作面的形状和尺寸取决于挖土机的性能和卸土方式。根据挖土机作业方式不同，挖土机的工作面分为侧工作面与正工作面两种。

挖土机侧向卸土方式就构成了侧工作面，根据运输车辆与挖土机的停放标高是否相同又分为高卸侧工作面（车辆停放处高于挖土机停机面）及平卸侧工作面（车辆与挖土机在同一标高）。

挖土机后向卸土方式则形成正工作面，正工作面的形状和尺寸是左右对称的，其中右半部与平卸侧工作面的右半部相同。

（3）正铲挖土机的开行通道。在正铲挖土机开挖大面积基坑时，必须对挖土机作业时的开行路线和工作面进行设计，确定出开行次序和次数，称为开行通道。当基坑开挖深度较小时，可布置一层开行通道（图 2.28），基坑开挖时，挖土机开行三次。第一次开行采用正向挖土，后方卸土的作业方式，为正工作面；挖土机进入基坑要挖坡道，坡道的坡度为 1∶8 左右。第二三次开行时采用侧方卸土的平侧工作面。

当基坑宽度稍大于正工作面的宽度时，为了减少挖土机的开行次数，可采用加宽工作面的办法，挖土机按"之"字形路线开行［图 2.29（a）］。

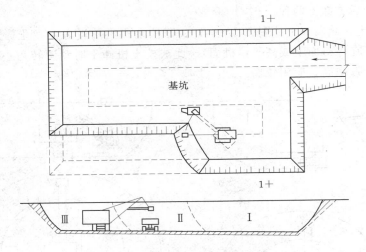

图 2.28 正铲一层通道多次开挖基坑

Ⅰ、Ⅱ、Ⅲ—为通道断面及开挖顺序

当基坑的深度较大时，则开行通道可布置成多层［图 2.29（b）］，即为三层通道的布置。

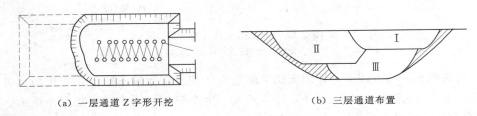

（a）一层通道 Z 字形开挖   （b）三层通道布置

图 2.29 正铲开挖基坑

2. 反铲挖土机

反铲挖土机的挖土特点是：后退向下，强制切土。其挖掘力比正铲小，能开挖停机面以下的一至三类土（机械传动反铲只宜挖一至二类土），如图 2.30 所示。不需设置进出口通道，适用于一次开挖深度在 4m 左右的基坑、基槽、管沟，亦可用于地下水位较高的土方开挖；在深基坑开挖中，依靠止水挡土结构或井点降水，反铲挖土机通过下坡道，采用台阶式接力方式挖土也是常用方法。反铲挖土机可以与自卸汽车配合，装土运走，也可弃土于坑槽附近。

反铲挖土机的作业方式可分为沟端开挖［图 2.31（a）］和沟侧开挖［图 2.31（b）］两种。

沟端开挖，挖土机停在基坑（槽）的端部，向后倒退挖土，汽车停在基槽两侧装土。其优点是挖土机停放平稳，装土或甩土时回转角度小，挖土效率高，挖的深度和宽度也较大。基坑较宽时，可多次开行开挖（图 2.32）。

沟侧开挖，挖土机沿基槽的一侧移动挖土，将土弃于距基槽较远处。沟侧开挖时开挖方向与挖土机移动方向相垂直，所以稳定性较差，而且挖的深度和宽度均较小，一般只在

图 2.30　反铲挖土机

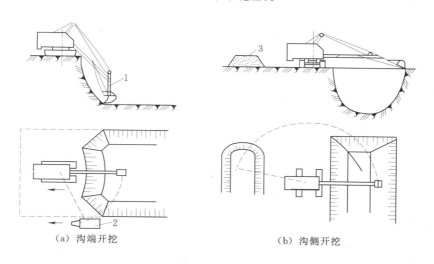

（a）沟端开挖　　　　　　　　　　（b）沟侧开挖

图 2.31　反铲挖土机开挖方式

1—反铲挖土机；2—自卸汽车；3—弃土堆

无法采用沟端开挖或挖土不需运走时采用。

3. 拉铲挖土机

拉铲挖土机（图 2.33）的土斗用钢丝绳悬挂在挖土机长臂上，挖土时土斗在自重作用下落到地面切入土中。其挖土特点是：后退向下，自重切土；其挖土深度和挖土半径均较大，能开挖停机面以下的一至二类土，但不如反铲动作灵活准确。适用于开挖较深较大的基坑（槽）、沟渠，挖取水中泥土以及填筑路基，修筑堤坝等。

履带式拉铲挖土机的挖斗容量有 $0.35m^3$、$0.5m^3$、$1m^3$、$1.5m^3$、$2m^3$ 等数种。其最大挖土深度由 7.6m（W_3-30）到 16.3m（W_1-200）。

拉铲挖土机的开挖方式与反铲挖土机的开挖方式相似，可沟侧开挖也可沟端开挖。

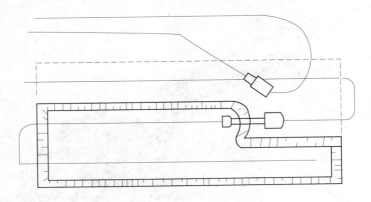

图 2.32 反铲挖土机多次开行挖土

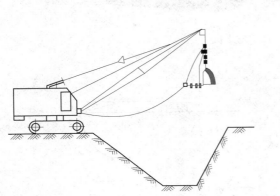

图 2.33 履带式拉铲挖土机

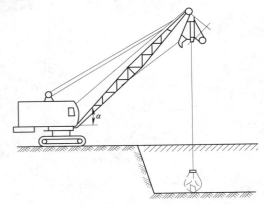

图 2.34 履带式抓铲挖土机

4. 抓铲挖土机

机械传动抓铲挖土机（图 2.34）是在挖土机臂端用钢丝绳吊装一个抓斗。其挖土特点是：直上直下，自重切土。其挖掘力较小，能开挖停机面以下的一至二类土。适用于开挖软土地基基坑，特别是其中窄而深的基坑、深槽、深井采用抓铲效果理想；抓铲还可用于疏通旧有渠道以及挖取水中淤泥等，或用于装卸碎石、矿渣等松散材料。抓铲也有采用液压传动操纵抓斗作业，其挖掘力和精度优于机械传动抓铲挖土机。

5. 挖土机生产率及机具数量计算

（1）挖土机生产率计算。单斗挖土机台班生产率可按下式计算：

$$Q_d = \frac{8 \times 3600}{t} q \frac{K_c}{K_s} K_B \tag{2.30}$$

式中　Q_d——单斗挖土机台班生产率，m^3/台班；

　　　t——挖掘机每次循环作业延续时间，s，即每挖一斗的时间；

　　　q——挖土机斗容量，m^3；

　　　K_s——土的最初可松性系数；

K_c——土斗的充盈系数，可取 0.8～1.1；

K_B——工作时间利用系数，一般取 0.6～0.8。

（2）挖土机需用数量计算。挖土机需用数量 N（台），应根据土方量和工期要求按下式计算：

$$N_1 = \frac{Q}{Q_d} \frac{1}{TCK_1} \qquad (2.31)$$

式中　N_1——挖土机需用的数量，台；

　　　Q——土方量，m^3；

　　　Q_d——挖土机生产率，m^3/台班；

　　　T——工期（工作日）；

　　　C——每天工作班数；

　　　K_1——时间利用系数，可取 0.8～0.9。

（3）运土汽车配备数量计算。运土汽车数量应保证挖土机连续工作，需用自卸汽车台数 N_2，按下式计算：

$$N_2 = \frac{Q}{Q_1} \qquad (2.32)$$

式中　N_2——运土汽车需要的数量，台；

　　　Q——土方量，m^3；

　　　Q_1——自卸汽车生产率，m^3/台班。

土方工程除了实现综合机械化施工以外，还应组织流水施工，以充分发挥机械效能，加快施工进度。

2.2.1.4　装载机

装载机是用一个装在专用底盘或拖拉机底盘前端的铲斗，铲装、运输和倾卸物料的铲土运输机械。它利用牵引力和工作装置产生的掘起力进行工作，用于装卸松散物料，并可完成短距离运土。如更换工作装置，还可进行铲土、推土、起重和牵引等多种作业，具有较好的机动灵活性，在工程上得到广泛使用。

装载机按行走方式分履带式（接地比压低，牵引力大，但行驶速度慢，转移不灵活）和轮胎式（行驶速度快，机动灵活，可在城市道路行驶，使用方便），如图 2.35 所示；按机身结构分刚性结构（转弯半径大，但行驶速度快）和铰接结构（转弯半径小，可在狭窄地方工作）；按回转方式分全回转（可在狭窄场地作业，卸料时对机械停放位置无严格要求）、90°回转（可在半圆范围内任意位置卸料，在狭窄场地也可发挥作用）和非回转式（要求作业场地比较宽）；按传动方式分机械传动（牵引力不能随外载荷变化而自动变化，使用不方便）、液力机械传动（牵引力和车速变化范围大，随着外阻力的增加，车速可自动下降。液力机械传动可减少冲击，减少动荷载，保护机器）和液压传动（可充分利用发动机功率，降低燃油消耗，提高生产率，但车速变化范围窄，车速偏低）。当前，液力机械传动、带铰接车架的大型轮胎式前卸装载机，由于构造不复杂、机动性大、使用可靠，是我国使用最广泛的型式。

单斗装载机的作业过程是：机械驶向料堆，放下动臂，铲斗插入料堆，操纵液压缸使

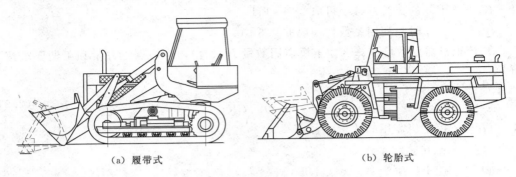

（a）履带式　　　　　　　　　　（b）轮胎式

图 2.35 单斗装载机

铲斗装满，机械倒车退出，举升动臂到运输高度，机械驶向卸料地点，铲斗倾翻卸料，倒车退出并放下动臂，再驶回装料处进行下一循环。单斗装载机一般常与自卸汽车配合作业，可以有较高的工作效率。

2.2.2 施工机械选择和开挖注意事项

（1）机械开挖应根据工程地下水位高低、施工机械条件、进度要求等合理地选用施工机械，以充分发挥机械效率，节省机械费用，加速工程进度。一般深度 2m 以内、基坑不太长时的土方开挖，宜采用推土机或装载机推土和装车；深度在 2m 以内长度较大的基坑，可用铲运机铲运土或加助铲铲土；对面积大且深的基坑，且有地下水或土的湿度大，基坑深度不大于 5m 可采用液压反铲挖掘机在停机面一次开挖；深 5m 以上，通常采用反铲分层开挖并开坡道运土。如土质好且无地下水也可开沟道，用正铲挖土机下入基坑分层开挖，多采用 0.5m³、1.0m³ 斗容量的液压正铲挖掘。在地下水中挖土可用拉铲或抓铲，效率较高。

（2）自卸汽车选型。自卸汽车吨位的选择与运量、装载设备种类及道路条件有关。汽车吨位应与装载设备的斗容相匹配。装载设备斗容偏小时，装车时间长，影响汽车效率；斗容过大时，对汽车的冲击力大，装偏后不易调整，对汽车损坏大，一般以 3～5 斗装满汽车为宜。

（3）使用大型土方机械在坑下作业，如为软土地基或在雨期施工，进入基坑行走需铺垫钢板或铺路基箱垫道。所以对大型软土基坑，为减少分层挖运土方的复杂性，还可采用"接力挖土法"。

（4）土方开挖应绘制土方开挖图，确定开挖路线、顺序、范围、基底标高、边坡坡度、排水沟、集水井位置以及挖出的土方堆放地点。绘制土方开挖图应可能使机械多挖。

（5）由于大面积基础群基坑底标高不一，机械开挖次序一般采取先整片挖至平均标高，然后再挖个别较深部位。当一次开挖深度超过挖土机最大挖掘高度（5m 以上）时，宜分 2～3 层开挖，并修筑 10%～15%坡道，以便挖土及运输车辆进出。

（6）基坑边角部位，即机械开挖不到之处，应用少量人工配合清坡，将松土清至机械作业半径范围内，再用机械掏取运走。人工清土所占比例一般为 1.5%～4%，修坡以厘米作限制误差。大基坑宜另配一台推土机清土、送土、运土。

（7）挖土机、运土汽车进出基坑的运输道路，应尽量利用基础一侧或两侧相邻的基础以后需开挖的部位，使它互相贯通作为车道，或利用提前挖除土方后的地下设施部位作为相邻的几个基坑开挖地下运输通道，以减少挖土量。

（8）由于机械挖土对土的扰动较大，且不能准确地将地基抄平，容易出现超挖现象。所以要求施工中机械挖土只能挖至基底以上 20～30cm，其余 20～30cm 的土方采用人工或其他方法挖除。

任务 2.3 土 方 开 挖

2.3.1 施工准备工作

土方开挖施工前需作好以下各项准备。

2.3.1.1 查勘施工现场

调查研究，摸清工程场地情况，搜集施工需要的各项资料，包括施工场地地形、地貌、地质水文、河流、气象、运输道路、邻近建筑物、地下基础、管线、电缆坑基、防空洞、地面上施工范围内的障碍物和堆积物状况，供水、供电、通信情况，防洪排水系统等，以便为施工规划和准备提供可靠资料和数据。

2.3.1.2 学习和审查图纸

学习施工图纸，检查图纸和资料是否齐全，核对平面尺寸和坑底标高，图纸相互间有无错误和矛盾；掌握设计内容及各项技术要求，了解工程规模、结构形式、特点、工程量和质量要求；熟悉土层地质、水文勘察资料；审查地基处理和基础设计；会审图纸，搞清地下构筑物、基础平面与周围地下设施管线的关系，图纸相互间有无错误和冲突；研究好开挖程序，明确各专业工序间的配合关系、施工工期要求；并向参加施工人员层层进行技术交底。

图纸会审主要内容：

（1）是否无证设计或越级设计；图纸是否经设计单位正式签署。

（2）地质勘探资料是否齐全。

（3）设计图纸与说明是否齐全，有无分期供图的时间表。

（4）设计地震烈度是否符合当地要求。

（5）几个设计单位共同设计的图纸相互间有无矛盾；专业图纸之间、平立剖面图之间有无矛盾；标注有无遗漏。

（6）总平面与施工图的几何尺寸、平面位置、标高等是否一致。

（7）防火、消防是否满足要求。

（8）建筑结构与各专业图纸本身是否有差错及矛盾；结构图与建筑图的平面尺寸及标高是否一致；建筑图与结构图的表示方法是否清楚；是否符合制图标准；预埋件是否表示清楚；有无钢筋明细表；钢筋的构造要求在图中是否表示清楚。

（9）施工图中所列各种标准图册，施工单位是否具备。

（10）材料来源有无保证，能否代换；图中所要求的条件能否满足；新材料、新技术的应用有无问题。

（11）地基处理方法是否合理，建筑与结构构造是否存在不能施工、不便于施工的技术问题，或容易导致质量、安全、工程费用增加等方面的问题。

（12）工艺管道、电气线路、设备装置、运输道路与建筑物之间或相互间有无矛盾，布置是否合理，是否满足设计功能要求。

（13）施工安全、环境卫生有无保证。

（14）图纸是否符合监理大纲所提出的要求。

2.3.1.3　编制施工方案

研究制定现场场地整平、基坑开挖施工方案；绘制施工总平面布置图和基坑土方开挖图，确定开挖路线、顺序、范围、底板标高、边坡坡度、排水沟、集水井位置、及挖去的土方堆放地点；提出需用施工机具、劳力、推广新技术计划；深基坑开挖还应提出支护、边坡保护和降水方案。

2.3.1.4　清除现场障碍物

将施工区域内所有障碍物，如高压电线，电杆、塔架、地上和地下管道、电缆、坟墓、树木、沟渠以及旧有房屋、基础等进行拆除或进行搬迁、改建、改线；对附近原有建筑物、电杆、塔架等采取有效防护加固措施；可利用的建筑物应充分利用。

2.3.1.5　平整施工场地

按设计或施工要求范围和标高整平场地，将土方弃到规定弃土区；凡在施工区域内，影响工程质量的软弱土层、淤泥、腐殖土，大卵石、孤石、垃圾、树根、草皮以及不宜作填土和回填土料的稻田湿土，应分别情况采取全部挖除或设排水沟疏干、抛填块石、砂砾等方法进行妥善处理，以免影响地基承载力。

2.3.1.6　进行地下墓探

在黄土地区或有古墓地区，应在工程基础部位，按设计要求位置，用洛阳铲进行铲探，发现墓穴、土洞、地道（地窖）、废井等，应对地基进行局部处理。

2.3.1.7　作好排水设施

在施工区域内设置临时性或永久性排水沟，将地面水排走或排到低洼处，再设水泵排走；或疏通原有排水泄洪系统；排水沟纵向坡度一般不小于2%，使场地不积水；山坡地区，在离边坡上沿5～6m处，设置截水沟、排洪沟，阻止坡顶雨水流入开挖基坑区域内，或在需要的地段修筑挡水土坝阻水。

2.3.1.8　设置测量控制

根据给定的国家永久性控制坐标和水准点，按建筑物总平面要求，引测到现场。在工程施工区域设置测量控制网，包括控制基线、轴线和水平基准点；做好轴线控制的测量和校核。控制网要避开建筑物、构筑物、土方机械操作及运输线路，并有保护标志；场地整平应设10m×10m或20m×20m方格网，在各方格点上做控制桩，并测出各标桩处的自然地形、标高作为计算挖、填土方量和施工控制的依据。对建筑物应做定位轴线的控制测量和校核；进行土方工程的测量定位放线，设置龙门板、放出基坑（槽）挖土灰线、上部边线和底部边线和水准标志。龙门板桩一般应离开坑沿1.5～2.0m，以利保存，灰线、标高、轴线应进行复核无误后，方可进行场地整平和基坑开挖。

2.3.1.9　修建临时设施

根据土方和基础工程规模、工期长短、施工力量安排等修建简易临时性生产和生活设施（如工具、材料库、油库、机具库、修理棚、休息棚、茶炉棚等），同时敷设现场供水、供电、供压缩空气（爆破石方用）管线路，并进行试水、试电、试气。

2.3.1.10 修筑临时道路

修筑施工场地内机械运行的道路；主要临时运输道路宜结合永久性道路的布置修筑。行车路面按双车道，宽度不应小于 7m，最大纵向坡不应大于 6%，最小转弯半径不小于 15m；路基底层叮铺砌 20～30cm 厚的块石或卵（砾）石层作简易泥结石路面，尽量使一线多用，重车下坡行驶。道路的坡度、转弯半径应符合安全要求，两侧作排水沟。道路通过沟渠应设涵洞，道路与铁路、电讯线路、电缆线路以及各种管线相交处，应按有关安全技术规定设置平交道和标志。

2.3.1.11 准备机具、施工用料

准备好施工机具，作好设备调配，对进场挖土、运输车辆及各种辅助设备进行维修检查、试运转，并运至使用地点就位；准备好施工用料，按施工平面图要求堆放。

2.3.1.12 进行施工组织

组织并配备土方工程施工所需各专业技术人员、管理人员和技术工人；组织安排好作业班次；制定较完善的技术岗位责任制和技术、质量、安全、管理网格；建立技术责任制和质量保证体系；对拟采用的土方工程施工新机具、新工艺、新技术组织力量进行研制和试验。

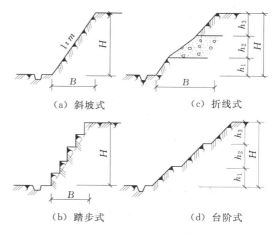

（a）斜坡式　（c）折线式

（b）踏步式　（d）台阶式

图 2.36　场地、基坑边坡形式

1：m—土方坡度（＝H：B）；m—坡度系数（B/H）；

H—边坡高度；B—边坡宽度

2.3.2 土方开挖施工工艺

2.3.2.1 场地开挖

（1）对小面积多用人工或配合小型机具开挖。采取由上而下，分层分段，一端向另一端进行。土方运输采用手推车、皮带运输机、机动翻斗车、自卸汽车等机具。大面积宜用推土机、装卸机、铲运机或挖掘机等大型土方机械。

（2）土方开挖应具有一定的边坡坡度（图 2.36），以防坍方和保证施工安全。确定挖方边坡坡度应据使用时间（临时或永久性）、土的种类、物理力学性质、水文情况等确定。

《土方与爆破工程施工及验收规范》（GB 50201—2012）规定，永久性挖方边坡坡度应符合设计要求，当工程地质与设计资料不符，需修改边坡坡度或采取加固措施时，应由设计单位确定；临时性挖方边坡坡度应根据工程地质和开挖边坡高度要求，结合当地同类土体的稳定坡度确定；在坡体整体稳定的情况下，如地质条件良好、土（岩）质较均匀、高度在 3m 以内的临时性挖方边坡坡度宜符合表 2.9 的规定。

《建筑地基基础设计规范》（GB 50007—2011）（2012 年 8 月实行）还规定，对于山区（包括丘陵地带）地基，在坡体整体稳定的条件下，土质边坡开挖时，边坡的坡度允许值，应根据当地经验，参照同类土层的稳定坡度确定。当土质良好且均匀、无不良地质现象、

地下水不丰富时，可按表 2.10 确定。

表 2.9 临时性挖方边坡坡度值（不加支撑）

土 的 类 别		边坡坡度（高∶宽）
砂土	不包括细砂、粉砂	1∶1.25～1∶1.50
一般黏性土	坚硬	1∶0.75～1∶1.00
	硬塑	1∶1.00～1∶1.25
碎石类土	密实、中密	1∶0.50～1∶1.00
	稍密	1∶1.00～1∶1.50

表 2.10 土质边坡坡度允许值（不加支撑）

土的类别	密实度或状态	坡度允许值（高∶宽）	
		坡高在 5m 以内	坡高为 5～10m
碎石土	密实	1∶0.35～1∶0.50	1∶0.50～1∶0.75
	中密	1∶0.50～1∶0.75	1∶0.75～1∶1.00
	稍密	1∶0.75～1∶1.00	1∶1.00～1∶1.25
黏性土	坚硬	1∶0.75～1∶1.00	1∶1.00～1∶1.25
	硬塑	1∶1.00～1∶1.25	1∶1.25～1∶1.50

注 1. 表中碎石土的充填物为坚硬或硬塑状态的黏性土。

2. 对于砂土或充填物为砂土的碎石土，其边坡坡度允许值均按自然休止角确定。

2.3.2.2 边坡开挖

（1）场地边坡开挖应采用沿等高线自上而下分层、分段依次进行。在边坡上采用多台阶同时进行开挖，上台阶比下台阶开挖进深不小于 30m，以防塌方。

（2）边坡台阶开挖，应做成一定坡势，以利泄水。边坡下部设有护脚及排水沟时，在边坡修完之后，应立即处理台阶的反向排水坡和进行护脚矮墙和排水沟的砌筑和疏通，以保证坡面不被冲刷和影响边坡稳定范围内积水，否则应采取临时性排水措施。

（3）边坡开挖，对软土土坡或易风化的软质岩石边坡在开挖后应对坡面、坡脚采取喷浆、抹面、嵌补、护砌等保护措施，并做好坡顶、坡脚排水，避免在影响边坡稳定的范围内积水。

2.3.2.3 边坡塌方

（1）造成边坡塌方的主要原因：

1）未按规定放坡，使土体本身稳定性不够而塌方。

2）基坑边沿堆载，使土体中产生的剪应力超过土体的抗剪强度而塌方。

3）地下水及地面水渗入边坡土体，使土体的自重增大，抗剪能力降低，从而产生塌方。

（2）防止边坡塌方的主要措施：

1）边坡的留置应符合规范的要求，其坡度大小，则应根据土的性质、水文地质条件、施工方法、开挖深度、工期的长短等因素而确定。施工时应随时观察土壁变化情况。

2）边坡上有堆土或材料以及有施工机械行驶时，应保持与边坡边缘的距离。当土质良好时，堆土或材料应距挖方边缘不小于 0.8m，高度不应超过 1.5m。在软土地基开挖时，应随挖随运，以防由于地面加载引起的边坡塌方。

3）作好排水工作，防止地表水、施工用水和生活废水浸入边坡土体，在雨期施工时，应更加注意检查边坡的稳定性，必要时加设支撑。

（3）边坡保护：当基坑开挖完工后，可采用塑料薄膜覆盖、水泥砂浆抹面、挂网抹面或喷浆等方法进行边坡坡面防护，可有效防止边坡失稳。

（4）边坡失稳处理：在土方开挖过程中，应随时观察边坡土体。当边坡出现裂缝、滑动等失稳迹象时，应暂停施工，必要时将施工人员和机械撤出至安全地点。同时，应设置观察点，对土体平面位移和沉降变化进行观测，并与设计单位联系，研究相应的处理措施。

2.3.2.4 基坑（槽）开挖

（1）基坑（槽）和管沟开挖上部应有排水措施，防止地面水流入坑内，以防冲刷边坡造成塌方和破坏基土。

（2）基坑开挖，应先进行测量定位，抄平放线，定出开挖宽度，按放线分块（段）分层挖土。根据土质和水文情况采取在四侧或两侧直立开挖或放坡，以保证施工操作安全。

（3）当开挖基坑（槽）的土壤含水量大而不稳定，或基坑较深，或受到周围场地限制而需用较陡的边坡或直立开挖而土质较差时，应采用临时性支撑加固，坑、槽宽度应比基础宽每边加 10～15cm，挖土时，土壁要求平直，挖好一层、支一层支撑，挡土板要紧贴土面，并用小木桩或横撑木顶住挡板。开挖宽度较大的基坑，当在局部地段无法放坡，或下部土方受到基坑尺寸限制不能放较大坡度时，则应在下部坡脚采取加固措施，如采用短桩与横隔板支撑，或砌砖、毛石或用编织袋、草袋装土堆砌临时矮挡土墙，保护坡脚；当开挖深基坑时，则须采取半永久性、安全、可靠的支护措施。

（4）基坑开挖程序一般是：测量放线→切线分层开挖→排降水→修坡→整平→留足预留土层等。相邻基坑开挖时，应遵循先深后浅或同时进行的施工程序。挖土应自上而下水平分段分层进行，每层 0.3m 左右，边挖边检查坑底宽度，不够时及时修整，每 3m 左右修一次坡，至设计标高，再统一进行一次修坡清底，检查坑底宽和标高，要求坑底凹凸不超过 1.5m。在已有建筑物侧挖基坑（槽）应间隔分段进行，每段不超过 2m，相邻段开挖应待已挖好的槽段基础完成并回填夯实后进行。

（5）基坑开挖应遵循时空效应原理，根据地质条件采取相应的开挖方式，一般应"分层开挖，先撑后挖，分层开挖，严禁超挖"，支撑与挖土配合，严禁超撑。在软土层及基坑变形要求较严格时，应采取"分层、分区、分块、分段、抽槽开挖，留上护壁，快挖、快撑，减少无支撑暴露时间"等方式开挖，以减少基坑变形，保持基坑稳定。

（6）对于采用土方机械进行挖掘基坑时，《建筑机械使用安全技术规程》（JGJ 33—2012）规定，当坑底无地下水，坑深在 5m 以内，且边坡坡度符合表 2.11 规定时，可不加支撑。

表 2.11　挖方深度在 5m 以内的基坑（槽）或管沟的边坡最陡坡度（不加支撑）

岩 土 类 别	边坡坡度（高：宽）		
	坡顶无荷载	坡顶有静载	坡顶有动载
中密的砂土、杂素填土	1：1.00	1：1.25	1：1.50
中密的碎石类土（充填物为砂土）	1：0.75	1：1.00	1：1.25
可塑状的黏性土、密实的粉土	1：0.67	1：0.75	1：1.00
中密的碎石类土（充填物为黏性土）	1：0.50	1：0.67	1：0.75
硬塑状的黏性土	1：0.33	1：0.50	1：0.67
软土（经井点降水）	1：1.00		

（7）基坑开挖应尽量防止对地基土的扰动。当用人工挖土基坑挖好后不能立即进行下道工序时，应预留 15～30cm 一层土不挖，待下道工序开始再挖至设计标高。采用机械开挖基坑时，为避免破坏基底土壤，应在基底标高以上预留一层人工清理。使用铲运机、推土机或多斗挖土机时，保留土层厚度为 20cm；使用正铲、反铲或拉铲挖土时为 30cm。

（8）在地下水位以下挖土，应在基坑（槽）四侧或两侧挖好临时排水沟和集水井，将水位降至坑、槽底以下 500mm，以利挖方进行。降水工作应持续到基础（包括地下水位下回填土）施工完成。

（9）雨季施工时，基坑槽应分段开挖，挖好一段浇筑一段垫层，并在基槽两侧围以土堤或挖排水沟，以防地面雨水流入基坑槽，同时应经常检查边坡和支护情况，以防止坑壁受水浸泡造成塌方。

（10）在基坑（槽）边缘上侧堆土或堆放材料以及移动施工机械时，应与基坑边缘保持 1m 以上距离，以保证坑边直立壁或边坡的稳定。当土质良好时，堆土或材料应距挖方边缘 0.8m 以外，高度不宜超过 1.5m，并应避免在已完基础一侧过高堆土，使基础、墙、柱歪斜而酿成事故。

（11）如开挖的基坑槽深于邻近建筑基础时，开挖应保持一定的距离和坡度（图

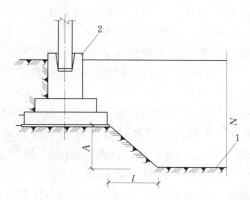

图 2.37　基坑槽与邻近基础应保持的距离
1—开挖深基坑槽底部；2—邻近基础

2.37），以免影响邻近建筑基础的稳定，一般应满足下列要求 $h：l \leqslant 0.5～1.0$。如不能满足要求，应采取在坡脚设挡墙或支撑进行加固处理。

（12）基坑（槽）开挖至设计标高后，应对坑底进行保护，经验槽合格后，方可进行垫层施工。验槽要作好记录，如发现地基土质与地质勘探报告、设计要求不符时，应与有关人员研究并及时处理。

（13）基坑（槽）土方工程验收必须确保支护结构安全和周围环境安全为前提。当设计有指标时，以设计要求为依据，如无设计指标时应按表 2.12 的规定执行。

表 2.12　　基坑变形的监控值　　单位：cm

基坑类别	围护结构墙顶位移监控值	围护结构墙体最大位移监控值	地面最大沉降监控值
一级基坑	3	5	3
二级基坑	6	8	6
三级基坑	8	10	10

注　1. 符合下列情况之一，为一级基坑：
（1）重要工程或支护结构做主体结构的一部分。
（2）开挖深度大 10m。
（3）与临近建筑物，重要设施的距离在开挖深度以内的基坑。
（4）基坑范围内有历史文物、近代优秀建筑、重要管线等需严加保护的基坑。
2. 三级基坑为开挖深度小于 7m，且周围环境无特别要求时的基坑。
3. 除一级和二级外的基坑属二级基坑。
4. 当周围已有的设施有特殊要求时，尚应符合这些要求。

2.3.2.5　深基坑开挖

深基坑挖土是基坑工程的重要部分，对于土方数量大的基坑，基坑工程工期的长短在很大程度上取决于挖土的速度。另外，支护结构的强度和变形控制是否满足要求，降水是否达到预期的目的，都靠挖土阶段来进行检验，因此，基坑工程成败与否也在一定程度上有赖于基坑挖土。

在基坑土方开挖之前，要详细了解施工区域的地形和周围环境；土层种类及其特性；地下设施情况；支护结构的施工质量；土方运输的出口；政府及有关部门关于土方外运的要求和规定（有的大城市规定只有夜间才允许土方外运）。要优化选择挖土机械和运输设备；要确定堆土场地或弃土处；要确定挖土方案和施工组织；要对支护结构、地下水位及周围环境进行必要的监测和保护。

大型深基坑土方开挖方法主要有：放坡挖土、分层分段挖土、盆式挖土、中心岛式挖土、基础群分片挖土、深基坑逐层挖土以及多层接力挖土等，可根据基坑面积大小、开挖深度、支护结构形式、周围环境条件等因素选用。

1. 放坡挖土

放坡开挖是最经济的挖土方案。当基坑开挖深度不大（软土地区挖深不超过 4m；地下水位低的土质较好地区挖深亦可较大）、周围环境又允许时，经验算能确保土坡的稳定性时，均可采用放坡开挖。开挖深度较大的基坑，当采用放坡挖土时，宜设置多级平台分层开挖，每级平台的宽度不宜小于 1.5m。

对土质较差且施工工期较长的基坑，对边坡宜采用钢丝网水泥喷浆或用高分子聚合材料覆盖等措施进行护坡。坑顶不宜堆土或存在堆载（材料或设备），遇有不可避免的附加荷载时，在进行边坡稳定性验算时，应计入附加荷载的影响。

在地下水位较高的软土地区，应在降水达到要求后再进行土方开挖，宜采用分层开挖的方式进行开挖。分层挖土厚度不宜超过 2.5m。挖土时要注意保护工程桩，防止碰撞或因挖土过快、高差过大使工程桩受侧压力而倾斜。如有地下水，放坡开挖应采取有效措施降低坑内水位和排除地表水，严防地表水或坑内排出的水倒流回渗入基坑。

基坑采用机械挖土，坑底应保留 200～300mm 厚基土，用人工清理整平，防止坑底土扰动。待挖至设计标高后，应清除浮土，经验槽合格后，及时进行垫层施工。

2. 分层分段挖土

分层挖土，是将基坑按深度分为多层进行逐层开挖；分层厚度，软土地基应控制在 2m 以内；硬质土可控制在 5m 以内为宜，开挖顺序可从基坑的某一边向另一边平行开挖，或从基坑两头对称开挖，或从基坑中间向两边平行对称开挖、也可交替分层开挖，可根据工作面和土质情况决定。运土可采取设坡道或不设坡道两种方式。设坡道土的坡度视土质、挖土深度和运输设备情况而定，一般为 1:8～1:10，坡道两侧要采取挡土或加固措施。不设坡道一般设钢平台或栈桥作为运输土方通道。

分段挖土，系将基坑分成几段或几块分别进行开挖。分段与分块的大小、位置和开挖顺序，根据开挖场地工作面条件、地下室平面与深浅和施工期要求而定。分块开挖，即开挖一块浇筑一块混凝土垫层或基础，必要时可在已封底的坑底、与围护结构之间加设斜撑，以增强支护的稳定性。

3. 中心岛（墩）式挖土

中心岛式挖土适用于大型基坑，支护结构的支撑形式为角撑、环梁式或边桁架式，中间具有较大的空间的情况。它是先开挖基坑周边土方，在中间留土墩作为支点搭设栈桥，挖土机可利用栈桥下到基坑挖土，运土的汽车亦可利用栈桥进入基坑运土，可有效加快挖土和运土的速度（图 2.38）。

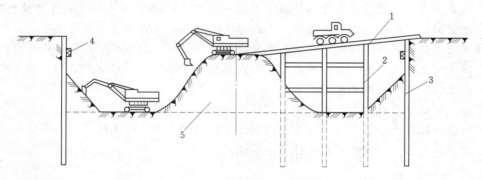

图 2.38 中心岛（墩）式挖土示意图
1—栈桥；2—支架（尽可能利用工程桩）；3—围护墙；4—腰梁；5—土墩

中心岛式挖土中间土墩的留土高度、边坡的坡度、挖土分层与高差应经仔细研究确定。由于在雨季土墩边坡容易滑坡，必要时对边坡需要加固。挖土亦分层开挖，一般先全面挖去一层，然后中间部分留置土墩，周围部分分层开挖。挖土多用反铲挖土机，如基坑深度很大，则采用向上逐级传递方式进行土方装车外运。整个土方开挖顺序应遵循开槽支撑，先撑后挖，分层开挖，防止超挖的原则进行。

4. 盆式挖土

盆式挖土是先开挖基坑中间部分的土，周围四边留土坡，使之形成对四周围护结构的被动土反压力区，以增强围护结构的稳定性。待中间部分的混凝土垫层、基础或地下室结构施工完成之后，再用水平支撑或斜撑对四周围护结构进行支撑，并突击开挖周边支护结构内部分被动土区的土，每挖一层支一层水平横顶撑，直至坑底，最后浇筑该部分结构

（图 2.39）。

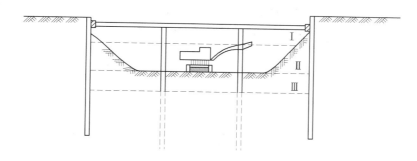

图 2.39 盆式挖土

Ⅰ、Ⅱ、Ⅲ—开挖次序

这种挖土方式的优点是周边的土坡对围护墙有支撑作用，时间效应小，有利于减少围护墙的变形。其缺点是大量的土方不能直接外运，需集中提升后装车外运。

盆式挖土周边留置的土坡，其宽度、高度和坡度大小均应通过稳定验算确定。如留的过小，对围护墙支撑作用不明显，失去盆式挖土的意义。如坡度太陡边坡不稳定，在挖土过程中可能失稳滑动，不但失去对围护墙的支撑作用，影响施工，而且有损于工程桩的质量。盆式挖土需设法提高土方上运的速度，对加速基坑开挖起很大作用。

5. 深基坑逐层挖土法

开挖深度超过挖土机最大挖掘高度（5m以上）时，宜分 2～3 层开挖，并修筑 10%～15% 的坡道，以便挖土机及运输车辆进出。有些边角部位，机械挖掘不到，应用少量人工配合清理，将松土清至机械作业半径范围以内，再用机械掏取运走，人工清土所占比例，一般为 1.5%～4%，控制好可达到 1.5%～2%，修坡以厘米作限制误差。大基坑宜另配备一台推土机清土、送土、运土。挖掘机、运土汽车进出基坑的运输道路，应尽量利用基础一侧或两侧相邻的基础以后需开挖的部位，使它互相贯通作为车道，或利用提前挖除土方的地下设施部位作为相邻的几个基坑开挖地下运输通道，以减少挖土量。

对某些面积不大，而深度较大的基坑，一般也宜尽量利用挖土机开挖，不开或少开坡道，采用机械接力挖土、运土和人工与机械合理的配合挖土，最后再采用搭设枕木垛的办法，使挖土机开出基坑。

6. 多层接力挖土法

对面积、深度均较大的基坑，通常采用分层挖土的施工法（图 2.40），使用大型土方机械，在坑下作业。如为软土地基，土方机械进入基坑行走有困难，需要铺垫钢板或铺路基箱垫道，将使费用增大，工效较低。遇此情况可采用"反铲接力挖土法"，它是利用两台或三台反铲挖土机分别在基坑的不同标高处同时挖土，一台在地表，两台在基坑不同标高的台阶上，边挖土边向上传递，到上层由地表挖土机掏土装车，用自卸汽车运至弃土地点。基坑上部可用大型挖土机，中、下层可用液压中、小型挖土机，以便挖土、装车均衡作业；机械挖不到之处，再配以人工开挖修坡、找平。在基坑纵向两端设有道路出入口，上部汽车开行单向行驶。对小基坑，标高深浅不一，需边清理坑底，边放坡挖土，挖土按设计的开行路线，边挖边往后退，直到全部基坑挖好为止再退出。用本法开挖基坑，可一次挖到设计标高，一次成型，一般两层挖土可到−10m，三层挖土可到−15m左右，可避免载重自卸汽车开进基坑装土、运土作业，工作条件好，运输效率高，并可降低费用。最后用搭枕木垛的方法，使挖土机开出基坑或牵引拉出；如坡度过陡也可用吊车吊运出坑。

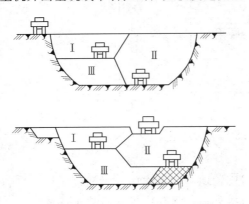
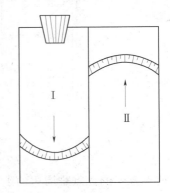

图 2.40　分层挖土施工法

Ⅰ、Ⅱ、Ⅲ—开挖次序

无论用何种机械开挖土方，都需要配备少量人工挖除机械难以开挖到的边角部位土方和修整边坡，并及时清理予以运出。

机械开挖土方的运输，当挖土高度在3m以上，运距超过0.5km，场地空地较少的，一般宜采用自卸汽车装土，运到弃土场堆放，或部分就近空地堆放，留作以后回填之用。为了使土堆高及整平场地，另配1～2台推土机和一台压路机。雨天挖土应用路基箱做机械操作和车辆行驶区域加固地基之用，路基箱用1台12t汽车吊吊运铺设。

每一段基坑挖土机械的配备是根据工作场地的大小、深度、土方量等因素，按工期要求，配备相应的机械及作业班次，采用两班或三班作业。

2.3.2.6　土方开挖质量标准

《建筑地基基础工程施工质量验收规范》（GB 50202—2002）规定，土方开挖工程的质量检验标准应符合表2.13的规定。

表 2.13　　　　　　　　　　土方开挖工程质量检验标准　　　　　　　　　　单位：mm

项	序	项目	允许偏差或允许值					检查方法
			柱基基坑基槽	挖方场地平整		管沟	地（路）面基层	
				人工	机械			
主控项目	1	标高	−50	±30	±50	−50	−50	水准仪
	2	长度、宽度（由设计中线向两边量）	+200 −50	+300 −100	+500 −150	+100	—	经纬仪，用钢尺量
	3	边坡	设计要求					观察或用坡度尺检查
一般项目	1	表面平整度	20	2	50	20	20	用2m靠尺和楔形尺检查
	2	基底土性	设计要求					观察或土样分析

　注　地（路）面基层的偏差只适用于直接在挖、填方上做地（路）面的基层。

2.3.3 钎探与验槽

基坑（槽）开挖后进行基坑（槽）检验，是建筑物施工第一阶段基坑（槽）开挖后的重要工序，也是一般岩土工程勘察工作最后一个环节。

基坑（槽）检验可用触探或其他有效方法，进行基坑（槽）检验的主要目的有两个：一是检验勘察成果是否符合实际，通常勘探孔的数量有限，基槽全面开挖后，地基持力层完全暴露出来，可以检验勘察成果与实际情况是否一致，勘察成果报告的结论与建议是否正确和切实可行；二是解决遗留和新发现的问题，当发现与勘察报告和设计文件不一致、或遇到异常情况时，应结合地质条件提出处理意见。

2.3.3.1 基坑（槽）检验工作的内容

（1）验槽应首先核对基槽的施工位置。平面尺寸和槽底标高的容许误差，可视具体的工程情况和基础类型确定。一般情况下，槽底标高的偏差应控制在 $0 \sim -50\text{mm}$ 范围内；平面尺寸由设计中心线向两边量测，长、宽尺寸不应偏小；边坡不应偏陡。

验槽方法以使用袖珍贯入仪等简便易行的方法为主，必要时可在槽底普遍进行轻便钎探，当持力层下埋藏有下卧砂层而承压水头高于基底时，则不宜进行钎探，以免造成涌砂。当施工揭露的岩土条件与勘察报告有较大差别或者验槽人员认为必要时，可有针对性地进行补充勘察测试工作。

（2）熟悉勘察报告、拟建建筑物的类型和特点、基础设计图纸及环境监测资料。当遇有下列情况时，应作为验槽的重点：

1）持力土层的顶板标高有较大的起伏变化。

2）基础范围内存在两种以上不同成因类型的地层。

3）基础范围内存在局部异常土质或洞穴、古井、老地基或古迹遗址。

4）基础范围内遇有断层破碎带、软弱岩脉或废河、湖、沟、坑等不良地质条件。

5）在雨期或冬期等不良气候条件下施工，基底土质可能受到影响。

（3）基槽检验报告是岩土工程的重要技术档案，应做到资料齐全，及时归档。

2.3.3.2 基坑（槽）常用检验方法

1. 表面检查验槽法

（1）验槽前须核对建筑物的位置、平面形状、槽宽和槽深是否与勘察报告及结构设计图纸相符。

（2）根据槽帮土层分布情况和走向以及槽底土质情况，初步判明全部基底是否已挖至设计要求的土层。持力层土质是否与勘察报告建议相符。

（3）检查槽底的土质应是刚开挖且结构未受到破坏的原状土（如不是刚开挖的槽，应铲去表面已风干、水浸或受冻的土），观察土的结构、孔隙、湿度、含有物时，确定是否为原设计的持力层土质。必要时应局部下挖，以确定基底设计标高距持力层土质的深度。验槽的重点应选择在柱基、墙角、承重墙下或其他荷载较大的部位。除在重点部位取土鉴定外，还应对槽底进行全面观察，查看槽底土的颜色是否均匀一致，土的坚硬程度是否相近，有无局部含水量异常过干或过湿的现象，局部土质是否有过软及受载后颤动的感觉等。

（4）验槽时，重要一环是提高认土能力。在现场可通过观察土的颜色、构造、含有物，手捻及搓条时的感觉，刀切面状况等判断土质是否与勘察报告及设计要求相符。

2. 钎探检查验槽法

基坑挖好后，用锤把钢钎打入槽底的基土内，根据每打入一定深度的锤击次数，来判断地基土质情况。

（1）钢钎的规格和重量。钢钎用直径 22～25mm 的钢筋制成，钎尖呈 60°尖锥状，长度 1.8～2.0m（图 2.41）。大锤用重 3.6～4.5kg 铁锤。打锤时，举高离钎顶 50～70cm，将钢钎垂直打入土中，并记录每打入土层 30cm 的锤击数。

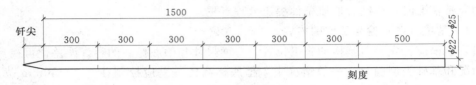

图 2.41　钢钎示意图

（2）钎孔布置和钎探深度。应根据地基土质的复杂情况和基槽宽度、形状而定，一般可参考表 2.14。

表 2.14　　　　　　　　　　　　　　钎 探 孔 的 布 置

槽宽/cm	排列方式及图示	间距/m	钎探深度/m
<80		1～2	1.2
80～200		1～2	1.5
>200		1～2	2.0
柱基		1～2	≥1.5 并不浅于短边宽度

注　对于较弱的新近沉积黏性土和人工杂填土的性质，钎孔间距应不大于 1.5m。

（3）钎探记录和结果分析。先绘制基槽平面图，在图上根据要求确定钎探点的平面位置，并依次编号制成钎探平面图。钎探时按钎探平面图标定的钎探点顺序进行，最后整理成钎探记录表。

全部钎探完后，逐层分析研究钎探记录，然后逐点进行比较，将锤击数显著过多或过少的钎孔在钎探平面图上做上记号，然后再在该部位进行重点检查，如有异常情况，要认真进行处理。

3. 洛阳铲探验槽法

在黄土地区基坑挖好后或大面积基坑挖土前，根据建筑物所在地区的具体情况或设计要求，对基坑底以下的土质、古墓、洞穴用专用洛阳铲进行钎探检查。

（1）探孔的布置。探孔布置见表 2.15。

表 2.15 探 孔 布 置

槽宽/cm	排列方式及图示	间距/m	探孔深度/m
<200		1.5～2.0	3.0
>200		1.5～2.0	3.0
柱基		1.5～2.0	3.0 （荷重较大时为 4.0～5.0）
加孔		<2.0 （如基础过宽时中间再加孔）	

（2）探查记录和成果分析。先绘制基础平面图，在图上根据要求确定探孔的平面位置，并依次编号，再按编号顺序进行探孔。探查过程中，一般每 3～5 铲看一下土，查看土质变化和含有物的情况。遇有土质变化或含有杂物情况，应测量深度并用文字记录清楚。遇有墓穴、地道、地窖、废井等时，应在此部位缩小探孔距离（一般为 1m 左右），沿其周围仔细探查清其大小、深浅、平面形状，并在探孔平面图中标注出来。全部探查完后，绘制探孔平面图和各探孔不同深度的土质情况表，为地基处理提供完整的资料。探完以后，尽快用素土或灰土将探孔回填。

2.3.4 基坑异常情况的处理

在土方工程施工中，由于施工操作不善和违反操作规程而引起质量事故，其危害程度很大，如造成建筑物（或构筑物）的沉陷、开裂、位移、倾斜，甚至倒塌。因此，对土方工程施工必须特别重视，按设计和施工质量验收规范要求认真施工，以确保土方工程质量。

2.3.4.1 场地积水

在建筑场地平整过程中或平整完成后，场地范围内高低不平，局部或大面积出现积水。

1. 原因

（1）场地平整填土面积较大或较深时，未分层回填压（夯）实，土的密实度不均匀或不够，遇水产生不均匀下沉而造成积水。

（2）场地周围未做排水沟，或场地未做成一定排水坡度，或存在反向排水坡。

（3）测量错误，使场地高低不平。

2. 防治

（1）平整前，应对整个场地的排水坡、排水沟、截水沟和下水道进行有组织排水系统设计。施工时，应遵循先地下后地上的原则做好排水设施，使整个场地排水通畅。排水坡度的设置应按设计要求进行；当设计无要求时，对地形平坦的场地，纵横方向应做成不小于 0.2% 坡度，以利泄水。在场地周围或场地内设置排水沟（截水沟），其截面、流速和坡度等应符合有关规定。

（2）场地内的填土应认真分层回填碾压（夯）实，使其密实度不低于设计要求。当设计无要求时，一般也应分层回填、分层压（夯）实，使相对密实度不低于 85％，以免松填。填土压（夯）实的方法应根据土的类别和工程条件合理选用。

（3）做好测量的复核工作，防止出现标高误差。

3．处理

已积水的场地应立即疏通排水和采用截水设施，将水排除。场地未做排水坡度或坡度过小，应重新修坡；对局部低洼处，应填土找平、碾压（夯）实至符合要求，避免再次积水。

2.3.4.2 填方出现沉陷现象

基坑（槽）回填时，填土局部或大片出现沉陷。从而造成室外散水坡空鼓下陷、积水，甚至引起建筑物不均匀下沉，出现开裂。

1．原因

（1）填方基底上的草皮、淤泥、杂物和积水未清除就填方，含有机物过多，腐朽后造成下沉。

（2）基础两侧用松土回填，未经分层夯实。

（3）槽边松土落入基坑（槽），夯填前未认真进行处理，回填后土受到水的浸泡产生沉陷。

（4）基槽宽度较窄，采用人工回填夯实，未达到要求的密实度。

（5）回填土料中夹有大量干土块，受水浸泡产生沉陷。

（6）采用含水量大的黏性土、淤泥质土、碎块草皮作土料，回填质量不合要求。

（7）冬期施工时基底土体受冻胀，未经处理就直接在其上填方。

2．防治

（1）基坑（槽）回填前，应将坑槽中积水排净，淤泥、松土、杂物清理干净，如有地下水或地表积水，应有排水措施。

（2）回填土采取严格分层回填、夯实。每层虚铺土厚度不得大于 300mm。土料和含水量应符合规定。回填土密实度要按规定抽样检查，使符合要求。

（3）填土土料中不得含有大于 50mm 直径的土块，不应有较多的干土块，急需进行下道工序时，宜用二八或三七灰土回填夯实。

3．治理

基坑（槽）回填土沉陷造成墙脚散水空鼓，如混凝土面层尚未破坏，可填入碎石，侧向挤压捣实；若面层已经裂缝破坏，则应视面积大小或损坏情况，采取局部或全部返工。局部处理可用锤、凿将空鼓部位打去，填灰土或黏土、碎石混合物夯实后再作面层。因回填土沉陷引起结构物下沉时，应会同设计部门针对情况采取加固措施。

2.3.4.3 边坡塌方

在挖方过程中或挖方后，基坑（槽）边坡土方局部或大面积坍塌或滑坡。

1．原因

（1）基坑（槽）开挖较深，放坡不够。或挖方尺寸不够，将坡脚挖去。

（2）通过不同土层时，没有根据土的特性分别放成不同坡度，致使边坡失稳而造成坍方。

（3）在有地表水、地下水作用的土层开挖基坑（槽）时，未采取有效的降、排水措施，使土层湿化，黏聚力降低，在重力作用下失稳而引起坍方。

（4）边坡顶部堆载过大，或受施工设备、车辆等外力振动影响。

（5）土质松软，开挖次序、方法不当而造成坍方。

2. 防治

（1）根据土的种类、物理力学性质（土的内摩擦角、黏聚力、湿度、密度、休止角等）确定适当的边坡坡度。经过不同土层时，其边坡应做成折线形。

（2）做好地面排水工作，避免在影响边坡的范围内积水，造成边坡坍方。当基坑（槽）开挖范围内有地下水时，应采取降、排水措施，将水位降至离基底 0.5m 以下方可开挖，并持续到基坑（槽）回填完毕。

（3）土方开挖应自上而下分段分层依次进行，防止先挖坡脚，造成坡体失稳。相临基坑（槽）和管沟开挖时，应遵循先深后浅或同时进行的施工顺序，并及时做好基础或铺管，尽量防止对地基的扰动。

（4）施工中应避免在坡体上堆放弃土和材料。

（5）基坑（槽）或管沟开挖时，在建筑物密集的地区施工，有时不允许按规定的坡度进行放坡，可以采用设置支撑或支护的施工方法来保证土方的稳定。

3. 处理

对沟坑（槽）坍方，可将坡脚坍方清除作临时性支护措施，如堆装土编织袋或草袋、设支撑、砌砖石护坡墙等；对永久性边坡局部坍方，可将坍方清除，用块石填砌或回填二八灰或三七灰嵌补，与土接触部位做成台阶搭接，防止滑动；将坡顶线后移；将坡度改缓。

土方工程施工中，一旦出现边坡失稳坍方现象，后果非常严重。不但造成安全事故，而且会增加大量费用，拖延工期等。因此应引起高度重视。

2.3.4.4 填方出现橡皮土

1. 原因

在含水量很大的黏土或粉质黏土、淤泥质土、腐殖土等原状土地基上进行回填，或采用上述土作土料进行回填时，由于原状土被扰动，颗粒之间的毛细孔被破坏，水分不易渗透和散发。当施工气温较高时，对其进行夯击或碾压，表面易形成一层硬壳，更阻止了水分的渗透和散发，使土形成软塑状态的橡皮土。这种土埋藏越深，水分散发越慢，长时间内不易消失。

2. 防治

（1）夯（压）实填土时，应适当控制填土的含水量。

（2）避免在含水量过大的黏土、粉质黏土、淤泥质土和腐殖土等原状土上进行回填。

（3）填方区如有地表水，应设排水沟排水；如有地下水，地下水水位应降低至基底 0.5m 以下。

（4）暂停一段时间回填，使橡皮土含水量逐渐降低。

（5）用干土、石灰粉和碎砖等吸水材料均匀掺入橡皮土中，吸收土中的水分，降低土的含水量。

（6）将橡皮土翻松、晾晒、风干至最优含水量范围，再夯（压）实。

（7）将橡皮土挖除，然后换土回填夯（压）实，回填灰土和级配砂石夯（压）实。

任务 2.4　土方填筑与压实

2.4.1　回填土料选择与填筑要求

为了保证填土工程的质量，必须正确选择土料和填筑方法。

对填方土料应按设计要求验收后方可填入。如设计无要求，一般按下述原则进行。

碎石类土、砂土（使用细、粉砂时应取得设计单位同意）和爆破石碴可用作表层以下的填料；含水量符合压实要求的黏性土，可用作各层填料；碎块草皮和有机质含量大于 8% 的土，仅用于无压实要求的填方。含有大量有机物的土，容易降解变形而降低承载能力；含水溶性硫酸盐大于 5% 的土，在地下水的作用下，硫酸盐会逐渐溶解消失，形成孔洞影响密实性；因此前述两种土以及淤泥和淤泥质土、冻土、膨胀土等均不应作为填土。

填土应分层进行，并尽量采用同类土填筑。如采用不同土填筑时，应将透水性较大的土层置于透水性较小的土层之下，不能将各种土混杂在一起使用，以免填方内形成水囊。

碎石类土或爆破石碴作填料时，其最大粒径不得超过每层铺土厚度的 2/3，使用振动碾时，不得超过每层铺土厚度的 3/4，铺填时，大块料不应集中，且不得填在分段接头或填方与山坡连接处。

当填方位于倾斜的山坡上时，应将斜坡挖成阶梯状，以防填土横向移动。

回填基坑和管沟时，应从四周或两侧均匀地分层进行，以防基础和管道在土压力作用下产生偏移或变形。

回填以前，应清除填方区的积水和杂物，如遇软土、淤泥，必须进行换土回填。在回填时，应防止地面水流入，并预留一定的下沉高度（一般不得超过填方高度的 3%）。

2.4.2　填土压实方法

填土的压实方法一般有：碾压、夯实、振动压实以及利用运土工具压实。对于大面积填土工程，多采用碾压和利用运土工具压实。对较小面积的填土工程，则宜用夯实机具进行压实。

2.4.2.1　碾压法

碾压法是利用机械滚轮的压力压实土壤，使之达到所需的密实度。碾压机械有平碾、羊足碾和气胎碾。

平碾又称光碾压路机［图 2.42（a）］，是一种以内燃机为动力的自行式压路机。按重量等级分为轻型（30～50kN）、中型（60～90kN）和重型（100～140kN）三种，适于压实砂类土和黏性土，适用土类范围较广。轻型平碾压实土层的厚度不大，但土层上部变得较密实，当用轻型平碾初碾后，再用重型平碾碾压松土，就会取得较好的效果。如直接用重型平碾碾压松土，则由于强烈的起伏现象，其碾压效果较差。

羊足碾如图 2.42（b）所示，一般无动力靠拖拉机牵引，有单筒、双筒两种。根据碾

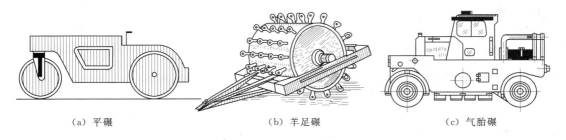

（a）平碾　　　　　　　（b）羊足碾　　　　　　　（c）气胎碾

图 2.42 碾压机械

压要求，又可分为空筒及装砂、注水等三种。羊足碾虽然与土接触面积小，但对单位面积的压力比较大，土的压实效果好。羊足碾只能用来压实黏性土。

气胎碾又称轮胎压路机［图 2.42（c）］，它的前后轮分别密排着四五个轮胎，既是行驶轮，也是碾压轮。由于轮胎弹性大，在压实过程中，土与轮胎都会发生变形，而随着几遍碾压后铺土密实度的提高，沉陷量逐渐减少，因而轮胎与土的接触面积逐渐缩小，但接触应力则逐渐增大，最后使土料得到压实。由于在工作时是弹性体，其压力均匀，填土质量较好。

碾压法主要用于大面积的填土，如场地平整、路基、堤坝等工程。用碾压法压实填土时，铺土应均匀一致，碾压遍数要一样，碾压方向应从填土区的两边逐渐压向中心，每次碾压应有 15～20cm 的重叠；碾压机械开行速度不宜过快，一般平碾不应超过 2km/h，羊足碾控制在 3km/h 之内，否则会影响压实效果。

2.4.2.2 夯实法

夯实法是利用夯锤自由下落的冲击力来夯实土壤，主要用于小面积的回填土或作业面受到限制的环境下。夯实法分人工夯实和机械夯实两种。人工夯实所用的工具有木夯、石夯等；常用的夯实机械有夯锤、内燃夯土机、蛙式打夯机和利用挖土机或起重机装上夯板后的夯土

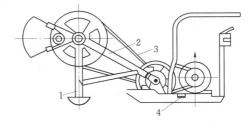

图 2.43 蛙式打夯机
1—夯头；2—夯架；3—三角胶带；4—底盘

机等，其中蛙式打夯机（图 2.43）轻巧灵活，构造简单，在小型土方工程中应用最广。

2.4.2.3 振动压实法

振动压实法是将振动压实机放在土层表面，借助振动机构使压实机振动土颗粒，土的颗粒发生相对位移而达到紧密状态。用这种方法振实非黏性土效果较好。

近年来，又将碾压和振动法结合起来而设计和制造了振动平碾、振动凸块碾等新型压实机械。振动平碾适用于填料为爆破碎石碴、碎石类土、杂填土或轻亚黏土的大型填方；振动凸块碾则适用于亚黏土或黏土的大型填方。当压实爆破石碴或碎石类土时，可选用重 8～15t 的振动平碾，铺土厚度为 0.6～1.5m，先静压，后振动碾压，碾压遍数由现场试验确定，一般为 6～8 遍。

2.4.3　填土压实的影响因素

影响填土压实的主要因素填土压实量与许多因素有关，其中主要影响因素为：压实功、土的含水量以及每层铺土厚度。

2.4.3.1　压实功的影响

填土压实后的密度与压实机械在其上所施加的功有一定的关系。土的密度与所耗的功的关系如图 2.44 所示。当土的含水量一定，在开始压实时，土的密度急剧增加，待到接近土的最大密度时，压实功虽然增加许多，而土的密度则变化甚小。实际施工中，对于砂土只需碾压或夯实 2～3 遍，对压砂土只需 3～4 遍，对亚黏土或黏土只需 5～6 遍。

2.4.3.2　水量的影响

在同一压实功的作用下，填土的含水量对压实质量有直接影响。较为干燥的土，由于土颗粒之间的摩阻力较大，因而不易压实。当土具有适当含水量时，水起了润滑作用，土颗粒之间的摩阻力减小，从而易压实。土在最佳含水量的条件下，使用同样的压实功进行压实，所得到的密度最大（图 2.45）。各种土的最佳含水量和最大干密度可参考表 2.16。

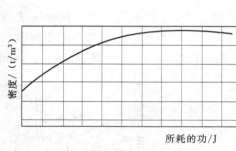
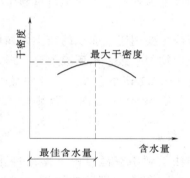

图 2.44　土的密实度与压实功的关系　　　图 2.45　土的密实度与含水量的关系

表 2.16　　　　　　　　　　　　　　土的最佳含水量和最大干密度

项次	土的种类	变动范围		项次	土的种类	变动范围	
		最佳含水量/%（质量比）	最大干密度/（g/m³）			最佳含水量/%（质量比）	最大干密度/（g/m³）
1	砂土	8～12	1.80～1.88	3	粉质黏土	12～15	1.85～1.95
2	黏土	19～22	1.58～1.70	4	粉土	16～22	1.61～1.80

注　1. 表中土的最大干密度根据现场实际达到的数字为准。
　　2. 一般性的回填土可不作此测定。

2.4.3.3　铺土厚度的影响

土在压实功的作用下，其应力随深度增加而逐渐减小，超过一定深度后，则土的压实密度与未压实前相差极小。其影响深度与压实机械、土的性质和含水量等有关。铺土厚度应小于压实机械压土时的影响深度。因此，填土压实时每层铺土厚度的确定应根据所选压实机械和土的性质，在保证压实质量的前提下，使土方压实机械的功耗费最小。根据《建筑地基基础工程施工质量验收规范》（GB 50202—2002）的相关规定，可按照表 2.17 选用。

表 2.17　　　　　　　　填土施工时的分层厚度及压实遍数

压实机具	分层厚度/mm	每层压实遍数	压实机具	分层厚度/mm	每层压实遍数
平碾	250～300	6～8	蛙式打夯机	200～250	3～4
振动压实机	250～350	3～4	人工打夯	≤200	3～4

2.4.4　填土压实的质量检查

（1）填土施工过程中应检查排水措施，每层填筑厚度、含水量控制和压实程序。

（2）对有密实度要求的填方，在夯实或压实之后，要对每层回填土的质量进行检验，一般采用环刀法（或灌砂法）取样测定土的干密度，求出土的密实度，或用小轻便触探仪直接通过锤击数来检验干密度和密实度，符合设计要求后，才能填筑上层。

（3）基坑和室内填土，每层按 $100～500m^2$ 取样 1 组；场地平整填方，每层按 $400～900m^2$ 取样 1 组；基坑和管沟回填每加 $20～50m$ 取样 1 组，但每层均不少于 1 组，取样部位在每层压实后的下半部。用灌砂法取样应为每层压实后的全部深度。

（4）填土压实后的干密度应有 90% 以上符合设计要求，其余 10% 的最低值与设计值之差，不得大于 $0.08g/cm^3$，且不应集中。

（5）填方施工结束后应检查标高、边坡坡度、压实程度等，检验标准可根据《建筑地基基础工程施工质量验收规范》（GB 50202—2002）的规定，参见表 2.18。

表 2.18　　　　　　　　填土工程质量检验标准

项	序号	检查项目	允许偏差或允许值/mm					检 查 方 法
			柱基坑基槽	场地平整		管沟	地（路）面基础层	
				人工	机械			
主控项目	1	标高	−50	±30	±50	−50	−50	水准仪
	2	分层压实系数	设计要求					按规定或直观检查
一般项目	1	回填土料	设计要求					取样检查或直观检查
	2	分层厚度及含水量	设计要求					水准仪及抽样检查
	3	表面平整度	20	20	30	20	20	用靠尺或水准仪

项　目　小　结

本项目内容包括土方量的计算与调配、土方机械化施工、土方开挖和土方填筑与压实。在土方量的计算与调配中，涉及了基坑基槽土方量计算、场地平整土方量计算和土方平衡与调配等问题；在土方机械化施工要点中，重点阐述了施工机械的作业特点和相关参数计算，也介绍了施工机械的选择和开挖注意事项；在土方开挖中，介绍了土方开挖前的施工准备工作，着重阐述场地开挖、边坡开挖、基坑槽开挖以及深基坑开挖的工艺流程及注意事项，简要提到土方开挖的质量标准；在土方填筑与压实中，简单介绍了回填土料的选择与填筑要求，详细说明了几种填土方式方法，提出填土压实的影响因素以及质量检查。

　　本项目的教学目标是，通过本项目的学习，使学生掌握土方量计算方法、场地计划标高确定的方法和表上作业法进行土方调配；了解常用土方机械的性能及适用范围，能够根据土方工程具体情况合理选择施工机械；了解土方工程施工的准备和辅助工作，掌握土方开挖施工工艺和开挖质量标准；了解基槽检验工作的内容和常用检验方法；能正确选择地基回填土的填方土料及填筑压实方法，能分析填土压实的影响因素。

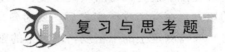

　　1. 试述场地平整土方量计算的步骤和方法。

　　2. 试分析土壁塌方的原因和预防措施。

　　3. 建筑的定位放线指的是什么？

　　4. 人工开挖基坑时，应注意哪些事项？

　　5. 填土压实有哪些方法？影响填土压实的主要因素有哪些？

　　6. 某基础的底面尺寸为 36.9m×13.6m，深度为 $H=4.8m$，基坑坡度系数 $m=0.5$，最初可松性系数 $K_s=1.26$，最后可松性系数 $K'_s=1.05$。基础附近有一个废弃的大坑（体积为 885m³）。如果用基坑挖出的土填入大坑并进行夯实。问基坑挖出的土能否填满大坑？若有余土，则外运土量是多少？

　　7. 某施工场地方格网及角点自然标高如图 2.46 所示，方格网边长 $a=30m$，设计要求泄水坡度沿长度方向为 2‰，沿宽度方向为 1‰；试确定场地设计标高（不考虑土的可松性影响），并计算挖填土方量。

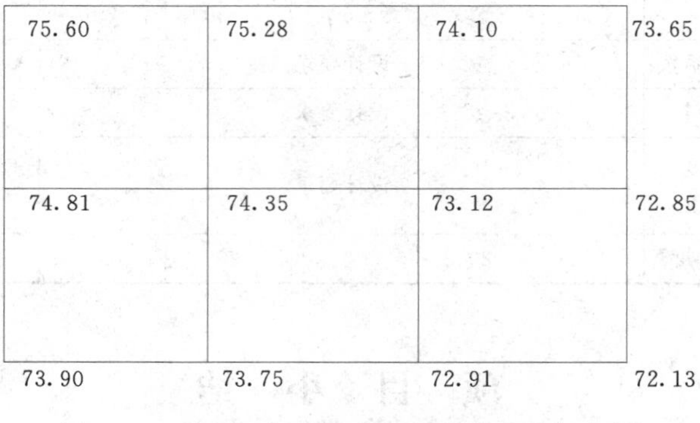

75.60	75.28	74.10	73.65
74.81	74.35	73.12	72.85
73.90	73.75	72.91	72.13

图 2.46　某施工场地方格网及角点自然标高图

项目3 基坑支护结构施工

【学习目标】

熟悉常用基坑支护结构施工方案和施工工艺；掌握基坑支护结构的类型，熟悉支护结构施工工艺。

【引例与思考】

A、B 两个工程的地点都在上海浦东新区，相距约 1500m，地质条件相仿。

A 工程为新世纪商厦，基坑开挖深度 8.11～11.5m，采用水泥搅拌桩重力式围护结构，围护墙体宽度 8.7m，长度 19.0m，在水泥搅拌桩墙体内都插入长度为 10m 的毛竹加强，用长约 700m 的直径 12mm 钢筋插入桩顶并与 250mm 厚的盖梁内的双皮双向的钢筋连续。围护墙体坐落在上海的标准层 5-2 层灰色粉质黏土层上。

工程 B 为招商大厦，基坑开挖深度 10.3m，采用直径为 800～1000mm 的钻孔灌注桩排桩式围护结构，水泥搅拌桩止水帷幕，入土深度 22～26m，进入 5-2 层灰色粉质黏土层，采用上、下两道衔架式对撑和角撑结合的支撑体系。对撑采用两股直径 580mm 的钢管，连杆采用 H 型钢；角撑采用单股直径 609 mm 的钢管；采用钢筋混凝土围檩，第一道截面 1000mm×800mm，第二道截面 1200mm×800mm。这两个基坑都取得了成功。

方案评述：这两个工程的基本条件相仿，开挖深度已超过 10m，按照上海地区的土质条件，一般以采用钻孔灌注桩排桩围护结构为宜；但 A 工程却采用了水泥搅拌桩重力式围护结构，超过了一般常规的做法，工程进行过程中虽然出现过险情，但终于成功了；B 工程是通常的做法，围护结构以及相邻地面的变形比较小，因而是比较成功的项目。通过比较，采用水泥搅拌桩方案的基坑工程，其变形比较大，墙顶的水平位移几乎为排桩围护的 10 倍，附近地面的水平位移相当于排桩围护的 6～7 倍。

任务3.1 土壁支护

在开挖基坑或沟槽时，如果地质水文条件良好，场地周围条件允许，可以采用放坡开挖，这种方式比较经济，但是随着高层建筑的发展，以及建筑物密集地区施工基坑的增多，常因场地的限制而不能采取放坡，或放坡导致土方量增大，或地下水渗入基坑导致土坡失稳。此时，便可以采用土壁支护，以保证施工安全和顺利进行，并减少对邻近已有建筑物的不利影响。

基坑支护设计与施工应综合考虑工程地质与水文地质条件、基础类型、基坑开挖深度、降排水条件、周边环境对基坑侧壁位移的要求、基坑周边荷载、施工季节、支护结构使用期限等因素；同时根据《建筑基坑支护技术规程》（JGJ 120—2012）规定，在基坑支

护设计时，应综合考虑基坑周边环境和地质条件的复杂程度、基坑深度等因素，按表 3.1
采用支护结构的安全等级，对同一基坑的不同部位，可采用不同的安全等级。

表 3.1   支护结构的安全等级

安全等级	破 坏 后 果
一级	支护结构失效、土体过大变形对基坑周边环境或主体结构施工安全的影响很严重
二级	支护结构失效、土体过大变形对基坑周边环境或主体结构施工安全的影响严重
三级	支护结构失效、土体过大变形对基坑周边环境或主体结构施工安全的影响不严重

3.1.1 沟槽的支撑

开挖较窄的沟槽多用横撑式支撑。横撑式支撑由挡土板、楞木和工具式横撑组成，根据挡土板的不同，分为水平挡土板和垂直挡土板两类（表 3.2）。

采用横撑式支撑时，应随挖随撑，支撑牢固。施工中应经常检查，如有松动、变形等现象时，应及时加固或更换。支撑的拆除应按回填顺序依次进行，多层支撑应自下而上逐层拆除，随拆随填。

表 3.2   基槽、管沟的支撑方法

支撑方式	简 图	支 撑 方 法 及 适 用 条 件
断续式水平支撑	立楞木　横撑 水平挡土板 木楔	挡土板水平放置，中间留出间隔，并在两侧同时对称立竖方木，然后用工具式或木横撑上、下顶紧。 适用于能保持直立壁的干土或天然湿度的黏土、深度在 3m 以内的沟槽
连续式水平支撑	立楞木　横撑 水平挡土板 木楔	挡土板水平连续放置，不留间隙，再两侧同时对称立竖枋木，上、下各顶一根撑木，端头加木楔顶紧。 适用于较松散的干土或天然湿度的黏土、深度为 3～5m 的沟槽
垂直支撑	木楔　横撑 垂直挡土板 横楞木	挡土板垂直放置，可连续或留适当间隙，然后每侧上、下各水平顶一根枋木，再用横撑顶紧。 适用于土质较松散或湿度很高的土，深度不限

3.1.2 一般浅基坑的支撑方法

一般浅基坑的支撑方法可根据基坑的宽度、深度及大小采用不同形式，见表3.3。

表 3.3   一般浅基坑的支撑方法

支撑方式	简　图	支撑方法及适用条件
临时挡土墙支撑	扁丝编织袋或草袋装土、砂或干砌、浆砌毛石	沿坡脚用砖、石叠砌或用装水泥的聚丙烯扁丝编织袋、草袋装土、砂堆砌，使坡脚保持稳定。 适于开挖宽度大的基坑，当部分地段下部放坡不够时使用
斜柱支撑	柱桩 回填土 斜撑 挡板 短桩	水平挡土板钉在柱桩内侧，柱桩外侧用斜撑支顶，斜撑底端支在木桩上，在挡土板内侧回填土。 适用于开挖较大型、深度不大的基坑或使用机械挖土时
锚拉支撑	$\dfrac{\geqslant H}{\tan\phi}$ 柱桩 拉杆 回填土 挡板 H	水平挡土板放在柱桩的内侧，柱桩一端打入土中，另一端用拉杆与锚桩拉紧，在挡土板内侧回填土。 适于开挖较大型、深度不大的基坑或使用机械挖土，不能安设横撑时使用

3.1.3 深基坑支护

深基坑支护形式主要有钢板桩支护结构、排桩支护、土层锚杆支撑、土钉墙支护、深层搅拌法水泥土桩挡墙、地下连续墙支撑等。这些支护形式将在本项目的任务 3.2 中详细介绍。

任务 3.2   深基坑支护结构施工

深基坑一般是指开挖深度超过 5m（含 5m）或地下室三层以上（含三层），或深度虽未超过 5m，但地质条件和周围环境及地下管线特别复杂的工程。深基坑支护是指为保证地下结构施工及基坑周边环境的安全，对深基坑侧壁及周边环境采用的支挡、加固与保护的措施。随着高层建筑及地下空间的出现，深基坑工程规模不断扩大。

深基坑支护的设置原则如下：

（1）要求技术先进、结构简单、因地制宜、就地取材、经济合理。

（2）尽可能与工程永久性挡土结构相结合，作为结构的组成部分，或材料能够部分回收、重复使用。

（3）受力可靠，能确保基坑边坡稳定不给邻近已有建（构）筑物、道路及地下设施带来危害。

（4）保护环境，保证施工期间的安全。

基坑支护虽是一种施工临时性措施结构物，但对保证工程顺利进行和邻近地基和已有建（构）筑物的安全影响极大。因此，基坑支护方案的选择应根据基坑周边环境、土层结构、工程地质、水文情况、基坑形状、开挖深度、施工拟采用的挖方、排水方法、施工作业设备条件、安全等级和工期要求以及技术经济效果等因素加以综合全面地考虑而定。支护结构并不是越大、越厚、埋置越深就越牢靠越好，施工前应进行多方案技术、经济比较，选择一个最优支护方案。根据技术上先进可行，经济上适用、合理，使用上安全可靠的原则，可以选择应用其中一种，也可将 2~3 种支护结合使用。同时尚应做到因地、因工程制宜，就地取材，保护环境，节约资源，施工简便快速，保证质量。

3.2.1 钢板桩支护结构

钢板桩为一种支护结构，既可挡土又挡水。当开挖的基坑较深，地下水位较高且有出现流砂的危险时，如未采用降低地下水位的方法，则可用板桩打入土中，使地下水在土中渗流的路线延长，降低水力坡度，从而防止流沙现象。靠近原有建筑物开挖基坑时，为了防止和减少原建筑物下沉，也可打钢板桩支护。板桩有钢板桩、木板桩与钢筋混凝土板桩数种。钢板桩除用钢量多之外，其他性能比别的板桩都优越，钢板桩在临时工程中可多次重复使用。板式支护结构如图 3.1 所示。

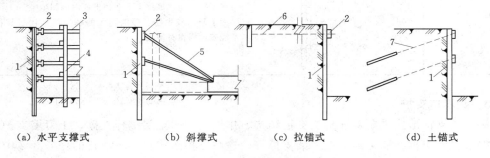

（a）水平支撑式　　（b）斜撑式　　（c）拉锚式　　（d）土锚式

图 3.1　板式支护结构

1—板桩墙；2—围檩；3—钢支撑；4—竖撑；5—斜撑；6—拉锚；7—土锚杆

3.2.1.1 钢板桩分类

钢板桩的种类很多，常见的有 U 形板桩与 Z 形板桩、H 形板桩，如图 3.2 所示。其中以 U 形应用最多，可用于 5~10m 深的基坑。

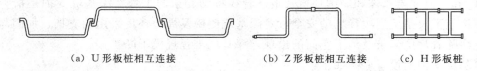

（a）U 形板桩相互连接　　　　（b）Z 形板桩相互连接　　（c）H 形板桩

图 3.2　常用钢板桩截面形式

钢板桩根据有无锚桩结构，分为无锚板桩（也称悬臂式板桩）和有锚板桩两类。无锚板桩（也称悬臂式板桩），用于较浅的基坑，依靠入土部分的土压力来维持板桩的稳定。有锚板桩，是在板桩墙后设柔性系杆（如钢索、土锚杆等）或在板桩墙前设刚性支撑杆

（如大型钢、钢管）加以固定，可用于开挖较深的基坑，该种板桩用得较多。

3.2.1.2　钢板桩施工

目前在基坑支护中，多采用钢板桩，下面以钢板桩为例介绍板桩施工的主要程序。

1. 钢板桩的施工机具

钢板桩施工机具有冲击式打桩机，包括自由落锤、柴油锤、蒸汽锤等；振动打桩机，可用于打桩及拔桩；此外还有静力压桩机等。

2. 钢板桩的布置

钢板桩的设置位置应在基础最突出的边缘外，留有支模、拆模的余地，便于基础施工。在场地紧凑的情况下，也可利用钢板作底板或承台侧模，但必须配以纤维板（或油毛毡）等隔离材料，以利钢板桩拔出。

3. 钢板桩的打入方法

钢板桩的打入方法主要有单根桩打入法、屏风式打入法、围檩打桩法。

（1）单根桩打入法：将板桩一根根地打入至设计标高。这种施工法速度快，桩架高度相对可低一些，但容易倾斜，当板桩打设要求精度较高、板桩长度较长（大于 10m）时，不宜采用。

（2）屏风式打入法：将 10～20 根板桩成排插入导架内，使之成屏风状，然后桩机来回施打，并使两端先打到要求深度，再将中间部分的板桩顺次打入。这种屏风施工法可防止板桩的倾斜与转动，对要求闭合的围护结构常用此法，缺点是施工速度比单桩施工法慢，且桩架较高。

（3）围檩打桩法：分单层、双层围檩，是在地面上一定高度处离轴线一定距离，先筑起单层或双层围檩架，而后将钢板桩依次在围檩中全部插好，待四角封闭合拢后，再逐渐按阶梯状将钢板桩逐块打至设计标高。这种方法能保证钢板桩墙的平面尺寸、垂直度和平整度，适用于精度要求高、数量不大的场合，缺点是施工复杂，施工速度慢，封闭合拢时需异形桩，如图 3.3 所示。

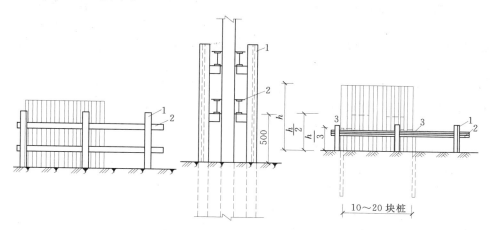

图 3.3　单层、双层围檩示意图

1—围檩桩；2—围檩；3—两端先打入的定位钢板桩；h—钢板桩的高度

4. 钢板桩的施工顺序

钢板桩的打设虽然在基坑开挖前已完成，但整个板桩支护结构需要等地下结构施工完成后，在许可的条件下将板桩拔除才算完全结束。因此，对于钢板桩的施工应考虑打设、挖土、支撑（如果有）、地下结构施工、支撑拆除及钢板桩的拔除。一般多层支撑钢板桩的施工顺序如图3.4所示。

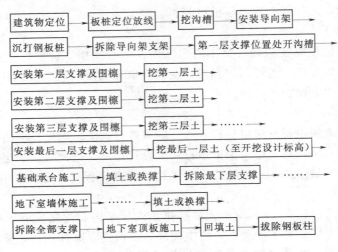

图3.4　钢板桩施工顺序图

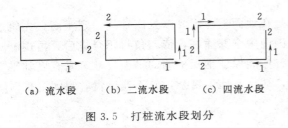

（a）流水段　（b）二流水段　（c）四流水段

图3.5　打桩流水段划分

5. 钢板桩的打设要点

（1）打桩流水段的划分：打桩流水段的划分与桩的封闭合拢有关。流水段长度大，合拢点就少，相对积累误差大，轴线位移相应也大，如图3.5（a）和（b）所示；流水段长度小，合拢点就多，相对积累误差小，但封闭合拢点增加，如图3.5（c）所示。另外采取先边后角打设方法，可保端面相对距离，不影响墙内围檩支撑的安装精度，对于打桩积累误差可在转角处作轴线修正。

（2）钢板桩在使用前应进行检查整理，尤其对多次利用的板桩，在打拔、运输、堆放过程中，容易受外界因素影响而变形，在使用前均应进行检查，对表面缺陷和挠曲进行矫正。打入前还应将桩尖处的凹槽底口封闭，避免泥土挤入，锁口应涂以黄油或其他油脂，用于永久性工程的桩表面应涂红丹防锈漆。

（3）为保持钢板桩垂直打入和打入后钢板桩墙面平直，钢板桩打入前宜安装围檩支架。围檩支架由围檩和围檩桩组成，其形式在平面上有单面和双面之分，高度上有单层、双层和多层。第一层围檩的安装高度约在地面上50cm。双面围檩之间的净距以比两块板桩的组合宽度大8～10mm为宜。围檩支架有钢质（H钢、工字钢、槽钢等）和木质，但都需十分牢固，围檩支架每次安装的长度，视具体情况而定，应考虑周转使用，以提高利用率。

（4）由于板桩墙构造的需要，常要配备改变打桩轴线方向的特殊形状的钢板桩，如在矩形墙中为 90°的转角桩。一般是将工程所使用的钢板桩从背面中线处切断，再根据所选择的截面进行焊接或铆接组合而成，或采用转角桩。转角桩的组合形状有如图 3.6 所示几种。

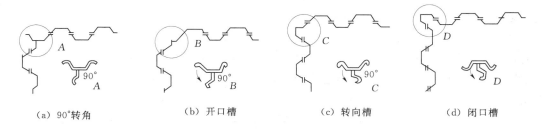

|（a）90°转角 |（b）开口槽 |（c）转向槽 |（d）闭口槽|

图 3.6　转角桩组合形状

（5）钢板桩打设先用吊车将板桩吊至插桩点进行插桩，插桩时锁口对准，每插入一块即套上桩帽，上端加硬木垫，轻轻锤击。为保证桩的垂直度，应用两台经纬仪加以控制。为防止锁口中心线平面位移，可在打桩行进方向的钢板桩锁口处设卡板，不让板桩位移，同时在围檩上预先算出每块板桩的位置，以便随时检查纠正，待板桩打至预定深度后，立即用钢筋或钢板与围檩支架焊接固定。

（6）偏差纠正：钢板桩打入时如出现倾斜和锁口接合部有空隙，到最后封闭合拢时有偏差，一般用异形桩（上宽下窄或宽度大于或小于标准宽度的板桩）来纠正。当加工困难，亦可用轴线修正法进行而不用异形桩，如图 3.7 所示。

6. 钢板桩的拔除

钢板桩拔出时的拔桩阻力由土对桩的吸附力与桩表面的摩擦阻力组成。拔桩方法有静力拔桩、振动拔桩和冲击拔桩三种，不论何种方法都是从克服拔桩阻力着眼。

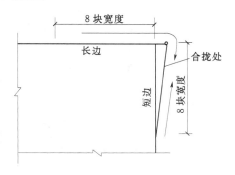

（1）拔桩起点和顺序：可根据沉桩时的情况确定拔桩起点，必要时也可以用间隔拔的方法。拔桩的顺序最好与打桩时相反。

（2）拔桩过程中必须保持机械设备处于良好的工作状态。加强受力钢索的检查，避免突然断裂。

图 3.7　轴线修正

（3）当钢板桩拔不出时，可用振动锤或柴油锤再复打一次，可克服土的黏着力或将板桩上的铁锈等消除，以便顺利拔出。

拔桩会带出土粒形成孔隙，并使土层受到扰动，特别在软土地层中，会使基坑内已施工的结构或管道发生沉降，并引起地面沉降而严重影响附近建筑和设施的安全，对此必须采取有效措施，对拔桩造成的土的孔隙要及时用中粗砂填实，或用膨润土浆液填充，当控制土层位移有较高要求时，必须采取在拔桩时跟踪注浆等填充法。

3.2.2 排桩支护

基坑开较大、较深（大于 6m）基坑，邻近有建筑物，不能放坡时，可采用排桩支护。排桩支护可采用钻孔灌注桩、人工挖孔桩、预制钢筋混凝土板桩或钢板桩等。

3.2.2.1 排桩支护的布置形式

（1）柱列式排桩支护。当边坡土质较好、地下水位较低时，可利用土拱作用，以稀疏钻孔灌注桩或挖孔桩支挡土坡，如图 3.8（a）所示。

（2）连续排桩支护如图 3.8（b）所示。在软土中一般不能形成土拱，支挡桩应该连续密排。密排的钻孔桩可以互相搭接，或在桩身混凝土强度尚未形成时，在相邻桩之间做一根素混凝土树根桩把钻孔桩排连起来，如图 3.8（c）所示。也可以采用钢板桩、钢筋混凝土板桩，如图 3.8（d）、（e）所示。

（3）组合式排桩支护。在地下水位较高的软土地区，可采用钻孔灌注桩排桩与水泥土桩防渗墙组合的形式，如图 3.8（f）所示。

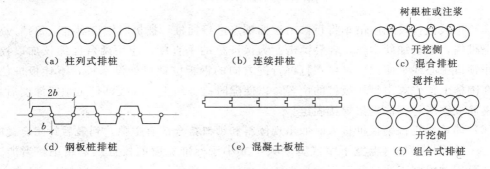

（a）柱列式排桩　　　　（b）连续排桩　　　　（c）混合排桩

（d）钢板桩排桩　　　　（e）混凝土板桩　　　　（f）组合式排桩

图 3.8　排桩围护的形式

3.2.2.2 排桩支护的基本构造及施工工艺

（1）钢筋混凝土挡土桩间距一般为 1.0～2.0m，桩直径为 0.5～1.1m，埋深为基坑深的 0.5～1.0 倍。桩配筋由计算确定，一般主筋为 $\phi14\sim32mm$，当为构造配筋时，每根桩不少于 8 根，箍筋采用 $\phi8@100\sim200$。

（2）对于开挖深度不大于 6m 的基坑，在场地条件允许的情况下，采用重力式深层搅拌桩挡墙较为理想。当场地受限制时，也可先用 $\phi600$ 密排悬臂钻孔桩，桩与桩之间可用树根桩封密，也可在灌注桩后注浆或打水泥搅拌桩作防水帷幕。

（3）对于开挖深度为 6～10m 的基坑，常采用 $\phi800\sim1000$ 的钻孔桩，后面加深层搅拌桩或注浆防水，并设 2～3 道支撑，支撑道数视土质情况、周围环境及围护结构变形要求而定。

（4）对于开挖深度大于 10m 的基坑，以往常采用地下连续墙，设多层支撑，虽然安全可靠，但价格昂贵。近年来上海常采用 $\phi800\sim1000$ 大直径钻孔桩代替地下连续墙，同样采用深层搅拌桩防水，多道支撑或中心岛施工法，这种支护结构已成功应用于开挖深度达到 13m 的基坑。

（5）排桩顶部应设钢筋混凝土冠梁连接，冠梁宽度（水平方向）不宜小于桩径，冠梁高度（竖直方向）不宜小于 400mm，排桩与桩顶冠梁的混凝土强度宜大于 C20；当冠梁作为连系梁时可按构造配筋。

（6）基坑开挖后，排桩的桩间土防护可采用钢丝网混凝土护面、砖砌等处理方法，当桩间渗水时，应在护面设泄水孔。当基坑面在实际地下水位以上且土质较好，暴露时间较短时，可不对桩间土进行防护处理。

3.2.2.3　排桩支护质量检验标准

排桩支护结构包括混凝土灌注桩、混凝土预制桩、钢板桩等构成的支护结构。

根据《建筑地基基础工程施工质量验收规范》（GB 50202—2002）规定，钢板桩均为工厂成品，新桩可按出厂标准检验，重复使用的钢板桩应符合表 3.4 的规定，混凝土板桩应符合表 3.5 的规定。

表 3.4　　　　　　　　　　重复使用的钢板桩质量检验标准

序号	项　目	允许偏差或允许值	检　验　方　法
1	桩垂直度	<1%	用钢尺量
2	桩身弯曲度	<2%l	用钢尺量，l 为桩长
3	齿槽平直度及光滑度	无电焊渣或毛刺	用 1m 长的桩段做通过试验
4	桩长度	不小于设计长度	用钢尺量

注　应全部进行检查。

表 3.5　　　　　　　　　　混凝土板桩制作标准

项　目	序号	项　目	允许偏差或允许值	检验方法
主控项目	1	桩长度	+10mm 0mm	用钢尺量（l 为桩长）
	2	桩身弯曲度	<0.1%l	
一般项目	1	保护层厚度	±5mm	
	2	横截面相对两边之差	5mm	
	3	桩尖对桩轴线的位移	10mm	
	4	桩厚度	+10mm 0mm	
	5	凹凸槽尺寸	±3mm	

注　主控项目全部检查，一般项目按 20% 抽查。

3.2.3　水泥土墙支护结构

水泥土桩墙支护是加固软土地基的一种新方法，它是利用水泥、石灰等材料作为固化剂，通过深层搅拌机械，将软土和固化剂（浆液或粉体）强制搅拌，利用固化剂和软土之间所产生的一系列物理-化学反应，使软土硬结成具有整体性、水稳定性和一定强度的围护结构。

3.2.3.1　特点

（1）具有挡土、截水双重功能，施工机具设备相对较简单，成墙速度快，材料单一，造价较低。

（2）加固深度从数米到 50～60m。一般认为含有高岭石、多水高岭石与蒙脱石等黏土矿物的软土加固效果较好；含有伊里石、氯化物等黏性土以及有机质含量高、酸碱度（pH 值）较低的黏性土的加固效果较差。

3.2.3.2　适用条件

（1）基坑侧壁安全等级宜为二、三级。

（2）水泥土墙施工范围内地基承载力不宜大于 150kPa。

（3）基坑深度不宜大于 6m。

（4）基坑周围具备水泥土墙的施工宽度。

（5）深层搅拌法最适宜于各种成因的饱和软黏土，包括淤泥、淤泥质土、黏土和粉质黏土等。

3.2.3.3　基本构造

深层搅拌桩支护结构是将搅拌桩相互搭接而成，平面布置可采用壁状体，如图 3.9 所示。若壁状的挡墙宽度不够时，可加大宽度，做成格栅状支护结构，如图 3.10 所示，即在支护结构宽度内，不需整个土体都进行搅拌加固，可按一定间距将土体加固成相互平行的纵向壁，再沿纵向按一定间距加固肋体，用肋体将纵向壁连接起来。这种挡土结构目前常采用双头搅拌机进行施工，一个头搅拌的桩体直径为 700mm，两个搅拌轴的距离为 500mm，搅拌桩之间的搭接距离为 200mm。

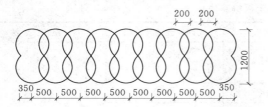　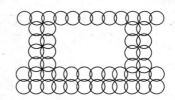

图 3.9　深层搅拌水泥土桩平面　　　　　图 3.10　深层搅拌水泥土桩平面
布置形式——壁状支护结构　　　　　　　布置形式——格栅式

墙体宽度 B 和插入深度 D 应根据基坑深度、土质情况及其物理、力学性能、周围环境、地面荷载等计算确定。在软土地区，当基坑开挖深度 $h \leqslant 5m$ 时，可按经验取 $B = (0.6 \sim 0.8)h$，尺寸以 500mm 进位，$D = (0.8 \sim 1.2)h$。基坑深度一般控制在 7m 以内，过深则不经济。根据使用要求和受力特性，搅拌桩挡土结构的竖向断面形式如图 3.11 所示。

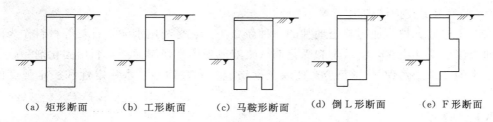

（a）矩形断面　　（b）工形断面　　（c）马鞍形断面　　（d）倒 L 形断面　　（e）F 形断面

图 3.11　搅拌桩支护结构几种竖向断面

3.2.3.4　水泥土桩墙工程施工

水泥土桩墙工程主要施工机械采用深层搅拌机。目前，我国生产的深层搅拌机主要分为单轴搅拌机和双轴搅拌机。水泥土桩墙工程施工工艺（图 3.12）如下：

（1）深层搅拌桩施工可采用湿法（喷浆）及干法（喷粉）施工，施工时应优先选用喷浆型双轴型深层搅拌机。

（2）桩架定位及保证垂直度：深层搅拌机桩架到达指定桩位、对中。当场地标高不符合设计要求或起伏不平时，应先进行开挖、整平。施工时桩位偏差应小于 5cm，桩的垂直度误差不超过 1%。

（3）预搅下沉：待深层搅拌机的冷却水循环正常后，启动搅拌机的电动机，放松起重机的钢线绳，使搅拌机沿导向架搅拌切土下沉，下沉速度可由电动机的电流表控制。工作电流不应大于 70A。如果下沉速度太慢，可从输浆系统补给清水以利钻进。

（4）制备水泥浆：按设计要求的配合比拌制水泥浆，压浆前将水泥浆倒入集料斗中。

（5）提升、喷浆并搅拌：深层搅拌机下沉到设计深度后，开启灰浆泵将水泥浆压入地基土中，并且边喷浆、边旋转，同时严格按照设计确定的提升速度提升搅拌头。

（6）重复搅拌或重复喷浆：搅拌头提升至设计加固深度的顶面标高时，集料斗中的水泥浆应正好排空。为使软土和水泥浆搅拌均匀，可再次将搅拌头边旋转边沉入土中，至设计加固深度后再将搅拌头提升出地面。有时可采用复搅、复喷（即二次喷浆）方法。在第一次喷浆至顶面标高，喷完总量的 60% 浆量，将搅拌头边搅边沉入土中，至设计深度后，再将搅拌头边提升边搅拌，并喷完余下的 40% 浆量。喷浆搅拌时搅拌头的提升速度不应超过 0.5m/min。

（7）移位：桩架移至下一桩位施工。下一桩位施工应在前桩水泥土尚未固化时进行。相邻桩的搭接宽度不宜小于 200mm。相邻桩喷浆工艺的施工时间间隔不宜大于 10h。施工开始和结束的头尾搭接处，应采取加强措施，防止出现沟缝。

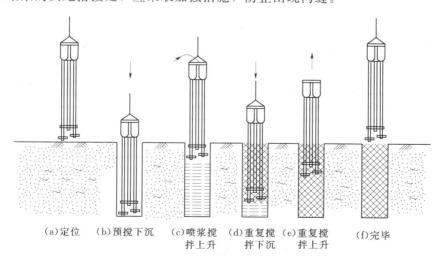

（a）定位　（b）预搅下沉　（c）喷浆搅　（d）重复搅　（e）重复搅　（f）完毕
　　　　　　　　　　　　拌上升　　　拌下沉　　　拌上升

图 3.12　施工工艺流程

3.2.3.5 水泥土挡墙质量检验标准

根据《建筑地基基础工程施工质量验收规范》（GB 50202—2002）规定，水泥土墙支护结构是水泥土搅拌桩（包括加筋水泥土搅拌桩）、高压喷射注浆桩所成的围护结构。加筋水泥土搅拌桩质量检验标准应符合表 3.6 的规定。

表 3.6 加筋水泥土桩质量检验标准

序　号	项　　　目	允许偏差或允许值	检　验　方　法
1	型钢长度	±10mm	用钢尺量
2	型钢垂直度	<1%	用经纬仪
3	型钢插入标高	±30mm	用水准仪
4	型钢插入平面位置	±10mm	用钢尺量

注　应全部进行检查。

3.2.3.6 减小水泥土挡墙位移的措施

水泥土挡土墙属于重力式挡墙。在实际工程中，水泥土墙的水平位移往往偏大，影响施工顺利进行及周围已有建筑物及地下管线的安全。水泥土挡墙的水平位移的大小与基坑

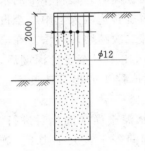

图 3.13　水泥土墙体插筋

开挖深度、坑底土性质、基坑底部状况（有无桩基或加固等）、基坑边堆载及基坑边长等因素有关。它的稳定有赖于被动土压力的发挥，而被动土压力只有在墙体位移足够大时才能发挥。因此，在水泥土墙围护结构设计中，根据工程特点，采取一定措施，减小水泥土墙的位移是十分必要的。

（1）墙顶插筋。水泥土墙体插筋对减小墙体位移有一定作用，特别是采用钢管插筋作用更明显。插筋时，每根搅拌桩顶部插入一根长 2m 左右 $\phi12$ 的钢筋，以后将其与墙顶压顶面板钢筋绑扎连接，如图 3.13 所示。

（2）基坑降水。在基坑开挖前进行坑内降水，既可为地下结构施工提供干燥的作业环境，同时对坑内土的固结也很有利，该方法施工简便、造价低、效果也较好。对于含水并适宜降水的土层，宜选用此法。

坑内降水井管的布置既要保证坑内地下水降至坑底以下一定的深度，又要防止坑内降水影响坑外地下水位过大变动，造成坑边土体的沉陷。

（3）坑底加固：当坑底土较软弱，采用上述措施还不能控制水泥土墙的水平位移时，则可采用基坑底部加固法。坑底加固的布置可用满堂布置方法，也可采用坑底四周布置方法。当基坑面积较小时，可采用满堂布置。当基坑面积较大时，为经济起见，可采用墙前坑底加固方法。墙前坑底加固宽度可取（0.4～0.8）D（D 为挡墙入土深度），加固深度可取（0.5～

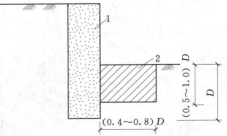

图 3.14　坑底加固剖面图
1—水泥土墙；2—坑底加固区

1.0）D，加固区段可以是局部区段，也可以是基坑四周全部加固，如图 3.14 所示，具体可视坑底土质、周围环境及经济性等决定。

（4）水泥土墙加设支撑：水泥土墙一般均无支撑，但有时为减小墙体位移或在某些特殊情况下（如坑边有集中荷载）也可局部加设支撑。

3.2.4　土层锚杆

土层锚杆简称土锚杆，是在地面或深开挖的地下室墙面或基坑立壁未开挖的土层钻孔，达到设计深度后，或在扩大孔端部，形成球状或其他形状，在孔内放入钢筋或其他抗拉材料，灌入水泥浆与土层结合成为抗拉力强的锚杆。为了均匀分配传到连续墙或柱列式灌注桩上的土压力，减少墙、柱的水平位移和配筋，一端采用锚杆与墙、柱连接，另一端锚固土层在土层中，用以维持坑壁的稳定。

锚杆由锚头、拉杆和锚固体组成。锚头由锚具、承压板、横梁和台座组成；拉杆采用钢筋、钢绞线制成；锚固体是由水

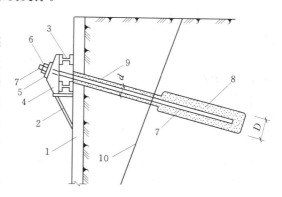

图 3.15　土层锚杆的构造

1—挡墙；2—承托支架；3—横梁；4—台座；
5—承压板；6—锚具；7—钢拉杆；8—水泥浆或砂浆锚固体；9—非锚固段；10—滑动面；
D—锚固体直径；d—拉杆直径

泥浆或水泥砂浆将拉杆与土体连接成一体的抗拔构件，如图 3.15 所示。

3.2.4.1　特点

（1）锚杆代替内支撑，它设置在围护墙背后，因而在基坑内有较大的空间，有利于挖土施工。

（2）锚杆施工机械及设备的作业空间不大，因此可适用于各种地形及场地。

（3）锚杆可采用预加拉力，以控制结构的变形量。

（4）施工时的噪声和振动均很小。

3.2.4.2　适用条件

（1）适于基坑侧壁安全等级一、二、三级。

（2）一般黏土、砂土地基皆可应用，软土、淤泥质土地基要进行实验确认后应用。

（3）适用于难以采用支撑的大面积深基坑。

（4）不宜用于地下水大、含有化学腐蚀物的土层和松散软弱土层。

3.2.4.3　土层锚杆的类型

土层锚杆主要有如下类型：

（1）一般灌浆锚杆。钻孔后放入受拉杆件，然后用砂浆泵将水泥浆或水泥砂浆注入孔内，经养护后即可承受拉力。

（2）高压灌浆锚杆（又称预压锚杆）。其与一般灌浆锚杆的不同点是在灌浆阶段对水泥砂浆施加一定的压力，使水泥砂浆在压力下压入孔壁四周的裂缝并在压力下固结，从而使锚杆具有较大的抗拔力。

（3）预应力锚杆。先对锚固段进行一次压力灌浆，然后对锚杆施加预应力后锚固并在

非锚固段进行不加压二次灌浆也可一次灌浆（加压或不加压）后施加预应力。这种锚杆可穿过松软地层而锚固在稳定土层中，并使结构物减小变形。我国目前大都采用预应力锚杆。

（4）扩孔锚杆。用特制的扩孔钻头扩大锚固段的钻孔直径，或用爆扩法扩大钻孔端头，从而形成扩大的锚固段或端头，可有效提高锚杆的抗拔力。扩孔锚杆主要用在松软地层中。

灌浆材料可使用水泥浆、水泥砂浆、树脂材料、化学浆液等作为锚固材料。

3.2.4.4 土层锚杆施工

土锚杆施工机械有冲击式钻机、旋转式钻机及旋转式冲击钻机等。冲击式钻机适用于砂石层地层，旋转式钻机可用于各种地层。它靠钻具旋转切削钻进成孔，也可加套管成孔。

土层锚杆的施工程序为钻机就位→钻孔→清孔→放置钢筋（或钢绞线）及灌浆管→压力灌浆→养护→放置横梁、台座，张拉锚固。

（1）钻孔。土层锚杆钻孔用的钻孔机械，按工作原理分，有旋转式钻孔机，冲击式钻孔机和旋转冲击式钻孔机三类。主要根据土质、钻孔深度和地下水情况进行选择。

锚杆孔壁要求平直，以便安放钢拉杆和灌注水泥浆。孔壁不得坍陷和松动，否则影响钢拉杆安放和土层锚杆的承载能力。钻孔时不得使用膨润土循环泥浆护壁，以免在孔壁上形成泥皮，降低锚固体与土壁向的摩阻力。

（2）安放拉杆。土层锚杆用的拉杆，常用的有钢管、粗钢筋、钢丝束和钢绞线。主要根据土层锚杆的承载能力和现有材料的情况来选择。

（3）灌浆。灌浆的作用是形成锚固段，将锚杆锚固在土层中；防止钢拉杆腐蚀；充填土层中的孔隙和裂缝。灌浆是土层锚杆施工中的一个重要工序，施工时应做好记录。灌浆有一次灌浆法和二次灌浆法。一次灌浆法宜选用灰砂比 1∶1～1∶2，水灰比 0.38～0.45 的水泥砂浆，或水灰比 0.4～0.50 的水泥浆；二次灌浆法中的二次高压灌浆，宜用水灰比 0.45～0.55 的水泥浆。

（4）张拉和锚固。锚杆压力灌浆后，待锚固段的强度大于 15MPa 并达到设计强度等级的 75% 后方可进行张拉。

锚杆宜张拉至设计荷载的 0.9～1.0 倍后，再按设计要求锁定。锚杆张拉控制应力，不应超过拉杆强度标准值的 75%。张拉用设备与预应力结构张拉所用者相同。

3.2.5 土钉墙支护结构

土钉墙支护是在基坑开挖过程中将较密排列的土钉（细长杆件）置于原位土体中，并在坡面上喷射钢筋网混凝土面层。通过土钉、土体和喷射混凝土面层的共同工作，形成复合土体。土钉墙支护充分利用土层介质的自承力，形成自稳结构，承担较小的变形压力，土钉承受主要拉力，喷射混凝土面层调节表面应力分布，体现整体作用。同时由于土钉排列较密，通过高压注浆扩散后使土体性能提高。土钉墙支护如图 3.16 所示。

3.2.5.1 特点

（1）土钉墙支护是边开挖边支护，流水作业，不占独立工期，施工快捷。

（2）设备简单，操作方便，施工所需场地小。材料用量和工程量小，经济效果好。

| （a）平钉墙剖面 | （b）斜钉墙剖面 | （c）土钉墙立面 |

图 3.16 土钉墙支护简图

（3）土体位移小，采用信息化施工，发现墙体变形过大或土质变化，可及时修改、加固或补救，确保施工安全。

3.2.5.2 适用条件

（1）基坑侧壁安全等级为二、三级非软土场地。

（2）地下水位较低的黏土、砂土、粉土地基，土钉墙基坑深度不宜大于 12m。

（3）当地下水位高于基坑底面时，应采取降水或截水措施。

3.2.5.3 土钉墙的基本构造

1. 土钉长度

一般对非饱和土，土钉长度 L 与开挖深度 H 之比为 $L/H=0.6\sim1.2$，密实砂土及干硬性黏土取小值。为减少变形，顶部土钉长度宜适当增加。非饱和土底部土钉长度可适当减少，但不宜小于 $0.5H$。对于饱和软土，由于土体抗剪能力很低，土钉内力因水压作用而增加，设计时取 L/H 值大于 1 为宜。

2. 土钉间距

土钉间距的大小影响土体的整体作用效果，目前尚不能给出有足够理论依据的定量指标。土钉的水平间距和垂直间距一般宜为 $1.2\sim2.0$m。垂直间距依土层及计算确定，且与开挖深度相对应。上下插筋交错排列，遇局部软弱土层间距可小于 1.0m。

3. 土钉直径

最常用的土钉材料是变形钢筋、圆钢、钢管及角钢等。当采用钢筋时，一般为 $\phi18\sim\phi32$，HRB335 以上螺纹钢筋；当采用角钢时，一般为 $\angle50\times50\times5$ 角钢；当采用钢管时，一般为 $\phi50$ 钢管。

4. 土钉倾角

土钉垂直方向向下倾角一般在 $5°\sim20°$，土钉倾角取决于注浆钻孔工艺与土体分层特点等多种因素。研究表明，倾角越小，支护的变形越小，但注浆质量较难控制。倾角越大，支护的变形越大，但倾角大，有利于土钉插入下层较好的土层内。

5. 注浆材料

用水泥砂浆或水泥素浆。水泥采用不低于 32.5 级的普通硅酸盐水泥，其强度等级不宜低于 M10；水灰比 $1:0.40\sim0.50$，水泥砂浆配合比宜为 $1:1\sim1:2$（质量比）。

6. 支护面层

土钉支护中的喷射混凝土面层不属于主要挡土部件，在土体自重作用下主要是稳定开挖面上的局部土体，防止其崩落和受到侵蚀。临时性土钉支护的面层通常用 $50\sim150$mm

厚的钢筋网喷射混凝土，混凝土标号不低于C20。钢筋网常用 $\phi6\sim\phi8$，HPB300钢筋焊成15～30cm方格网片。永久性土钉墙支护面层厚度为150～250mm，设两层钢筋网，分二次喷成。

3.2.5.4 土钉墙支护的施工

土钉墙支护的成功与否不仅与结构设计有关，而且在很大程度上取决于施工方法、施工工序和施工速度，设计与施工的紧密配合是土钉墙支护成功的重要环节。

土钉墙支护施工设备主要有钻孔设备、混凝土喷射机及注浆泵。钻孔设备一般采用KHYD75A型矿用电动岩石钻。注浆泵采用2UB5型压浆泵及DLB50/40漏斗泵。混凝土喷射机采用ZP5-A型及HPZ-5型。

土钉墙支护施工应按设计要求自上而下、分层分段进行。土钉墙施工工艺流程及技术要点如下：

（1）开挖、修坡。土方开挖用挖掘机作业，挖掘机开挖应离预定边坡线0.4m以上，以保证土方开挖少扰动边坡壁的原状土，一次开挖深度由设计确定，一般为1.0～2.0m，土质较差时应小于0.75m。正面宽度不宜过长，开挖后，用人工及时修整。边坡坡度不宜大于1∶0.1。

（2）在开挖面上设置一排土钉。

1）成孔。按设计规定的孔径、孔距及倾角成孔，孔径宜为70～120mm。成孔方法有洛阳铲成孔和机械成孔。成孔后及时将土钉（连同注浆管）送入孔中，沿土钉长度每隔2.0m，设置一对中支架。

2）设置土钉。土钉的置入可分为钻孔置入、打入或射入方式。最常用的是钻孔注浆型土钉。钻孔注浆土钉是先在土中成孔，置入变形钢筋或钢管，然后沿全长注浆填孔。打入土钉是用机械（如振动冲击钻、液压锤等，将角钢、钢筋或钢管打入土体。打入土钉不注浆，与土体接触面积小，钉长受限制，所以布置较密，其优点是不需预先钻孔，施工较为快速。射入土钉是用高压气体作动力，将土钉射入土体。射入钉的土钉直径和钉长受一定限制，但施工速度更快。注浆打入钉是将周围带孔、端部密闭的钢管打入土体后，从管内注浆，并透过壁孔将浆体渗到周围土体。

3）注浆。注浆时先高速低压从孔底注浆，当水泥浆从孔口溢出后，再低速高压从孔口注浆。水泥浆、水泥砂浆应拌和均匀，随伴随用，一次拌和的浆液应在初凝前用完。注浆前应将孔内的杂土清除干净；注浆开始或中途停止超过30min时，应用水或稀水泥浆润滑注浆泵及其管路；注浆时，注浆管应插至距孔底250～500mm处，孔口宜设置止浆塞及排气管。

4）绑钢筋网，焊接土钉头。层与层之间的竖筋用对钩连接，竖筋与横筋之间用扎丝固定，土钉与加强钢筋或垫板施焊。

5）喷射混凝土面层。

6）继续向下开挖有限深度，并重复上述步骤。这里需要注意第一层土钉施工完毕后，等注浆材料达到设计强度的70%以上，方可进行下层土方开挖，按此循环直至坑底标高。最后设置坡顶及坡底排水装置。

当土质较好时，也可采取如下顺序：确定基坑开挖边线→按线开挖工作面→修整边坡

→埋设喷射混凝土厚度控制标志→放土钉孔位线并做标志→成孔→安设土钉、注浆→绑扎钢筋网,土钉与加强钢筋或承压板连接,设置钢筋网垫块→喷射混凝土→下一层施工。

3.2.5.5　土钉墙支护结构质量检测

对土钉应采用抗拉试验检测承载力,为土钉墙设计提供依据或用以证明设计中所使用的黏结力是否合适。土钉的抗拉试验可采用循环加荷的方式。第一级荷载取土钉钢筋屈服强度的 10%为基本荷载,其后以土钉钢筋屈服强度的 15%为增量来增加荷载,同时用退荷循环来测量残余变形,每一级荷载必须持续到变形稳定为止。土钉的破坏标准为:在同一级荷载下的变形不可能趋于稳定,即认为土钉已达到极限荷载。

在土钉钢筋上贴电阻应变片,可用以量测土钉应力分布及其变化规律。在同一条件下,试验数量应为土钉总数的 1%,且不少于 3 根。土钉检验的合格标准为:土钉抗拔力平均值应大于设计极限抗拔力;抗拔力最小值应大于设计极限抗拔力的 0.9 倍。土钉墙面喷射混凝土厚度可采用钻孔检测,钻孔数宜每 $100m^2$ 墙面积一组,每组不应少于 3 点。

同时,根据《建筑地基基础工程施工质量验收规范》(GB 50202—2002)规定:锚杆及土钉墙支护工程施工前应熟悉地质资料、设计图纸及周围环境,降水系统应确保正常工作,必须的施工设备如挖掘机、钻机、压浆泵、搅拌机等应能正常运转;一般情况下,应遵循分段开挖、分段支护的原则,不宜按一次挖就再行支护的方式施工;施工中应对锚杆或土钉位置,钻孔直径、深度及角度,锚杆或土钉插入长度,注浆配比、压力及注浆量、喷锚墙面厚度及强度、锚杆或土钉应力等进行检查;每段支护体施工完后,应检查坡顶或坡面位移,坡顶沉降及周围环境变化,如有异常情况应采取措施,恢复正常后方可继续施工;锚杆及土钉墙支护工程质量检验应符合表 3.7 的规定。

表 3.7　锚杆及土钉墙支护工程质量检验标准

项　目	序　号	检　查　项　目	允许偏差或允许值	检　查　方　法
主控项目	1	锚杆土钉长度	±30mm	用钢尺量
	2	锚杆锁定力	设计要求	现场实测
一般项目	1	锚杆或土钉位置	±100mm	用钢尺量
	2	钻孔倾斜度	±1°	测钻机倾角
	3	浆体强度	设计要求	试样送检
	4	注浆量	大于理论计算浆量	检查计量数据
	5	土钉墙面厚度	±10mm	用钢尺量
	6	墙体强度	设计要求	试样送检

3.2.6　地下连续墙

地下连续墙是利用特制的成槽机械在泥浆(又称稳定液,如膨润土泥浆)护壁的情况下进行开挖,形成一定槽段长度的沟槽;再将在地面上制作好的钢筋笼放入槽段内。采用导管法进行水下混凝土浇筑,完成一个单元的墙段,各墙段之间的特定的接头方式(如用接头管或接头箱做成的接头)相互联结,形成一道连续的地下钢筋混凝土墙。地下连续墙按成槽方式可分为壁板式和组合式;按施工方法可分为现浇式、预制板式及二者组合成墙等。

地下连续墙具有防渗、止水、承重、挡土、抗滑等各种功能，适用于深基坑开挖和地下建筑的临时性和永久性的挡土围护结构；用于地下水位以下的截水和防渗；可作为承受上部建筑的永久性荷载兼有挡土墙和承重基础的作用；由于对邻近地基和建筑物的影响小，所以适合在城市建筑密集、人流多和管线多的地方施工。

3.2.6.1　特点

1. 优点

地下连续墙工艺具有如下优点：

（1）墙体刚度大、整体性好，因而结构和地基变形都较小，既可用于超深围护结构，也可用于主体结构。

（2）对砂卵石地层或要求进入风化岩层时，钢板桩就难以施工，但却可采用合适的成槽机械施工的地下连续墙结构。

（3）可减少工程施工时对环境的影响。施工时振动少，噪声低；对周围相邻的工程结构和地下管线的影响较小，对沉降及变位较易控制。

（4）可进行逆筑法施工，有利于加快施工进度，降低造价。

2. 缺点

但是，地下连续墙施工法也有不足之处，这主要表现在以下几方面：

（1）对废泥浆处理，不但会增加工程费用，如泥水分离技术不完善或处理不当，会造成新的环境污染。

（2）槽壁坍塌问题。如地下水位急剧上升，护壁泥浆液面急剧下降，土层中有软弱疏松的砂性夹层，泥浆的性质不当或已变质，施工管理不善等均可能引起槽壁坍塌，引起邻近地面沉降，危害邻近工程结构和地下管线的安全。同时也可能使墙体混凝土体积超方，墙面粗糙和结构尺寸超出允许界限。

（3）地下连续墙如用作施工期间的临时挡土结构，则造价可能较高，不够经济。

3.2.6.2　适用条件

（1）适用于基坑侧壁安全等级一、二、三级。

（2）适用各种地质条件，但悬臂式结构在软土场地中不宜大于5m。

（3）可用于逆作法施工。

3.2.6.3　地下连续墙的施工机械

1. 挖槽机械

挖槽是地下连续墙施工中的关键工序，常用的机械设备如下：

（1）多钻头成槽机：主要由多头钻机（挖槽用）、机架（吊多头钻机用）、卷扬机（提升钻机头和吊胶皮管、拆装钻机用）、电动机（钻机架行走动力）和液压千斤顶（机架就位、转向顶升用）组成。

（2）液压抓斗成槽机：主要由挖掘装置（挖槽用）、导架（导杆抓斗支撑、导向用）和起重机（吊导架和挖掘装置用）组成。

（3）钻挖成槽机：主要由潜水电钻（钻导孔用）、导板抓斗（挖槽及清除障碍物用）和钻抓机架（吊钻机导板抓斗用）组成。

（4）冲击成槽机：主要由冲击式钻机（冲击成槽用）和卷扬机（升降冲击锤用）组成。

2．泥浆制备及处理设备

主要的设备有旋流器机架、泥浆搅拌机（制备泥浆用）、软轴搅拌机（搅拌泥浆用）、振动筛（泥渣处理分类用）、灰渣泵（与旋流器配套和吸泥用）、砂泵（供浆用）、泥浆泵（输送泥浆用）、真空泵（吸泥引水用）、孔压机（多头钻吸泥用）。

3．混凝土浇筑设备

主要的设备有混凝土浇筑架、卷扬机（提升混凝土漏斗及导管用）、混凝土料斗（装运混凝土用）、混凝土导管（带受料斗）（浇筑水下混凝土用）。

3.2.6.4 地下连续墙的施工程序

地下连续墙的施工是多个单元槽段的重复作业，每个槽段的施工过程（图 3.17）大致可分为五步：首先在始终充满泥浆的沟槽中，利用专用挖槽机械进行挖槽；随后在沟槽两端放入接头管；将已制备的钢筋笼下沉到设计高度；然后插入水下灌注混凝土导管，进行混凝土灌注；待混凝土初凝后，拔去接头管。

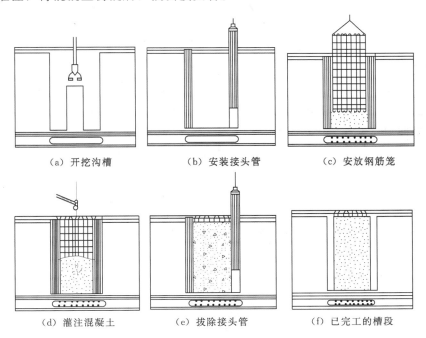

（a）开挖沟槽　　　　（b）安装接头管　　　　（c）安放钢筋笼

（d）灌注混凝土　　　　（e）拔除接头管　　　　（f）已完工的槽段

图 3.17　地下连续墙施工程序

地下连续墙的施工工艺流程如图 3.18 所示。

其中修筑导墙、配制泥浆、开挖槽段、钢筋笼制作与吊装以及混凝土浇筑是地下连续墙施工中主要的工序。

1．修筑导墙

（1）导墙有以下几种作用：

1）测量基准作用。由于导墙与地下墙的中心是一致的，所以导墙可作为挖槽机的导

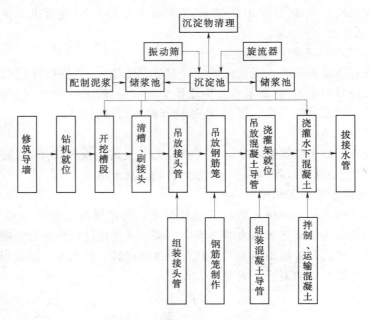

图 3.18　地下连续墙施工工艺流程

向，导墙顶面又作为机架式挖土机械导向钢轨的架设定位。

2）挡土作用。地表土层受地面超载影响容易坍陷，导墙可起到挡土作用，保证连续墙孔口的稳定性。为防止导墙在侧向土压力作用下产生位移，一般应在导墙内侧每隔 1～2m 加设上下两道木支撑。

3）承重物的支承作用。导墙可作为重物支承台，承受钢筋笼、导管、接头管及其他施工机械的静、动荷载。

4）储存泥浆以及防止泥浆漏失，阻止雨水等地面水流入槽内的作用。为保证槽壁的稳定，一般认为泥浆液面要高于地下水位 1.0m。

（2）导墙形式（图 3.19）：导墙断面一般为 ⌞ 形、⌞ 形或 ⌐ 形，⌞ 形和 ⌞ 形用于土质较差的土层；⌐ 形用于土质较好的土层。

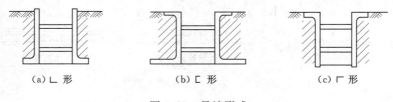

　（a）⌞ 形　　　　　　（b）⌞ 形　　　　　　（c）⌐ 形

图 3.19　导墙形式

（3）导墙施工：导墙一般用钢筋混凝土浇筑而成，采用 C20 混凝土，配筋较少，多为 φ12@200，水平钢筋按规定搭接；导墙厚度一般为 150～250mm，深度为 1.5～2.0m，底部应坐落在原土层上，其顶面高出施工地面 50～100mm，并应高出地下水位 1.5m 以上。两侧墙净距中心线与地下连续墙中心线重合。每个槽段内的导墙应设一个以上的溢浆孔。

现浇钢筋混凝土导墙拆模后，应立即在两片导墙间加支撑，其水平间距为 2.0～2.5m，在养护期间，严禁重型机械在附近行走、停置或作业。

导墙的施工允许偏差：①两片导墙的中心线应与地下墙纵向轴线相重合，允许偏差应为 ±10mm；②导墙内壁面垂直度允许偏差为 0.5‰；③两导墙间间距应比地下墙设计厚度加宽 30～50mm，其允许偏差为 ±10mm；④导墙顶面应平整。

2. 配制泥浆

（1）泥浆有以下几种作用：

1）护壁作用。泥浆具有一定的密度，槽内泥浆液面高出地下水位一定高度，泥浆在槽内就对槽壁产生一定的侧压力，相当于一种液体支撑，可以防止槽壁倒坍和剥落，并防止地下水渗入。

2）携渣作用。泥浆具有一定的黏度，它能将挖槽时挖下来的土渣悬浮起来，使土渣随泥浆一同排出槽外。

3）冷却和润滑作用。泥浆可降低钻具连续冲击或回转而引起的升温，同时起到切土滑润的作用，从而减少机具磨损，提高挖槽效率。

（2）泥浆制作：

1）泥浆材料：配制泥浆的主要材料有黏土（一般采用酸性陶土粉）、纯碱（Na_2CO_3）、羧甲基纤维素（CMC）、水（一般采用 pH 值接近中性的自来水）。此外可根据需要掺入少量硝基腐殖酸碱剂（简称硝腐碱）或铁铬木质素磺酸盐（FCLS，简称铁铬盐）。

2）泥浆需要量：泥浆的需要量取决于一次同时开挖槽段的大小、泥浆的各种损失、制备和回收处理泥浆的机械能力，一般可参考类似工程的经验决定。

3）泥浆配比：纯碱液配制浓度为 1:5 或 1:10。

CMC 液对高黏度泥浆的配制浓度为 1.5%，搅拌时先将水加至 1/3，再把 CMC 粉缓慢撒入，然后用软轴搅拌器将大块 CMC 搅拌成小颗粒，继续加水搅拌。CMC 配制后静置 6h 使用。

硝腐碱液配合比为硝基腐殖酸:烧碱:水=15:1:300，配制时先将烧碱或烧碱液和一半左右水在贮液筒里搅拌，待烧碱全部溶解后，放进硝基腐殖酸，继续搅拌 15min。

泥浆搅拌前先将水加至搅拌筒 1/3 后开动搅拌机，在定量水箱不断加水同时，加入陶土粉、纯碱液，搅拌 3min 后，加入 CMC 液及硝腐碱液继续搅拌。

一般情况下，新拌制的泥浆应存放 24h 或加分散剂，使之充分水化后方可使用。对一般软土地基，新拌泥浆及使用过的循环泥浆性能可按表 3.8 所示的指标进行控制。

表 3.8　　　　　　　　　　　　软土地基泥浆质量控制指标

测 定 项 目	新 拌 泥 浆	使用过的循环泥浆	试 验 方 法
黏度	19～21s	19～25s	用 500mL/700mL 野外黏度计
相对密度	<1.05	<1.20	用泥浆比重计
失水量	<10mL/30min	<20mL/30min	用失水量仪
泥皮	<1mm	<2.5mm	用失水量仪

测 定 项 目	新 拌 泥 浆	使用过的循环泥浆	试 验 方 法
稳定性	100%	—	用比重计
pH 值	7～9	<11	pH 试纸

（3）泥浆处理。当泥浆受水泥污染时，黏度会急剧升高，可用 Na_2CO_3 和 FCLS（铁铬盐）进行稀释。当泥浆过分凝胶化或泥浆 pH 值大于 10.5 时，则应予废弃。废弃的泥浆不能任意倾倒或排入河流、下水道，必须用密封箱、真空车将其运至专用填埋场进行填埋或进行泥水分离处理。

3. 开挖槽段

成槽时间约占工期的一半，挖槽精度又决定了墙体制作精度，所以槽段开挖是决定施工进度和质量的关键工序。

挖槽前，预先将地下墙体划分成许多段，每一段称为地下连续墙的一个槽段（又称为一个单元），一个槽段是一次混凝土灌注单位。

槽段的长度，理论上应取得长一些，这样可减少墙段的接头数量，不但可提高地下连续墙的防水性和整体性，而且也减少了循环作业的次数，提高施工效率；但实际上槽段的长度应根据设计要求、土层性质、地下水情况、钢筋笼的轻重大小、设备起吊能力、混凝土供应能力等条件确定，一般槽段长度为 3～7m。

划分单元槽段时应注意合理设置槽段间的接头位置，一般情况下应避免将接头设在转角处、地下连续墙与内部结构的连接处，以保证地下连续墙有较好的整体性。

作为深基坑的支护结构或地下构筑物外墙的地下连续墙，其平面形状一般多为纵向连续一字形。但为了增加地下连续墙的抗挠曲刚度，也可采用工字形、L 形、T 形、Z 形及 U 形。墙厚根据结构受力计算确定，现浇式一般为 600～1000mm，最大为 1200mm；预制式受施工条件限制，厚度一般不大于 500mm。

挖槽过程中应保持槽内始终充满泥浆，根据挖槽方式的不同确定不同的泥浆使用方式。使用抓斗挖槽时，应采用泥浆静止方式，随着挖槽深度的增大，不断向槽内补充新鲜泥浆，使槽壁保持稳定。使用钻头或切削刀具挖槽时，应采用泥浆循环方式，用泵把泥浆通过管道压送到槽底，土渣随泥浆上浮至槽顶面排出称为正循环；泥浆自然流入槽内，土渣被泵管抽吸到地面上称为反循环，反循环的排渣效率高，宜用于容积大的槽段开挖。

非承重墙的终槽深度必须保证设计深度，同一槽段内，槽底深度必须一致且保持平整。承重墙的槽段深度应根据设计入岩深度要求，参照地质剖面图及槽底岩屑样品等综合确定，同一槽段开挖深度宜一致。

槽段开挖完毕，应检查槽位、槽深、槽宽及槽壁垂直度，合格后应尽快清底换浆、安装钢筋笼。

4. 钢筋笼的制作和吊放

（1）钢筋笼的制作。钢筋笼的制作按设计配筋图和单元槽段的划分来制作，一般每一单元槽段做成一个整体。受力钢筋一般采用 HRB335 钢筋，直径不宜小于 16mm，构造筋可采用 HPB300 钢筋，直径不宜小于 12mm。

钢筋笼宽度应比槽段宽度小 300～400mm，钢筋笼端部与接头管或混凝土接头面间应留有 150～200mm 的空隙。主筋净保护层厚度为 70～80mm，为了确保保护层厚度，可用钢筋或钢板定位垫块或预制混凝土垫块焊于钢筋笼上，保护层垫块厚 50mm。

制作钢筋笼时要预留插放浇筑混凝土用导管的位置，在导管周围增设箍筋和连接筋进行加固；纵向主筋放在内侧，且其底端距槽底面 100～200mm，横向钢筋放在外侧。

为防止钢筋笼在起吊时产生过大变形，要根据钢筋笼重量、尺寸以及起吊方式和吊点布置，在钢筋笼内布置一定数量（一般 2～4 榀）的纵向桁架及横向架立桁架，对宽度较大的钢筋笼在主筋面上增设Φ25 水平筋和斜拉条。

钢筋绑扎一般用铁丝先临时固定，然后用点焊焊牢，再拆除铁丝。为保证钢筋笼整体刚度，点焊数不得少于交叉点总数的 50%。

（2）钢筋笼的吊放。起吊时，用钢丝绳吊住钢筋笼的四个角，为避免在空中晃动，钢筋笼下端可系绳索用人力控制。起吊时不能使钢筋笼下端在地面上拖引，以防造成下端钢筋弯曲变形。

插入钢筋笼时，一定要使钢筋笼和吊点中心都对准槽段中心，徐徐下降，垂直而又准确的插入槽内。此时须注意不要因起重臂摆动或其他影响而使钢筋笼产生横向摆动，造成槽壁坍塌。

钢筋笼插入槽内后，检查其顶端高度是否符合设计要求，然后将其搁置在导墙上。

5. 槽段接头

地下连续墙需承受侧向水压力和土压力，而它又是由若干个槽段连成的，那么各槽段之间的接头就成为连续墙的薄弱部位；此外，地下连续墙与内部主体结构之间的连接接头，要承受弯、剪、扭等各种内力，因此接头连接问题就成为了地下连续墙施工中的重点。

地下连续墙的接头形式大致可分为施工接头和结构接头两类。施工接头是浇筑地下连续墙时纵向连接两相邻单元墙段的接头。结构接头是已竣工的地下连续墙在水平方向与其他构件（地下连续墙内部结构的梁、柱、墙、板等）相连接的接头。

（1）施工接头：施工接头应满足受力和防渗的要求，并要求施工简便、质量可靠。

1）直接连接构成接头。单元槽段挖成后，随即吊放钢筋笼，浇灌混凝土。混凝土与未开挖土体直接接触。在开挖下一单元槽段时，用冲击锤等将与土体相接触的混凝土改造成凹凸不平的连接面，再浇灌

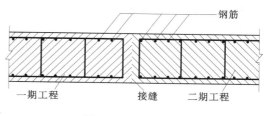

图 3.20　直接接头

混凝土形成所谓"直接接头"（图 3.20）。而黏附在连接面上的沉渣与土是用抓斗的斗齿或射水等方法清除的，但难以清除干净，受力与防渗性能均较差。因此，目前此种接头用得很少。

2）接头管接头。接头管接头使用接头管（也称锁口管）形成槽段间的接头。其施工时的情况如图 3.21 所示。

为了使施工时每一个槽段纵向两端受到的水压力、土压力大致相等。一般可沿地下连

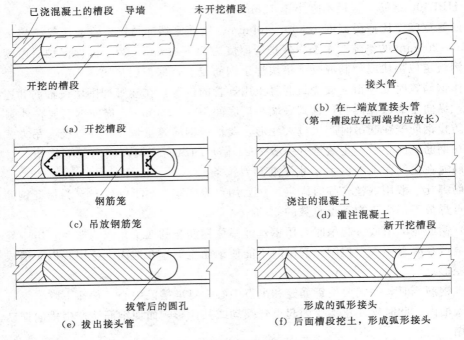

图 3.21 接头管接头的施工过程

续墙纵向将槽段分为一期和二期两类槽段。先开挖一期槽段，待槽段内土方开挖完成后，在该槽段的两端用起重设备放入接头管，然后吊放钢筋笼和浇筑混凝土。这时两端的接头管相当于模板的作用，将刚浇筑的混凝土与还未开挖的二期槽段的土体隔开。待新浇混凝土开始初凝时，用机械将接头管拔起。这时，已施工完成的一期槽段的两端和还未开挖土方的二期槽段之间分别留有一个圆形孔。继续二期槽段施工时，与其两端相邻的一期槽段混凝土已经结硬。只需开挖二期槽段内的土方。当二期槽段完成土方开挖后，应对一期槽段已浇筑的混凝土半圆形端头表面进行处理。将附着的水泥浆与稳定液混合而成的胶凝物除去，否则接头处止水性就很差。胶凝物的铲除须采用专门设备，例如电动刷、刮刀等工具。

在接头处理后，即可进行二期槽段钢筋笼吊放和混凝土的浇筑。这样，二期槽段外凸的半圆形端头和一期槽段内凹的半圆形端头相互嵌套，形成整体。

除了上述将槽段分为一期和二期跳格施工外，也可按序逐段进行各槽段的施工。这样每个槽段的一端与已完成的槽段相邻，只需在另一端设置接头管，但地下连续墙槽段两端会受到不对称水压力、土压力的作用，所以两种处理方法各有利弊。

这种连接法是目前最常用的，其优点是用钢量少、造价较低，能满足一般抗渗要求。

接头管多用钢管，每节长度 15m 左右，采用内销连接，既便于运输，又可使外壁平整光滑，易于拔管。值得注意的一个问题是如何掌握起拔接头管的时间。如果起拔时间过早，新浇混凝土还处于流态，混凝土从接头管下端流入到相邻槽段，为下一槽段的施工造成困难。如果提拔时间太晚，新浇混凝土与接头管胶黏在一起，造成提拔接头管的困难，强行起拔有可能造成新浇混凝土的损伤。

接头管用起重机吊放入槽孔内。为了今后便于起拔，管身外壁必须光滑，还应在管身上涂抹黄油。开始灌注混凝土 1h 后，旋转半圆周，或提起 10cm。一般在混凝土达到 0.05～0.20MPa（浇筑后 3～5h）开始起拔，并应在混凝土浇筑后 8h 内将接头管全部拔出。起拔时一般用 3000kN 起重机，但也可另备 10000kN 或 20000kN 千斤顶提升架作应急之用。

3）接头箱接头。接头箱接头可以使地下连续墙形成整体接头，接头的刚度较好。

接头箱接头的施工方法与接头管接头相似，只是以接头箱代替接头管。一个单元槽段挖土结束后，吊放接头箱，再吊放钢筋笼。由于接头箱在浇筑混凝土的一面是开口的，所以钢筋笼端部的水平钢筋可插入接头箱内。浇筑混凝土时，由于接头箱的开口面被焊在钢筋笼端部的钢板封住，因而浇筑的混凝土不能进入接头箱。混凝土初凝后，与接头管一样逐步吊出接头箱，待后一个单元槽段再浇筑混凝土时，由于两相邻单元槽段的水平钢筋交错搭接，而形成刚性接头，其施工过程如图 3.22 所示。

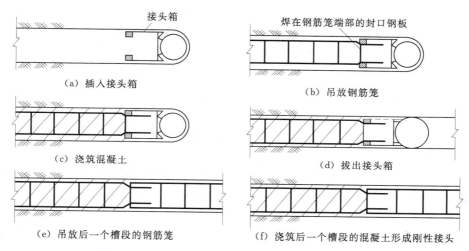

（a）插入接头箱　　　　　　　　　　（b）吊放钢筋笼

（c）浇筑混凝土　　　　　　　　　　（d）拔出接头箱

（e）吊放后一个槽段的钢筋笼　　　　（f）浇筑后一个槽段的混凝土形成刚性接头

图 3.22　接头箱接头的施工过程

4）隔板式接头。隔板式接头按隔板的形状分为平隔板、榫形隔板和 V 形隔板。由于隔板与槽壁之间难免有缝隙，为防止新浇筑的混凝土渗入，要在钢筋笼的两边铺贴维尼龙等化纤布。吊入钢筋笼时要注意不要损坏化纤布。这种接头适用于不易拔出接头管（箱）的深槽。

带有接头钢筋的榫形隔板式接头，能使各单元墙段连成一个整体，是一种较好的接头方式。但插入钢筋笼较困难，且接头处混凝土不易密实，施工时须特别加以注意。

5）预制构件的接头。用预制构件作为接头的连接件，按材料可分为钢筋混凝土和钢材。在完成槽段挖土后将其吊放在槽段的一端，浇筑混凝土后这些预制构件不再拔出，利用预制构件的一面作为下一槽段的连接点。这种接头施工造价高，宜在成槽深度较大、起拔接头管有困难的场合应用。

（2）结构接头。地下连续墙与内部结构的楼板、柱、梁连结的结构接头常用的有以下几种：

1）直接连接接头。在浇筑地下连续墙体以前，在连结部位预先埋设结构钢筋。即将该连结筋一端直接与槽段主筋连结（焊接式搭接），另一端弯折后与地下连续墙墙面平行且紧贴墙面。待开挖地下连续墙内侧土体，露出此墙面时，凿去该处的墙面混凝土面层，露出预埋钢筋，然后再弯成所需的形状与后浇主体结构受力筋连接，预埋连接钢筋一般选用 HPB300 钢筋、且直径不宜大于 22mm。为方便弯折此预埋钢筋时可采用加热方法。如果能避免急剧加热并认真施工，钢筋强度几乎可以不受影响。但考虑到连接处往往是结构薄弱环节，故钢筋数量可比计算增加 20% 的余量。

采用预埋钢筋的直接接头，施工容易，受力可靠，是目前用得最广泛的结构接头。

2）间接接头。间接接头是通过钢板或钢构件作媒介，连接地下连续墙和地下工程内部构的接头。一般有预埋连接钢板和预埋剪力块两种方法。

预埋连接钢板法是将钢板事先固定于地下连续墙钢筋笼的相应部位。待浇筑混凝土以及内墙面土方开挖后，将面层混凝土凿去露出钢板，然后用焊接方法将后浇的内部构件中的受力钢筋焊接在该预埋钢板上。

预埋剪力块法与预埋钢板法是类似的。剪力块连接件也事先预埋在地下连续墙内，剪力钢筋弯折放置于紧贴墙面处。待凿去混凝土外露后，再与后浇构件相连。剪力块连接件一般主要承受剪力。

6. 水下混凝土浇筑

（1）清底工作。槽段开挖到设计标高后，在插放接头管和钢筋笼之前，应及时清除槽底淤泥和沉渣，否则钢筋笼插不到设计位置，地下连续墙的承载力降低，我们将清除沉渣的工作称为清底。

清底可采用沉淀法或置换法进行。沉淀法是在土渣基本都沉淀到槽底之后再进行清底；置换法是在挖槽结束之后，对槽底进行认真清理，然后在土渣还没有沉淀之前就用新泥浆把槽内的泥浆置换出来。工程上一般常用置换法。

清除沉渣的方法常用的有砂石吸力泵排泥法、压缩空气升液排泥法、带搅动翼的潜水泥浆泵排泥法、抓斗直接排泥法。

（2）混凝土浇筑。地下连续墙的混凝土是在护壁泥浆下浇筑，需按水下混凝土的方法配制和浇筑。混凝土强度等级一般不应低于 C20；用导管法浇筑的水下混凝土应具有良好的和易性和流动性，坍落度宜为 180～220mm，扩散度宜为 340～380mm。

混凝土的配合比应通过试验确定，并应满足设计要求和抗压强度等级、抗渗性能及弹性模量等指标。水泥一般选用普通硅酸盐水泥或矿渣硅酸盐水泥，混凝土配比中水泥用量一般大于 370kg/m³，并可根据需要掺入外加剂；粗骨料最大粒径不应大于 25mm，宜选用中砂或粗砂，且拌和物中的含砂率不小于 45%；水灰比不应大于 0.6。

地下连续墙混凝土是用导管在泥浆中浇筑的。由于导管内混凝土密度大于导管外的泥浆密度，利用两者的压力差使混凝土从导管内流出，在管口附近一定范围内上升替换掉原来泥浆的空间。

导管的数量与槽段长度有关，槽段长度小于 4m 时，可使用一根导管；大于 4m 时，应使用 2 根或 2 根以上导管。导管内径约为粗骨料粒径的 8 倍左右，不得小于粗骨料粒径 4 倍。导管间距根据导管直径决定，使用 150mm 导管时，间距为 2m；使用 200mm 导管时，间距为 3m，一般可取（8～10）d（d 为导管的直径）。导管距槽段两端不宜大于 1.5m。

在浇筑过程中，混凝土的上升速度不得小于 2m/h；且随着混凝土的上升，要适时提升和拆卸导管，导管下口插入混凝土深度应控制在 $2\sim4m$，不宜过深或过浅。插入深度大，混凝土挤推的影响范围大，深部的混凝土密实、强度高，但容易使下部沉积过多的粗骨料，而面层聚积较多的砂浆。导管插入太浅，则混凝土是摊铺式推移，泥浆容易混入混凝土，影响混凝土的强度。因此导管插入混凝土深度不宜大于 $6m$，并不得小于 $1m$，严禁把导管底端提出混凝土面。浇筑过程中，应有专人每 $30min$ 测量一次导管埋深及管外混凝土面高度，每 $2h$ 测量一次导管内混凝土面高度。导管不能作横向运动，否则会使沉渣或泥浆混入混凝土内。混凝土要连续灌筑，不能长时间中断，一般可允许中断 $5\sim10min$，最长只允许中断 $20\sim30min$。为保持混凝土的均匀性，混凝土搅拌好之后，应在 $1.5h$ 内灌筑完毕。

在一个槽段内同时使用两根导管浇筑时，其间距不应大于 $3m$，导管距槽段端头不宜大于 $1.5m$，混凝土面应均匀上升，各导管处的混凝土表面的高差不宜大于 $0.3m$，在浇筑完成后的地下连续墙墙顶存在一层浮浆层，因此混凝土顶面应比设计标高超浇 $0.5m$，凿去该层浮浆层后，地下连续墙墙顶才能与主体结构或支撑相联成整体。

3.2.6.5　地下连续墙的质量控制

（1）防坍塌控制：槽段开挖是地下连续墙施工的中心环节，也是保证工程质量的关键工序。为使槽段施工中不坍塌，保持槽壁稳定，控制措施如下：

1）根据地质情况确定槽段长短，槽段过长易引起塌方。

2）合理设计槽段形式：U 形槽段比 T 形槽段塌方可能性大，T 形槽段比工字形槽段塌方可能性大；锐角形槽段比钝角形槽段塌方可能性大。

3）槽段开挖结束到浇筑混凝土不超过 $8h$，且越短越好。

4）采取合理的成槽工艺，如"二钻一抓"；先清除浅层（$<10m$）的障碍，再用多头钻钻进。

5）控制泥浆的物理力学指标，不仅应检查槽底标高以上 $200mm$ 处的泥浆指标，还应抽查开挖范围内的泥浆指标。

6）控制地下水，可采用井点降水或管井降水措施，减小地下水对槽壁的渗入压力；也可采用固结土体，增强土壁稳定的措施；还可采用注浆或水泥土搅拌桩等加固土体。

7）减小槽边荷载，特别是大型机械应尽可能移出槽段影响区外，也可采用路基和厚钢板等来扩散压力，以减少对槽壁引起的侧压力。

8）吊放钢筋笼前应调整好吊钩位置，确保钢筋笼垂直吊入槽内。

9）确保连续施工。严重的槽段塌方常因不能连续施工所致。

（2）地下连续墙垂直度控制：为保证开挖槽段的垂直精度，应根据不同地质情况和槽段形状，采用相应的机械设备。国外多采用超声波垂直精度测定装置或接触性测定器等方法，国内常采用自行研制的槽段宽度测定仪。

（3）防地下连续墙漏水控制：地下连续墙出现漏水的主要原因是单元槽段接头不良或存在冷缝，一旦出现漏水，不仅影响周围地基的稳定性，而且给开挖后的内砌施工带来困难，给主体结构带来渗水隐患。通常可采取以下措施：

1）选择防渗性能好的接头连接形式，如采用接头箱等连接形式，其防渗效果好。

2）保证槽段接头质量。在槽段成槽施工中，端部应保持垂直，并对已完成的槽段混凝土接头处清洗干净。一般用接头刷连续清洗 15～20min，至接头刷无泥渣为止。

3）防止混凝土冷缝出现。建议灌注混凝土的导管直径采用 200mm，并合理布置导管位置，导管离槽段两端接头处一般不超过 1.5m，两导管间距不大于 3m。

选择合适的混凝土配合比，保证混凝土连续浇筑，并控制导管插入深度，浇灌时严防两导管之间出现失缺段，还应注意各导管所控制范围的混凝土的标高。

（4）接头管（箱）拔出控制。对于槽段采用的圆形接头管形式的地下连续墙，为防止接头管拔断或拔不出的事故，可采取如下措施：

1）槽段端部要垂直，接头管吊放时要放至槽底（或比槽底略深些），防止混凝土由管下绕至对侧，或由管下涌进管内。

2）可在管底部焊一钢板，防止混凝土涌入。

3）接头管事先要清洗及检查好，拼接后要垂直。

4）采用普通硅酸盐水泥拌制的混凝土，浇筑 3.5～4h 后，用顶升架启动顶升锁口管，以后每 20～30min，使锁口管顶升一次，这样一直使接头管处于常动的状态。

5）到混凝土浇完后 8h，锁口管全部拔除。

3.2.6.6 地下连续墙质量检验标准

（1）导墙修筑的允许偏差：导墙轴线和顶面标高的允许偏差均为 ±10mm，导墙净距和局部高差的允许偏差均为 ±5 mm。

（2）槽段开挖的允许偏差见表 3.9。

表 3.9　　　　　　　　　　　　　　　槽段开挖的允许偏差

项　目	允　许　偏　差	备　注
倾斜度	≤1/150	
槽段长度（沿轴线方向）/mm	±50	
槽段厚度/mm	±10	
相邻槽段中心线偏差	≤1/3 墙厚	任一相同深度
槽底（设计标高以上 200mm）/mm	≤1.2	
沉渣厚度/mm	≤200	

（3）护壁泥浆的性能指标参见表 3.8。制成的泥浆应存放 24h 以上或加分散剂，使膨润土或黏土充分水化后方可使用。

（4）地下连续墙的质量检验标准见表 3.10。

表 3.10　　　　　　　　　　　　　　地下连续墙质量检验标准

项目	序号	检　查　项　目		允许偏差或允许值		检　查　方　法
				单位	数值	
主控项目	1	墙体强度		设计要求		查试件记录或取芯试压
	2	垂直度	永久结构		1/300	用测声波测槽仪或成槽机上的监测系统
			临时结构		1/150	

项目	序号	检查项目		允许偏差或允许值		检查方法
				单位	数值	
一般项目	1	导墙尺寸	宽度	mm	$W+40$	用钢尺量，W 为地下墙设计厚度
			墙面平整度	mm	<5	用钢尺量
			导墙平面位置	mm	± 10	用钢尺量
	2	沉渣厚度	永久结构	mm	$\leqslant 100$	用重锤测或沉积物定仪测定
			临时结构	mm	$\leqslant 200$	
	3	槽深		mm	$+100$	用重锤测定
	4	混凝土坍落度		mm	$180\sim 220$	用坍落度测定器测定
	5	钢筋笼尺寸		见《建筑地基基础工程施工质量验收规范》（GB 50202—2002）表 7.6.4-1		
	6	地下墙表面平整度	永久结构	mm	<100	此为均匀黏土层，松散及易坍土层由设计决定
			临时结构	mm	<150	
			插入式结构	mm	<20	
	7	永久结构时的预埋件位置	水平向	mm	$\leqslant 10$	用钢尺量
			垂直向	mm	$\leqslant 20$	用水准仪测定

3.2.7　逆作法支护

3.2.7.1　结构形式及连接构造

逆作法施工是以地面为起点，先建地下室的外墙和中间支撑桩，然后由上而下逐层建造梁、板或框架，利用它们做水平支承系统，进行下部地下工程的结构施工，这种地下室施工不同于传统方法的先开挖土方到底，浇筑底板，然后自下而上逐层施工的方法，故称为"逆作法"，如图 3.23 所示。与传统的施工方法相比，用逆作法施工多层地下室可节省支护结构的支撑，可以缩短工程施工的总工期，基坑变形减小，相邻建筑物等沉降少等优点。

逆作法施工的首要条件是需先作永久性垂直挡土墙、支承柱和基础，以承受地下室外侧土层和地下水的侧压力与各楼层的自重和施工荷载。垂直挡土墙可采用地下连续墙、连续式现场灌注挡土排桩、钢筋混凝土灌注桩或型钢排桩，效果较好，应用最广的是地下连续墙。中间支承柱，基础常用的有钻孔灌注桩，人工挖孔灌注桩、就地打入式预制桩（作正式柱用）及 H 型或格构式钢柱等，深度根据荷载计算确定，深入到底板以下。或埋入灌注桩内 $900\sim 1000$mm，钢柱与桩孔壁之间空隙回填碎石或砂。

3.2.7.2　施工程序

逆作法施工程序如下：

（1）先构筑建筑物周边的地下连续墙（或桩）和中间的支承柱（或支承桩）。

（2）开挖地下室面层土方。在相当设计 ± 0.00 标高部位构筑地下连续墙（或桩）顶部圈梁及柱杯口、腰圈梁和地下室顶部梁、板以及与其中间柱连接的柱帽部分，并利用它作为地下连续墙顶部的支撑结构。

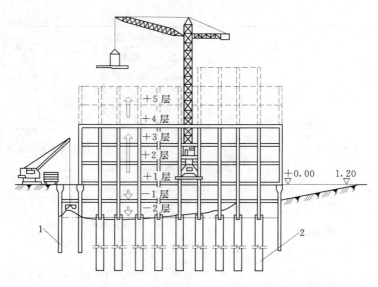

图 3.23　逆作法施工示意图
1—地下连续墙；2—中间支承桩

（3）在顶板下开始挖土，直至第二层楼板处，然后浇筑第二层梁、板；另一方面，同时进行地上第一、二层及以上的柱、梁、板等建筑安装工程。这样，地下挖出一层，浇筑一层梁板，上部相应完成 1～2 层建筑工程，地上、地下同时平行交叉地进行施工作业，直到最下层地下室土方开挖完成后，浇筑底板、分隔墙完毕，结束地下结构工程，上部结构也相应完成了部分楼层，待地上、地下进行装饰和水、电装修时，同时进行更上楼层的浇筑。

3.2.7.3　施工方法

（1）地下室顶板及以下各层梁板施工，多采用土模，方法是先挖土至楼板底标高下 100mm，整平夯实后抹 200mm 厚水泥砂浆，表面刷废机油滑石粉（1∶1）隔离剂 1～2 度，即成楼板底模。在砂浆找平层上放线，按梁、柱位置挖出梁的土模，或另支梁模。

（2）在柱与梁连接处，做下一层柱帽倒锥圆台形土模。绑扎楼板钢筋，在与连续墙接合部位与连续墙（或桩）凿出的预埋连接钢筋（螺栓接头或预埋钢件）焊接连接。同时预埋与下层柱连接插筋。

（3）地下室土方开挖采取预留部分楼板后浇混凝土，作为施工设备、构件、模板、钢筋、脚手架材料吊入，混凝土浇灌，土方运出以及人员进出的通道（窗洞）。

（4）土方开挖，一般是先人工开挖出一空间，再用小型推土机将土方推向预留孔洞方向集中，然后再用起重机在地面用抓斗将土方运至地面，卸入翻斗汽车运出，或直接用小型反铲挖土机挖土，装入土斗内，再用垂直运输设备吊出装车外运。但应注意先挖中部土方，后挖地下室两侧土方（图 3.24）。

（5）当利用外围护坡桩作墙，桩除考虑水平侧压力作用外，尚应考虑它所承受的垂直荷载，对桩端的底面积应换算。中间支承桩柱应满足"一柱一桩"的要求，当采用人工挖孔桩时，露出地下室的柱，可采用钢管，H 型钢或现浇柱，后者可在柱内用提模方法施工。

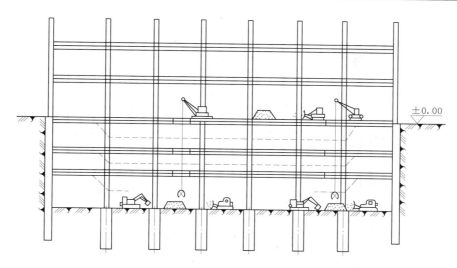

图 3.24　土方开挖、垂直运输方式

3.2.8　内支撑体系施工

3.2.8.1　内支撑系统构造

内支撑围护结构由围护结构体系和内撑体系两部分组成。围护结构体系常采用钢筋混凝土桩排桩墙和地下连续墙型式。内撑体系可采用水平支撑和斜支撑。根据不同开挖深度又可采用单层水平支撑、二层水平支撑及多层水平支撑，分别如图 3.25（a）、（b）及（d）所示。当基坑平面面积很大，而开挖深度不太大时，宜采用单层斜支撑，如图 3.25（c）所示。

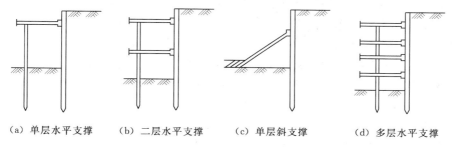

（a）单层水平支撑　　（b）二层水平支撑　　（c）单层斜支撑　　（d）多层水平支撑

图 3.25　内支撑围护结构示意图

内撑常采用钢筋混凝土支撑和钢管（或型钢）支撑两种。钢筋混凝土支撑体系的优点是刚度好、变形小，而钢管支撑的优点是钢管可以回收，且加预压力方便。目前华东地区采用钢筋混凝土支撑体系较多。

内撑式围护结构适用范围广，可适用各种土层和基坑深度。

对深度较大，面积不大，地基土质较差的基坑，为使围护排桩受力合理和受力后变形小，常在基坑内沿围护排桩（墙，下同）竖向设置一定支承点组成内支撑式基坑支护体系，以减少排桩的无支长度，提高侧向刚度，减小变形。

排桩内支撑结构体系，一般由挡土结构和支撑结构组成（图 3.26），二者构成一个整体，共同抵挡外力的作用。支撑结构一般由围檩（横挡）、水平支撑、八字撑和立柱等组成。围镶固定在排桩墙上，将排桩承受的侧压力传给纵、横支撑。支撑为受压构件，长度超过一定限度时稳定性降低，一般再在中间加设立柱，以承受支撑自重和施工荷载，立柱下端插入工程桩内；当其下无工程桩时，再在其下设置专用灌注桩，这样每道支撑形成一个平面支撑系统，平衡支护桩所传来的水平力。

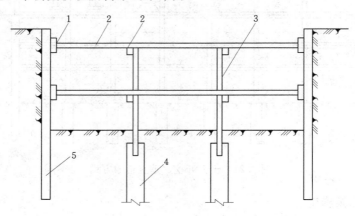

图 3.26　内支撑结构构造

1—围檩；2—纵、横向水平支撑；3—立柱；4—工程灌注桩或专设桩；5—围护排桩（或墙）

内支撑材料一般有钢支撑和钢筋混凝土两类。钢支撑常用者有钢管和型钢，前者多采用直径 609mm、580mm、406mm 钢管，壁厚有 10mm、12mm、14mm 等；后者多用 H 型钢，以适应不同的承载力。在纵横向水平支撑的交叉部位，可用上下叠交固定，只纵横向支撑不在一个平面内，整体刚度要差，亦可用专门制作的"十"字形定型接头，以便连接纵、横向支撑构件，使纵、横支撑处于一个平面内，刚度大，受力性能好。在接头设活络接头或琵琶式斜撑。所用支撑亦可做成定型工具式的，每节长度为 3m、6m 等，以便组合。通过法兰盘用螺栓组装成支撑所需长度，每根支撑端部有一节为活络头，可调节长短，供对支撑施加顶紧力之用。钢支撑的优点是：装卸方便、快速，能较快发挥支撑作用，减小变形，并可回收重复使用；可以租赁，可施加预紧力，控制围护墙变形发展。

钢筋混凝土支撑是采取随着挖土的加深，按支撑设计规定的位置，现场支模浇筑支撑，截面经计算确定，围檩和支撑截面（高×宽）常用 600mm×800mm、800mm×1000mm、800mm×1200mm 和 1000mm×1200mm，配筋由计算确定。对平面尺寸较大的基坑，在支撑交叉点处设柱，以支承平面支撑。立柱可用四个角钢组成的格构式钢柱、钢管或型钢，立柱插入工程灌注桩内，深度不小于 2m；当无工程桩时，则应另设专用灌注桩。

钢筋混凝土支撑的优点是形状可多样化，可根据基坑平面形状，浇筑成最优化的布置形式；承载力高，整体性好，刚度大，变形小，使用安全可靠，有利于保护邻近建筑物和环境；但现浇费工费时，拆除困难，不能重复利用。

内支撑体系的平面布置形式，随基坑的平面形状、尺寸、开挖深度、周围环境保护要求、地下结构的布置、土方开挖顺序和方法等而定，一般常用型式有角撑式、对撑式、框架式、边框架式以及环梁与边框架、角撑与对撑组合等形式，亦可二种或三种型式混合使用，可因地制宜地选用最合适的支撑形式。

3.2.8.2 钢支撑施工

1. 工艺流程

钢支撑施工顺序和工艺：①根据支撑布置图，在基坑四周钢板桩上口定出轴线位置；②根据设计要求，在钢板桩内壁用墨线弹出围檩轴线标高；③由围檩标高弹线，在钢板桩上焊围檩托架；④安装围檩；⑤根据围檩标高在基坑立柱上焊支撑托架；⑥安装短向（横向）水平支撑；⑦安装长向（纵向）水平支撑；⑧在纵、横支撑交叉处及支撑与立柱相交处，用夹具固定；⑨在基坑周边围檩与钢板桩间的空隙处，用 C20 混凝土填充。

为了使支撑受力均匀，在挖土前宜先给支撑施加预应力。预应力可加到设计应力的 50%～75%。施加预应力的方法有两种：一种是用千斤顶在围檩与支撑的交接处加压，在缝隙处塞进钢楔锚固，然后就撤去千斤顶；另一种是用特制的千斤顶作为支撑的一个部件，安装在各根支撑上，预加荷载后留在支撑上，待挖土结束拆除支撑时，卸荷拆除。

2. 施工要点

（1）支撑端头应设置厚度不小于 10mm 的钢板作封头端板，端板与支撑杆件满焊，焊缝高度及长度应能承受全部支撑力或与支撑等强度。必要时，增设劲肋板，肋板数量、尺寸应满足支撑端头局部稳定要求和传递支撑力的要求，如图 3.27 所示。

（2）为便于对钢支撑预加压力，端部可做成"活络头"，活络头应考虑液压千斤顶的安装及千斤顶顶压后钢楔的施工。"活络头"的构造如图 3.27（b）所示。

（3）钢支撑轴线与围檩轴线不垂直时，应在围檩上设置预埋铁件或采取其他构造措施以承受支撑与围檩间的剪力，如图 3.28 所示。

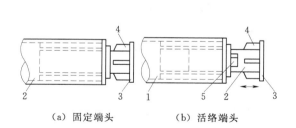

（a）固定端头　　（b）活络端头

图 3.27　钢支撑端部构造
1—钢管支撑；2—活络头；3—端头封板；
4—肋板；5—钢楔

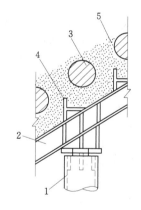

图 3.28　支撑与围檩斜交时的连接构造
1—钢支撑；2—围檩；3—支护墙；
4—剪力块；5—填嵌细石混凝土

（4）水平纵横向的钢支撑应尽可能设置在同一标高上，宜采用定型的十字接头连接，这种连接整体性好，节点可靠。采用重叠连接，虽然施工安装方便，但支撑结构的整体性较差，应尽量避免采用。

（5）纵横向水平支撑采用重叠连接时，相应的围檩在基坑转角处不在同一平面内相交，也需采用叠交连接。此时，应在围檩的端部采取加强的构造措施，防止围檩的端部产生悬臂受力状态，可采用图 3.29 所示的连接形式。

（6）立柱设置。立柱间距应根据支撑的稳定及竖向荷载大小确定，但一般不大于 15m。常用的截面形式及立柱底部支撑桩的形式如图 3.30 所示，立柱穿过基础底板时应采用止水构造措施。

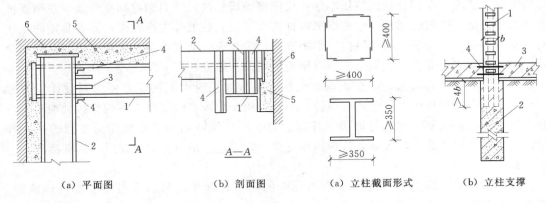

| （a）平面图 | （b）剖面图 | （a）立柱截面形式 | （b）立柱支撑 |

图 3.29　围檩叠接示意图　　　　　　　　　图 3.30　立柱的设置

1—下围檩；2—上围檩；3—连接肋板；4—连接角钢；　　1—钢立柱；2—立柱支撑桩；

5—填嵌细石混凝土；6—支护桩　　　　　　　　3—地下室底板；4—止水片

（7）钢支撑预加压力。对钢支撑预加压力是钢支撑施工中很重要的措施之一，它可大大减少支护墙体的侧向位移，并可使支撑受力均匀。

施加预应力的方法有两种：一种是千斤顶在围檩与支撑的交接处加压，在缝隙处塞进钢楔锚固，然后就撤去千斤顶；另一种是用特制的千斤顶作为支撑的一个部件，安装在支撑上，预加压力后留在支撑上，待挖土结束支撑拆除前卸荷。

钢支撑预加压力的施工应符合下列要求：

1）支撑安装完毕后，应及时检查各节点的连接状况，经确认符合要求后方可施加预压力，预压力的施加应在支撑的两端同步对称进行。

2）预压力应分级施加，重复进行，加至设计值时，应再次检查各连接点的情况，必要时应对节点进行加固，待额定压力稳定后锁定。

3.2.8.3　钢筋混凝土支撑施工

钢筋混凝土支撑可做成水平封闭桁架，刚度大、变形小、可靠性好；可以按基坑形状变化设计成各种不同尺寸的现浇钢筋混凝土结构支撑系统；布置灵活，能筑成较大空间进行挖土施工，如筑成圆环形结构、双圆结构、折线形稳定结构、内折角斜撑角中空长方形结构等。且施工费用与钢支撑相同，但支撑时间比钢结构时间长，拆除工作困难，几乎没有材料可以回收，有时需进行爆破作业，并运走碎块渣。为了满足大型基坑对支撑的强度、刚度和稳定性的要求，同时又能方便基坑施工，有时可采用钢筋混凝土的水平桁架结构作围檩；必要时，还可采用钢筋混凝土与钢结构混合的水平桁架结构。

钢筋混凝土支撑体系（支撑和围檩）应在同一平面内整浇，支撑与支撑、支撑与围檩相交处宜采用加腋，使其形成刚性节点。支撑施工时宜采用开槽浇筑的方法，底模板可用素混凝土、木模、小钢模等铺设，也可利用槽底作土模；侧模多用木、钢模板。

支撑与立柱的连接，在顶层支撑处可采用钢板承托的方式，在顶层以下的支撑位置一般可由立柱直接穿过，如图3.31所示立柱的设置同钢支撑。设在支护墙腰部的钢筋混凝土腰梁与支护墙间应浇筑密实，如图3.32所示，其中的悬吊钢筋直径不宜小于20mm，间距一般为1~1.5m，两端应弯起，吊筋插入冠梁及腰梁的长度不少于40d。

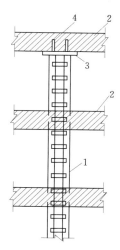

图3.31 钢筋混凝土支撑与立柱的连接
1—钢立柱；2—钢筋混凝土支撑；3—承托
钢板（厚10mm）；4—插筋（4φ20）

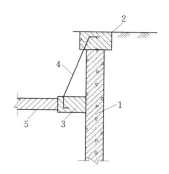

图3.32 腰梁的设置
1—支护墙；2—冠梁；3—腰梁；
4—悬吊钢筋；5—支撑

3.2.8.4 支撑的替换与拆除

原设置的内支撑在临时支撑开始工作后即可予以拆除。混凝土支撑的拆除手段可以有以下几种：

（1）用手工工具拆除，即人工凿除混凝土并用气割切断钢筋。

（2）在混凝土内钻孔然后装药爆破。爆破方式一般采用无声炸药松动爆破。在爆破实施前要征得有关部门批准。

（3）在混凝土内预留孔，然后装药爆破。爆破工艺同上。由于设置预留孔，在支撑的构件的强度验算时要计入预留孔对构件断面的削弱作用。

项 目 小 结

本项目包括常用支护结构、支护结构施工、支护工程施工安全等内容。在常用支护结构中，介绍了钢板桩、水泥土墙、地下连续墙、逆作（筑）法、土钉墙、内支撑体系的类型、构造。在支护结构施工中，介绍了各种支护的施工程序、施工要求、施工方法。

本项目的教学目标是，通过本项目的学习，使学生熟悉支护结构的类型及构造，掌握各种支护结构的施工方法，熟悉支护工程施工安全措施。

复习与思考题

1. 常用支护结构类型有哪些？

2. 土钉墙支护适用于哪些场合？

3. 水泥土重力式围护墙支护适用于哪些场合？

4. 地下连续墙支护适用于哪些场合？

5. 灌注桩排桩围护墙支护适用于哪些场合？

6. 型钢水泥土搅拌墙支护适用于哪些场合？

7. 内支撑系统支护适用于哪些场合？

8. 拉锚式系统支护适用于哪些场合？

9. 简述土钉墙支护构造。

10. 简述钢板桩支护构造。

11. 简述水泥土墙支护构造。

12. 简述地下连续墙支护构造。

13. 简述土层锚杆支护构造。

14. 简述钢板桩施工工艺。

15. 简述水泥土墙施工工艺。

16. 简述双轴水泥土搅拌桩施工工艺。

17. 简述地下连续墙施工工艺。

18. 简述逆作（筑）法施工工艺。

19. 简述土钉墙施工工艺。

20. 简述内支撑体系施工工艺。

项目4 降水排水施工

【学习目标】

熟悉常用基坑支护结构施工方案和施工工艺；掌握基坑支护结构的类型，熟悉支护结构施工工艺。

【引例与思考】

A、B两个工程的地点都在上海浦东新区，相距约1500m，地质条件相仿。

A工程为新世纪商厦，基坑开挖深度8.11～11.5m，采用水泥搅拌桩重力式围护结构，围护墙体宽度8.7m，长度19.0m，在水泥搅拌桩墙体内都插入长度为10m的毛竹加强，用长约700m的直径12mm钢筋插入桩顶并与250mm厚的盖梁内的双皮双向的钢筋连续。围护墙体座落在上海的标准层5-2层灰色粉质黏土层上。

工程B为招商大厦，基坑开挖深度10.3m，采用直径为800～1000mm的钻孔灌注桩排桩式围护结构，水泥搅拌桩止水帷幕，入土深度22～26m，进入5-2层灰色粉质黏土层，采用上、下两道衔架式对撑和角撑结合的支撑体系。对撑采用两股直径580mm的钢管，连杆采用H型钢；角撑采用单股直径609mm的钢管；采用钢筋混凝土围檩，第一道截面1000mm×800mm，第二道截面1200mm×800mm。这两个基坑都取得了成功。

方案评述：这两个工程的基本条件相仿，开挖深度已超过10m，按照上海地区的土质条件，一般以采用钻孔灌注桩排桩围护结构为宜；但A工程却采用了水泥搅拌桩重力式围护结构，超过了一般常规的做法，工程进行过程中虽然出现过险情，但终于成功了；B工程是通常的做法，围护结构以及相邻地面的变形比较小，因而是比较成功的项目。通过比较，采用水泥搅拌桩方案的基坑工程，其变形比较大，墙顶的水平位移几乎为排桩围护的10倍，附近地面的水平位移相当于排桩围护的6～7倍。

在基坑开挖过程中，当基坑底面低于地下水位时，由于土壤的含水层被切断，地下水将不断渗入基坑。这时如不采取有效措施排水，降低地下水位，不但会使施工条件恶化，而且基坑经水浸泡后会导致地基承载力的下降和边坡塌方，亦会影响地基的承载力。因此为了保证工程质量和施工安全，在基坑开挖前或开挖过程中，必须采取措施降低地下水位，使基坑在开挖中坑底始终保持干燥。对于地面水（雨水、生活污水），一般采取在基坑四周或流水的上游设排水沟、截水沟或挡水土堤等办法解决。对于地下水则常采用人工降低地下水位的方法，使地下水位降至所需开挖的深度以下。无论采用何种方法，降水工作都应持续到基础工程施工完毕并回填土后才可停止。

基坑的排水降水方法很多，一般常用的有明排水法和井点降水法两类。

任务 4.1 基 坑 明 排 水 法

明排水法是在基坑开挖过程中，在坑底设置集水井，并沿坑底的周围或中央开挖排水沟，使水流入集水井内，然后用水泵抽出坑外。明排水法包括普通明沟排水法和分层明沟排水法。

4.1.1 普通明沟排水法

普通明沟排水法是采用截、疏、抽的方法进行排水，即在开挖基坑时，沿坑底周围或中央开挖排水沟，再在沟底设置集水井，使基坑内的水经排水沟流入集水井内，然后用水泵抽出坑外，如图 4.1 和图 4.2 所示。

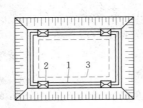

图 4.1 坑内明沟排水
1—排水沟；2—集水井；3—基础外边线

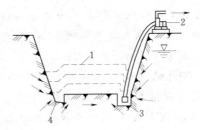

图 4.2 集水井降水
1—基坑；2—水泵；3—集水井；4—排水坑

4.1.1.1 基本构造

根据地下水量、基坑平面形状及水泵的抽水能力，每隔 30～40m 设置一个集水井。集水井的截面一般为 0.6m×0.6m～0.8m×0.8m，其深度随着挖土的加深而加深，并保持低于挖土面 0.8～1.0m，井壁可用竹笼、砖圈、木枋或钢筋笼等做简易加固；当基坑挖至设计标高后，井底应低于坑底 1～2m，并铺设 0.3m 碎石滤水层，以免由于抽水时间较长而将泥沙抽出，并防止井底的土被搅动。一般基坑排水沟深 0.3～0.6m，底宽应不小于 0.3m，排水沟的边坡为 1.1～1.5m，沟底设有 0.2%～0.5% 的纵坡，其深度随着挖土的加深而加深，并保持水流的畅通。基坑四周的排水沟及集水井必须设置在基础范围以外，以及地下水流的上游。

4.1.1.2 排水机具的选用

集水坑排水所用机具主要为离心泵、潜水泵和软轴泵。选用水泵类型时，一般取水泵的排水量为基坑涌水量的 1.5～2.0 倍。

1. 离心泵

离心泵是利用叶轮旋转而使水发生离心运动来工作的。水泵在启动前，必须使泵壳和吸水管内充满水，然后启动电机，使泵轴带动叶轮和水做高速旋转运动，水发生离心运动，被甩向叶轮外缘，经蜗形泵壳的流道流入水泵的压水管路。

离心泵的基本构造是由六部分组成的分别是叶轮、泵体、泵轴、轴承、密封环、填料函。

（1）叶轮是离心泵的核心部分，它转速高、出力大，叶轮上的叶片又起到主要作用，叶轮在装配前要通过静平衡实验。叶轮上的内外表面要求光滑，以减少水流的摩擦损失。

（2）泵体也称泵壳，它是水泵的主体。起到支撑固定作用，并与安装轴承的托架相连接。

（3）泵轴的作用是借联轴器和电动机相连接，将电动机的转矩传给叶轮，所以它是传递机械能的主要部件。

（4）滑动轴承使用的是透明油作润滑剂的，加油到油位线。太多油要沿泵轴渗出，太少轴承又要过热烧坏造成事故。在水泵运行过程中轴承的温度最高在85℃，一般运行在60℃左右。

（5）密封环又称减漏环。

（6）填料函主要由填料、水封环、填料筒、填料压盖、水封管组成。填料函的作用主要是为了封闭泵壳与泵轴之间的空隙，不让泵内的水流流到外面来，也不让外面的空气进入到泵内，始终保持水泵内的真空。当泵轴与填料摩擦产生热量时就要靠水封管注水到水封圈内使填料冷却，保持水泵的正常运行。所以在水泵的运行巡回检查过程中对填料函的检查要特别注意，在运行600h左右就要对填料进行更换。

2. 潜水泵

潜水泵是深井提水的重要设备。使用时整个机组潜入水中工作。把地下水提取到地表，是生活用水、矿山抢险、工业冷却、农田灌溉、海水提升、轮船调载，还可用于喷泉景观，热水潜水泵用于温泉洗浴，还可适用于从深井中提取地下水，也可用于河流、水库、水渠等提水工程。主要用于农田灌溉及高山区人畜用水，亦可供中央空调冷却、热泵机组、冷泵机组、城市、工厂、铁路、矿山、工地排水使用。一般流量可以达到5～650m³/h，扬程可达到10～550m。

3. 软轴泵

软轴泵是一种新型的潜水泵，它分普通型和防爆型两种。它由电机，软管软轴，泵体三部分组成。电机为插入式，电机上装有防逆转装置以防止软轴逆转，运转安全可靠；软轴由扭合在一起的钢丝组成，软管是一层橡胶和一层钢带经特殊加工制成的软轴外层保护套。软管软轴的两端有联接插头，克服了潜水电泵易烧坏电机的缺点。由于软轴可以弯曲，无需灌引水，电机随地摆放，插好软轴，泵体浸入水中，通上电源就可以工作。

4. 水泵的选用

集水明排水是用水泵从集水井中排水，常用的水泵有离心式水泵、潜水泵等，其技术性能见表4.1～表4.4。排水所需水泵的功率按式（4.1）计算。

$$N = \frac{K_1 Q H}{75 \eta_1 \eta_2} \tag{4.1}$$

式中　K_1——安全系数，一般取2；

　　　Q——基坑涌水量，m³/d；

　　　H——包括扬水、吸水及各种阻力造成的水头损失在内的总高度，m；

　　　η_1——水泵效率，取0.4～0.5；

　　　η_2——动力机械效率，取0.75～0.85。

表 4.1　　　　　　　　　　　　　　　B 型离心水泵的主要技术性能

水泵型号	流量/(m³/h)	扬程/m	吸程/m	电机功率/kW	重量/kg
$1\frac{1}{2}B-17$	6～14	20.3～14.0	6.6～6.0	1.5	17.0
2B-31	10～30	34.5～24.0	8.2～5.7	4.0	37.0
2B-19	11～25	21.0～16.0	8.0～6.0	2.2	19.0
3B-19	32.4～52.2	21.5～15.6	6.2～5.0	4.0	23.0
3B-33	30～55	35.5～28.8	6.7～3.0	7.5	40.0
3B-57	30～70	62.0～44.5	7.7～4.7	17.0	70.0
4B-15	54～99	17.6～10.0	5.0	5.5	27.0
4B-20	65～110	22.6～17.1	5.0	10.0	51.6
4B-35	65～120	37.7～28.0	6.7～3.3	17.0	48.0
4B-51	70～120	59.0～43.0	5.0～3.5	30.0	78.0
4B-91	65～135	98.0～72.5	7.1～40.0	55.0	89.0
6B-13	126～187	14.3～9.6	5.9～5.0	10.0	88.0
6B-20	110～200	22.7～17.1	8.5～7.0	17.0	104.0
6B-33	110～200	36.5～29.2	6.6～5.2	30.0	117.0
8B-13	216～324	14.5～11.0	5.5～4.5	17.0	111.0
8B-18	220～360	20.0～14.0	6.2～5.0	22.0	—
8B-29	220～340	32.0～25.4	6.5～4.7	40.0	139.0

表 4.2　　　　　　　　　　　　　　BA 型离心水泵的主要技术性能

水泵型号	流量/(m³/h)	扬程/m	吸程/m	电机功率/kW	外形尺寸/mm（长×宽×高）	重量/kg
$1\frac{1}{2}BA-6$	11.0	17.4	6.7	1.5	370×225×240	30
2BA-6	20.0	38.0	7.2	4.0	524×337×295	35
2BA-9	20.0	18.5	6.8	2.2	534×319×270	36
3BA-6	60.0	50.0	5.6	17.0	714×368×410	116
3BA-9	45.0	32.6	5.0	7.5	623×350×310	60
3BA-13	45.0	18.8	5.5	4.0	554×344×275	41
4BA-6	115.0	81.0	5.5	55.0	730×430×440	138
4BA-8	109.0	47.6	3.8	30.0	722×402×425	116
4BA-12	90.0	34.6	5.8	17.0	725×387×400	108
4BA-18	90.0	20.0	5.0	10.0	631×365×310	65
4BA-25	79.0	14.8	5.0	5.5	571×301×295	44
6BA-8	170.0	32.5	5.9	30.0	759×528×480	166
6BA-12	160.0	20.1	7.9	17.0	747×490×450	146

续表

水泵型号	流量/(m³/h)	扬程/m	吸程/m	电机功率/kW	外形尺寸/mm（长×宽×高）	重量/kg
6BA－18	162.0	12.5	5.5	10.0	748×470×420	134
8BA－12	280.0	29.1	5.6	40.0	809×584×490	191
8BA－18	285.0	18.0	5.5	22.0	786×560×480	180
8BA－25	270.0	12.7	5.0	17.0	779×512×480	143

表 4.3　　　　　　　　　　　潜 水 泵 的 技 术 性 能

型　号	流量/(m³/h)	扬程/m	电机功率/kW	转速/(r/min)	电流/A	电压/V
QY－3.5	100	3.5	2.2	2 800	6.5	380
QY－7	65	7	2.2	2 800	6.5	380
QY－15	25	15	2.2	2 800	6.5	380
QY－25	15	25	2.2	2 800	6.5	380
JQB－1.5－6	10～22.5	20～28	2.2	2 800	5.7	380
JQB－2－10	15～32.5	12～21	2.2	2 800	5.7	380
JQB－4－31	50～90	4.7～8.2	2.2	2 800	5.7	380
JQB－5－69	80～120	3.1～5.1	2.2	2 800	5.7	380
7.5JQB8－97	288	4.5	7.5	—	—	380
1.5JQB2－10	18	14	1.5	—	—	380
2Z6	15	25	4.0	—	—	380
JTS－2－10	25	15	2.2	2 900	5.4	—

表 4.4　　　　　　　　　　　泥 浆 泵 的 主 要 技 术 性 能

泥浆泵型号	流量/(m³/h)	扬程/m	电机功率/kW	泵口径/mm		外形尺寸/m（长×宽×高）	重量/kg
				吸入口	出口		
3PN	108	21	22	125	75	0.76×0.59×0.52	450
3PNL	108	21	22	160	90	1.27×5.1×1.63	300
4PN	100	50	75	75	150	1.49×0.84×1.085	1 000
$2\frac{1}{2}$NWL	25～45	5.8～3.6	1.5	70	60	1.247（长）	61.5
3NWL	55～95	9.8～7.9	3	90	70	1.677（长）	63
BW600/30	(600)	300	38	102	64	2.106×1.051×1.36	1 450
BW200/30	(200)	300	13	75	45	1.79×0.695×0.865	578
BW200/40	(200)	400	18	89	38	1.67×0.89×1.6	680

注　流量括号中数量的单位为 L/min。

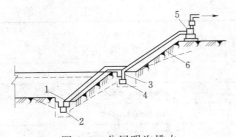

图 4.3 分层明沟排水

1—底层排水沟；2—底层集水井；3—二层排水沟；
4—二层集水井；5—水泵；6—水位降低线

4.1.2 分层明沟排水法

如果基坑较深，开挖土层由多种土壤组成，中部夹有透水性强的砂类土壤时，为避免上层地下水冲刷下部边坡，造成塌方，可在基坑边坡上设置 2～3 层明沟及相应的集水井，分层阻截土层中的地下水（图 4.3）。这样一层一层地加深排水沟和集水井，逐步达到设计要求的基坑断面和坑底标高，其排水沟与集水井的设置及基本构造，基本与普通明沟排水法相同。

任务 4.2 井 点 降 水 法

井点降水法也称人工降水法，是指在基坑的周围埋下深于基坑底的井点或管井，以总管连接抽水，使地下水位下降形成一个降落漏斗，并降低到坑底以下 0.5～1.0m，从而保证可在干燥无水的状态下挖土，不但可防止流沙、基坑边坡失稳等问题，而且便于施工。

对于细粒土，尤其是细砂、粉砂，在动水压力的推动下，极易失去稳定而随地下水一起涌入坑内，形成流沙现象。发生流沙现象时，土完全丧失承载力，工人难以立足，施工条件恶化，土边挖边冒，很难挖到设计深度。流沙严重时，会引起基坑边坡塌方，如果附近有建筑物，就会因地基被掏空而使建筑物下沉、倾斜，甚至倒塌。

1. 流沙发生的原因

产生流沙现象的原因有内因和外因。内因取决于土壤的性质，当土的孔隙度大、含水量大、黏粒含量少、粉粒多时均易产生流沙现象。因此，流沙现象经常发生在细砂粉和亚砂土中。会不会发生流沙现象，还应具备一定的外因条件，即地下水及其产生动水压力的大小。

当水由高水位处流向低水位处时，水在土中渗流的过程中受到土颗粒的阻力，同时水对土颗粒也作用一个压力，这个压力称作动水压力（GD）。动水压力与水的重力密度和水力坡度有关。

$$GD = \gamma_w I \tag{4.2}$$

式中 GD——动水压力，kN/m^3；

γ_w——水的重力密度，kN/m^3；

I——水力坡度（等于水位差除以渗流路线长度）。

当地下水位较高，基坑内排水所造成的水位差较大时，动水压力也较大；当 $GD \geq \gamma_w$（浮土重度）时，就会使土壤失去稳定，土颗粒被带出而形成流沙现象。

通常情况下，当地下水位越高、坑内外水位差越大时，动水压力也越大，越容易发生流沙现象。通常在可能发生流沙的土质中，当基坑挖深超过地下水位线 0.5m 左右时，要注意防止流沙的发生。

当基坑坑底位于不透水层内，而其下面为承压水的透水层，基坑不透水层覆盖厚度的

重量小于承压水的顶托力时，基坑底部便可能发生管涌冒砂现象，如图 4.4 所示，即

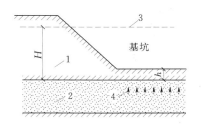

$$H\gamma_w > h\gamma \qquad (4.3)$$

式中　H——压力水头，m；

　　　γ_w——水的重力密度，kg/m^3；

　　　h——坑底不透水层厚度，m；

　　　γ——土的容重，kg/m^3。

图 4.4　管涌冒砂
1—不透水层；2—透水层；3—压力水位线；4—承压水的顶托力

2. 流沙的防治

发生流沙现象的重要条件是动水压力的大小与方向。因此，在基坑开挖中，防止流沙的途径有如下两类：①减小或平衡动水压力；②使动水压力的方向向下，或是截断地下水流。

其具体措施如下：

（1）在枯水期施工。因地下水位低，坑内外水位差小，动水压力小，此时不易发生流沙现象。

（2）抛大石块。往基坑底抛大石块，增加土的压重，以平衡动水压力。用此法时应组织人力分段抢挖，使挖土速度超过冒沙速度，挖至标高后立即铺设芦席并抛大石块把流沙压住。

（3）设止水帷幕。将连续的止水支护结构（如连续板桩、深层搅拌桩、密排灌注桩、地下连续墙等）设置于基坑底面以下一定深度，形成封闭的止水帷幕，从而使地下水只能从支护结构下端向基坑渗流，增加地下水从坑外流入基坑内的渗流路径，减小水力坡度，降低动水压力，防止流沙发生。

（4）水下挖土。即采用不排水施工，使基坑内水压与坑外水压相平衡，阻止流沙现象发生。

（5）井点降低地下水位。如采用轻型井点或管井井点等降水方法，使地下水的渗流向下，动水压力的方向也朝下，增大了土粒间的压力，从而可有效地防止流沙现象。这个方法采用较广泛并比较可靠。

（6）冻结法。将出现流沙区域的土进行冻结，阻止地下水的渗流，以防止流沙发生。

在软土地区，当基坑开挖深度超过 3m 时，一般要用井点降水。井点降水方法的种类有单层轻型井点、多层轻型井点、喷射井点、电渗井点、管井井点、深井井点等。

基坑降水应根据场地的水文地质条件、基坑面积、开挖深度、各土层的渗透性等，选择合理的降水井类型、设备和方法。常用降水井类型和适用范围见表 4.5。应根据基坑开挖深度和面积、水文地质条件、设计要求等，制定和采用合理的降水方案，并宜参照表 4.6 中的规定施工。

一般讲，当土质情况良好，土的降水深度不大，可采用单层轻型井点；当降水深度超过 6m，且土层垂直渗透系数较小时，宜用二级轻型井点或多层轻型井点，或在坑中另布置井点，以分别降低上层土及下层土的水位。当土的渗透系数小于 0.1m/d 时，可在一侧增加电极，改用电渗井点降水；如土质较差，降水深度较大，采用多层轻型井点设备增

表 4.5　　　　　　　　　　　　　　　　　　降水井类型及适用条件

降水类型	渗透系数/(cm/s)	降低水位深度/m
轻型井点 多级轻型井点	$10^{-5} \sim 10^{-2}$	$3 \sim 6$ $6 \sim 12$
喷射井点	$10^{-6} \sim 10^{-3}$	$8 \sim 20$
电渗井点	$<10^{-6}$	宜配合其他形式降水使用
深井井点	$\geqslant 10^{-5}$	>10

表 4.6　　　　　　　　　　　　　　　　　　降水井布置要求

水位降深/m	适用井点	降水布置要求
$\leqslant 6$	轻型井点	井点管排距不宜大于 20m，滤管顶端宜位于坑底以下 $1 \sim 2$m。井管内真空度应不小于 65kPa
	电渗井点	利用轻型井点，配合采用电渗法降水
$6 \sim 10$	多级轻型井点	井点管排距不宜大于 20m，滤管顶端宜位于坡底和坑底以下 $1 \sim 2$m。井管内真空度应不小于 65kPa
$8 \sim 20$	喷射井点	井点管排距不宜大于 40m，井点深度与井点管排距有关，应比基坑设计开挖深度大 $3 \sim 5$m
>6	降水管井	井管轴心间距不宜大于 25m，井径不宜小于 600mm，坑底以下的滤管长度不宜小于 5m，井底沉淀管长度不宜小于 1m
	真空降水管井	利用降水管井采用真空降水，井管内真空度应不小于 65kPa
	电渗井点	利用喷射井点或轻型井点，配合采用电渗法降水

多，土方量增大，经济上不合算时，可采用喷射井点降水较为适宜；如果降水深度不大，土的渗透系数大，涌水量大，降水时间长，可选用管井井点；如果降水很深，涌水量大，土层复杂多变，降水时间很长，此时宜选用深井井点降水，最为有效而经济。当各种井点降水方法影响邻近建筑物产生不均匀沉降和使用安全，应采用回灌井点或在基坑有建筑物一侧采用旋喷桩加固土壤和防渗，对侧壁和坑底进行加固处理。

4.2.1　轻型井点

轻型井点降低地下水位是沿基坑周围以一定的间距埋入井点管（下端为滤管），在地面上用水平铺设的集水总管将各井点管连接起来，在一定位置设置离心泵和水力喷射器，离心泵驱动工作水，当水流通过喷嘴时形成局部真空，地下水在真空吸力的作用下经滤管进入井管，然后经集水总管排出，从而降低了水位。

4.2.1.1　设备

轻型井点系统由井点管、连接管、集水总管及抽水设备等组成，如图 4.5 所示。

（1）井点管：井点管多用无缝钢管，长度一般为 $5 \sim 7$m，用直径为 $38 \sim 55$mm 的钢管。井点管的下端装有滤管和管尖，其构造如图 4.6 所示。滤管直径常与井点管直径相同，长度为 $1.0 \sim 1.7$m，管壁上钻有直径为 $12 \sim 18$mm 的星棋状排列滤孔。管壁外包两层滤网，内层为细滤网，采用 $30 \sim 50$ 孔/cm 的黄铜丝布或生丝布，外层为粗滤网，采用

8~10孔/cm的铁丝布或尼龙丝布。常用的滤网类型有方织网、斜织网和平织网。一般在细砂中适宜采用平织网,中砂中宜采用斜织网,粗砂、砾石中则用方织网。为避免滤孔淤塞,在管壁与滤网间用铁丝绕成螺旋形隔开,滤网外面再围一层8号粗铁丝保护网。滤管下端放一个锥形铸铁头以利井管插埋。井点管的上端用弯管接头与总管相连。

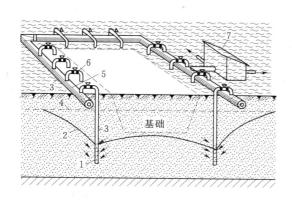

图 4.5 轻型井点降低地下水位全貌示意图

1—滤管;2—降低各地下水位线;3—井点管;4—原有
地下水位线;5—总管;6—弯联管;7—水泵房

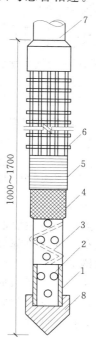

图 4.6 滤管构造

1—钢管;2—管壁上的小孔;3—缠绕
的塑料管;4—细滤网;5—粗滤网;
6—粗铁丝保护网;7—井点管;
8—铸铁头

（2）连接管与集水总管:连接管用胶皮管、塑料透明管或钢管弯头制成,直径为38~55mm。每个连接管均宜装设阀门,以便检修井点。集水总管一般用直径为100~127mm的钢管分布连接,每节长约4m,其上装有与井点管相连接的短接头,间距0.8m或1.2m或1.6m。

（3）抽水设备:现在多使用射流泵井点,射流泵井点系统的工作原理如图4.7所示。射流泵的原理如图4.7（a）、（b）所示,它采用离心泵驱动工作水运转,当水流通过喷嘴时,由于截面收缩,流速突然增大而在周围产生真空,把地下水吸出,而水箱内的水呈一个大气压的天然状态。射流泵能产生较高真空度,但排气量小,稍有漏气则真空度易下降,因此它带动的井点管根数较少。但它耗电少、重量轻、体积小、机动灵活。

4.2.1.2 布置

轻型井点系统的布置,应根据基坑平面形状及尺寸、基坑的深度、土质、地下水位及流向、降水深度等因素确定。设计时主要考虑平面和高程两个方面。

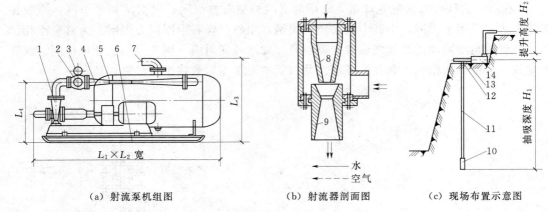

（a）射流泵机组图　　　　　（b）射流器剖面图　　　（c）现场布置示意图

图 4.7　射流泵井点系统工作简图

1—离心泵；2—进水口；3—真空表；4—射流器；5—水箱；6—底座；7—出水口；

8—喷嘴；9—喉管；10—滤水管；11—井点管；12—软管；13—总管；14—机组

1.平面布置

轻型井点的布置主要取决于基坑的平面形状和基坑开挖深度，应尽可能将要施工的建筑物基坑面积内各主要部分都包围在井点系统之内。开挖窄而长的沟槽时，可按线状井点布置。如沟槽宽度大于 6m 且降水深度不超过 6m 时，可用单排线状井点，布置在地下水流的上游一侧。两端适当加以延伸，延伸宽度以不小于槽宽为宜，如图 4.8 所示。当因场地限制不具备延伸条件时，可采取沟槽两端加密的方式。如开挖宽度大于 6m 或土质不良，则可用双排线状井点。当某坑面积较大时，宜采用环状井点（图 4.9），有时亦可布

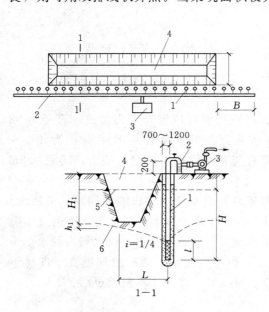

图 4.8　单排井点布置图

1—井点管；2—集水总管；3—抽水设备；4—基坑；

5—原地下水位线；6—降低后地下水位

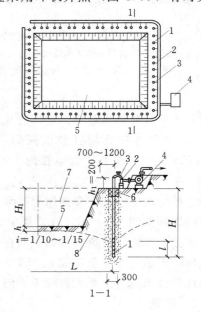

图 4.9　环形井点布置图

1—井点；2—集水总管；3—弯联管；4—抽水设备；5—基坑；6—填黏土；7—原地下水位线；8—降低后地下水位线

置成 U 形，以利于挖土机和运土车辆出入基坑。井点管距离基坑壁一般可取 0.7～1.0m，以防局部发生漏气。在确定井点管数量时应考虑在基坑四角部分适当加密。当基坑采用隔水帷幕时，为方便挖土，坑内也可采用轻型井点降水。

一套机组携带的总管最大长度：真空泵不宜超过 100m；射流泵不宜超过 80m；隔膜泵不宜超过 60m。当主管过长时，可采用多套抽水设备；井点系统可以分段，各段长度应大致相等，宜在拐角处分段，以减少弯头数量，提高抽吸能力；分段宜设阀门，以免管内水流紊乱，影响降水效果。

2. 高程布置

轻型井点的降水深度从理论上讲可达 10m 左右，但由于抽水设备的水头损失，实际降水深度一般只有 5.5～6m。井点管的埋设深度 H（不包括滤管）可按式（4.4）计算：

$$H \geqslant H_1 + h + iL \qquad (4.4)$$

式中 H_1——井点管埋设面到基坑底面的距离，m；

　　　　h——基坑底面至降低后的地下水位线的距离，一般取 0.5～1.0m（人工开挖取下限，机械开挖取上限）；

　　　　i——降水曲线坡度，可取实测值或按经验，单排井点取 1/4，环形井点取 1/10～1/15；

　　　　L——井点管中心至基坑中心的水平距离，m。

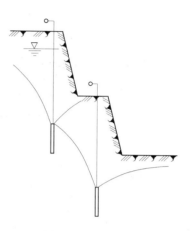

图 4.10 二级井点

如 H 值小于降水深度 6m 时，可用一级井点；H 值稍大于 6m 时，若降低井点管的埋设面后，可满足降水深度要求时，仍可采用一级井点；当一级井点达不到降水深度要求时，可采用明沟排水结合井点的方法，将总管安装在原地下水位线以下，或采用二级井点排水（降水深度可达 7～10m），即先挖去第一级井点所疏干的土，然后在其底部埋设第二级井点，以增加降水深度，如图 4.10 所示。抽水设备宜布置在地下水的上游，并设在总管的中部。

此外，在确定井点管埋置深度时，还需要考虑井点管露出地面 0.2～0.3m，滤管必须埋在透水层内等。

4.2.1.3 涌水量的计算

井点系统涌水量受诸多不易确定的因素影响，计算比较复杂，难以得出精确值，目前一般是按水井理论进行近似计算。根据地下水有无压力，水井分为无压井和承压井。水井底部到达不透水层时称完整井，否则称为非完整井。所以水井共分四种，即无压完整井 [图 4.11 (a)]、无压非完整井 [图 4.11 (b)]、承压完整井 [图 4.11 (c)] 和承压非完整井 [图 4.11 (d)]。各种井的涌水量计算公式不同。

（1）均质含水层潜水完整井基坑涌水量计算。根据基坑是否邻近水源，分别计算如下。

1）基坑远离地面水源时，如图 4.12 (a) 所示。

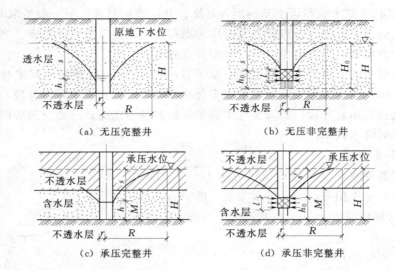

　　(a) 无压完整井　　　　　　　　(b) 无压非完整井

　　(c) 承压完整井　　　　　　　　(d) 承压非完整井

图 4.11　水井的分类

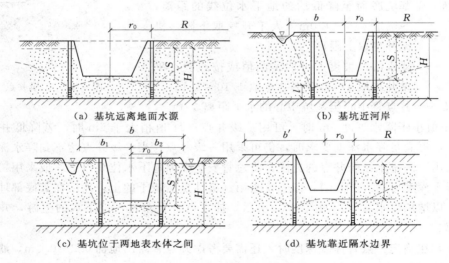

　(a) 基坑远离地面水源　　　　　　　(b) 基坑近河岸

　(c) 基坑位于两地表水体之间　　　　(d) 基坑靠近隔水边界

图 4.12　均质含水层潜水完整井基坑涌水量计算简图

$$Q = 1.366K \frac{(2H-S)S}{\lg\left(1+\dfrac{R}{r_0}\right)} \tag{4.5}$$

式中　Q——基坑涌水量，m^3/d；

　　　K——土壤的渗透系数，m/d；

　　　H——潜水含水层厚度，m；

　　　S——基坑水位降深，m；

　　　r_0——基坑等效半径，m；

　　　R——降水影响半径，m，宜通过试验或根据当地经验确定。

　　当基坑安全等级为二、三级时，对潜水含水层按式（4.6）计算。

134

$$R = 2S\sqrt{KH} \tag{4.6}$$

当基坑安全等级为二、三级时，对承压含水层按式（4.7）计算。

$$R = 10S\sqrt{K} \tag{4.7}$$

当基坑为圆形时，基坑等效半径 r_0 取圆半径。当基坑为非圆形时，对矩形基坑的等效半径按式（4.8）计算。

$$r_0 = 0.29(a+b) \tag{4.8}$$

式中 a，b——基坑的长、短边长度，m。

对不规则形状的基坑，其等效半径按下式计算。

$$r_0 = \sqrt{\frac{A}{\pi}} \tag{4.9}$$

式中 A——基坑面积，m^2。

2）基坑近河岸时，如图 4.12 (b) 所示。

$$Q = 1.366K\frac{(2H-S)S}{\lg\frac{2b}{r_0}} \quad (b<0.5R) \tag{4.10}$$

3）基坑位于两地表水体之间或位于补给区与排泄区之间时，如图 4.12 (c) 所示。

$$Q = 1.366K\frac{(2H-S)S}{\lg\left[\frac{2(b_1+b_2)}{\pi r_0}\cos\frac{\pi}{2}\frac{(b_1-b_2)}{(b_1+b_2)}\right]} \tag{4.11}$$

4）当基坑靠近隔水边界时，如图 4.12 (d) 所示。

$$Q = 1.366K\frac{(2H-S)S}{2\lg(R+r_0)-\lg r_0(2b+r_0)} \tag{4.12}$$

（2）均质含水层潜水非完整井基坑涌水量计算。

1）基坑远离地面水源时，如图 4.13 (a) 所示。

$$Q = 1.366K\frac{H^2-h_m^2}{\lg\left(1+\frac{R}{r_0}\right)+\frac{h_m-l}{l}\lg\left(1+0.2\frac{h_m}{r_0}\right)} \tag{4.13}$$

$$h_m = (H+h)/2$$

式中 l——吸水深度，m；

h——含水层面至含水层底板距离，m。

2）基坑近河岸，含水层厚度不大时，如图 4.13 (b) 所示。

$$Q = 1.366KS\left[\frac{l+S}{\lg\frac{2b}{r_0}}+\frac{l}{\lg\frac{0.66l}{r_0}+0.25\frac{l}{M}\lg\frac{b^2}{M^2-0.14l^2}}\right] \tag{4.14}$$

式中 M——由含水层底板到滤头有效工作部分中点的长度，m，$b>M/2$。

3）基坑近河岸，含水层厚度很大时，如图 4.13 (c) 所示。

当 $b>l$ 时

$$Q = 1.366KS\left[\frac{l+S}{\lg\frac{2b}{r_0}}+\frac{l}{\lg\frac{0.66l}{r_0}-0.22\lg\frac{0.44l}{b}}\right] \tag{4.15}$$

当 $b<l$ 时

$$Q=1.366KS\left[\dfrac{l+S}{\lg\dfrac{2b}{r_0}}+\dfrac{l}{\lg\dfrac{0.66l}{r_0}-0.11\dfrac{l}{b}}\right] \tag{4.16}$$

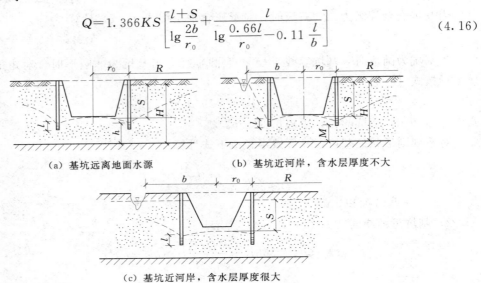

（a）基坑远离地面水源　　　　（b）基坑近河岸，含水层厚度不大

（c）基坑近河岸，含水层厚度很大

图 4.13　均质含水层潜水非完整井涌水量计算简图

（3）均质含水层承压水完整井基坑涌水量计算。

1）基坑远离地面水源时，如图 4.14（a）所示。

$$Q=2.73K\dfrac{MS}{\lg\left(1+\dfrac{R}{r_0}\right)} \tag{4.17}$$

式中　M——承压含水层厚度，m。

2）基坑近河岸时，如图 4.14（b）所示。

$$Q=2.73K\dfrac{MS}{\lg\left(\dfrac{2b}{r_0}\right)} \tag{4.18}$$

式中，$b<0.5r_0$。

3）基坑位于两地表水体之间或位于补给区与排泄区之间时，如图 4.14（c）所示。

$$Q=2.73K\dfrac{MS}{\lg\left[\dfrac{2(b_1+b_2)}{\pi r_0}\cos\dfrac{\pi}{2}\dfrac{(b_1-b_2)}{(b_1+b_2)}\right]} \tag{4.19}$$

（4）均质含水层承压水非完整井基坑涌水量计算，如图 4.15 所示。

$$Q=2.73K\dfrac{MS}{\lg\left(1+\dfrac{R}{r_0}\right)+\dfrac{M-l}{l}\lg\left(1+0.2\dfrac{M}{r_0}\right)} \tag{4.20}$$

（5）均质含水层承压-潜水非完整井基坑涌水量计算，如图 4.16 所示。

$$Q=1.366K\dfrac{(2H-M)M-h^2}{\lg\left(1+\dfrac{R}{r_0}\right)} \tag{4.21}$$

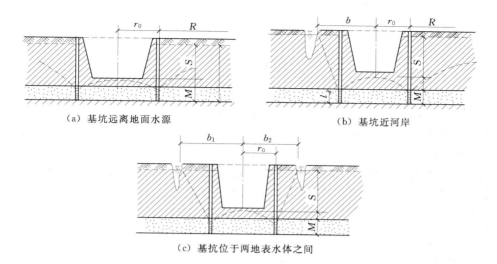

（a）基坑远离地面水源　　　　　　（b）基坑近河岸

（c）基抗位于两地表水体之间

图 4.14　均质含水层承压水完整井涌水量计算简图

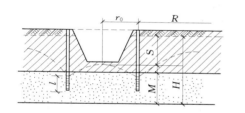
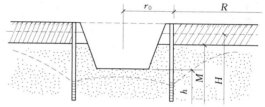

图 4.15　均质含水层承压水非完整井涌　　图 4.16　均质含水层承压-潜水非完整井基坑涌
水量计算简图　　　　　　　　　水量计算简图

　　土壤的渗透系数 K 值确定正确与否将直接影响降水效果，一般可根据地质勘探报告提供的数据或通过现场抽水试验确定。

　　在实际工程中往往会遇到无压非完整井的环形井点系统 ［图 4.11 （b）］，这时地下水不仅从井的侧面流入，还从井底渗入。为了简化计算仍用公式 （4.5），此时式中 H 换成有效深度 H_0。H_0 可查表 4.7，当算得 H_0 大于实际含水层厚度时，仍取 H 值。

表 4.7　　　　　　　　　　　　　　　抽水影响深度 H_0　　　　　　　　　　　　　单位：m

$S'/(S'+l)$	0.2	0.3	0.5	0.8
H_0	$1.3(S'+l)$	$1.5(S'+l)$	$1.7(S'+l)$	$1.85(S'+l)$

注　S' 为井点管中水位降落值；l 为滤管长度。

4.2.1.4　降水井（井点或管井）数量

　　降水井（井点或管井）数量的计算公式如下。

$$n=1.1\frac{Q}{q} \tag{4.22}$$

式中　Q——基坑总涌水量，m^3/d；

　　　　q——设计单井出水量，m^3/d；

1.1——降水井（井点或管井）备用系数。

井点管最大间距为

$$D = \frac{L}{n} \tag{4.23}$$

式中　L——总管长度，m。

实际采用的井点管间距应大于 $15d$，不能过小，以免彼此干扰，影响出水量。并且还应与总管接头的间距（0.8m、1.2m、1.6m）相吻合。最后根据实际采用的井点管间距，确定井点管根数。

真空井点出水量可按 $36 \sim 60\text{m}^3/\text{d}$ 确定，真空喷射井点出水量按表4.8确定，管井的出水量 q（m^3/d）按下述经验公式确定。

$$q = 120\pi r_s l \sqrt[3]{k} \tag{4.24}$$

式中　r_s——过滤器半径，m；

$\quad\quad l$——过滤器进水部分的长度，m；

$\quad\quad k$——含水层的渗透系数，m/d。

表 4.8　　　　　　　　　　　　　喷射井点的设计出水能力

型 号	外管直径 /mm	喷 射 管		工作水压力 /MPa	工作水流量 /(m³/d)	设计单个井点 出水能力 /(m³/d)	适用含水层 渗透系数 /(m/d)
		喷嘴直径 /mm	混合室直径 /mm				
1.5 型并列式	38	7	14	0.6～0.8	112.8～163.2	100.8～138.2	0.1～5.0
2.5 型圆心式	68	7	14	0.6～0.8	110.4～148.8	103.2～138.2	0.1～5.0
4.0 型圆心式	100	10	20	0.6～0.8	230.4	259.2～388.8	5～10
6.0 型圆心式	162	19	40	0.6～0.8	720	600～720	10～20

4.2.1.5　过滤器长度

真空井点和喷射井点的过滤器长度，不宜小于含水层厚度的 1/3。管井过滤器长度宜与含水层厚度一致。

群井抽水时，各井点单井过滤器进水部分的长度应符合下述条件。

$$y_0 > l \tag{4.25}$$

式中　y_0——单井井管进水长度，m；

$\quad\quad l$——过滤器长度，m。

1. 潜水完整井。

潜水完整井的深度按式（4.26）计算。

$$y_0 = \sqrt{H^2 - \frac{0.732Q}{k}\left[\lg R_0 - \frac{1}{n}\left(n r_0^{n-1} r_w\right)\right]} \tag{4.26}$$

式中　r_0——基坑等效半径，m；

$\quad\quad r_w$——管井半径，m；

$\quad\quad H$——潜水含水层厚度，m；

$\quad\quad R_0$——基坑等效半径与降水井影响半径（R）之和，m，即 $R_0 = r_0 + R$。

2. 承压完整井

承压完整井深度按式（4.27）计算。

$$y_0 = \sqrt{H' - \frac{0.366Q}{kM}\left[\lg R_0 - \frac{1}{n}\lg(nr_0^{n-1}r_w)\right]} \tag{4.27}$$

式中　H'——承压水位至该承压含水层底板的距离，m；

　　　　M——承压含水层的厚度，m。

当滤管工作部分的长度小于 2/3 含水层厚度时，应采用非完整井公式计算。若不满足条件，则应调整井点数量和井点间距，再进行验算。当井距足够小但仍不能满足要求时，应考虑基坑内布井。

3. 基坑中心点水位降低深度计算

（1）块状基坑降水深度计算。

1）潜水完整井稳定流时。

$$S = H - \sqrt{H^2 - \frac{Q}{1.366k}\left[\lg R_0 - \frac{1}{n}\lg(r_1 r_2 \cdots r_n)\right]} \tag{4.28}$$

2）承压完整井稳定流时。

$$S = \frac{0.366Q}{Mk}\left[\lg R_0 - \frac{1}{n}\lg(r_1 r_2 \cdots r_n)\right] \tag{4.29}$$

式中　　　　S——基坑中心处地下水位降低深度，m；

r_1、r_2、$\cdots$、r_n——各井距基坑中心或井点中心处的距离，m。

（2）对非完整井或非稳定流，应根据具体情况采用相应的计算方法。

（3）当计算出的降深不能满足降水设计要求时，应重新调整井数、布井方式。

4.2.1.6　轻型井点的计算案例

某厂房设备基础施工，基坑底宽 8m，长 12m，基坑深 4.5m，挖土边坡 1:0.5，基坑平面图、剖面图如图 4.17 所示。经地质勘探，天然地面以下 1m 为亚黏土，其下有 8m 厚细砂层，渗透系数 $K = 8m/d$，细砂层以下为不透水的黏土层。地下水位标高为 −1.5m。采用轻型井点法降低地下水位，试进行轻型井点系统设计。

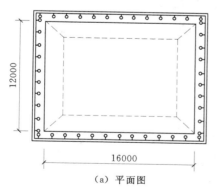

（a）平面图

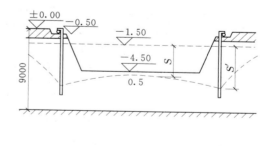

（b）剖面图

图 4.17　某厂房设备基坑示意图

【解】（1）井点系统的布置。根据工程地质情况和平面形状，轻型井点选用环形布置。为使总管接近地下水位，表层土挖去 0.5m，则基坑上口平面尺寸为 12m×16m，布置环

形井点。总管距基坑边缘 1m，总管长度 L 为

$$L=[(12+2)+(16+2)]\times2=64(\text{m})$$

水位降低值

$$S=4.5-1.5+0.5=3.5(\text{m})$$

采用一级轻型井点，井点管的埋设深度（总管平台面至井点管下口，不包括滤管）

$$H_A\geqslant H_1+h+iL=4.0+0.5+(1/10)\times(14/2)=5.2(\text{m})$$

采用 6m 长的井点管，直径 50mm，滤管长 1.0m。井点管外露地面 0.2m，埋入土中 5.8m（不包括滤管）大于 5.2m，符合埋深要求。

井点管及滤管长 $6+1=7$（m），滤管底部距不透水层的距离 $=(1+8)-(1.5+4.8+1)=1.7$（m），基坑长宽比小于 5，可按无压非完整井环形井点系统计算。

（2）基坑涌水量计算。按无压非完整井环形点系统涌水量计算公式进行计算

$$Q=1.366K\frac{(2H-S)S}{\lg\left(1+\dfrac{R}{r_0}\right)}$$

先求出 H_0、K、R、r_0 值。

H_0：抽水影响深度，按表 4.7 求出。

$S'=6-0.2-1.0=4.8$（m）。根据 $S'/(S'+l)=4.8/5.8=0.827$，查表 4.6 得 H_0：

$$H_0=1.85(S'+l)=1.85(4.8+1.0)=10.73(\text{m})$$

由于 $H_0>H$（含水层厚度 $H=1+8-1.5=7.5$m），取 $H_0=H=7.5$m。

K：渗透系数，经实测 $K=8$m/d。

R：抽水影响半径，$R=2S\sqrt{KH}=2\times3.5\times\sqrt{8\times7.5}=54.22$（m）。

r_0：基坑假想半径，$r_0=\sqrt{\dfrac{A}{\pi}}=\sqrt{\dfrac{14\times18}{\pi}}=8.96$（m）。

将以上数值代入式（4.5），得基坑涌水量 Q：

$$Q=1.366K\frac{(2H-S)S}{\lg\left(1+\dfrac{R}{r_0}\right)}=1.366\times8\times\frac{(2\times7.5-3.5)\times3.5}{\lg\left(1+\dfrac{54.22}{8.96}\right)}=518.53(\text{m}^3/\text{d})$$

$$Q=1.366K\frac{(2H-s)s}{\lg R-\lg x_o}=1.366\times8\times\frac{(2\times7.5-3.5)\times3.5}{\lg52.87-\lg8.96}=570.6(\text{m}^3/\text{d})$$

（3）计算井点管数量及间距。

单根井点管出水量：

$$q=65\pi dl\sqrt[3]{K}=65\times3.14\times0.05\times1.0\times\sqrt[3]{3}=20.41(\text{m}^3/\text{d})$$

$$q=120\pi r_sl\sqrt[3]{k}=120\times3.14\times0.025\times1.0\times\sqrt[3]{8}=18.84(\text{m}^3/\text{d})$$

井点管数量：

$$n=1.1\frac{Q}{q}=1.1\times\frac{518.53}{18.84}\approx31(\text{根})$$

井距：

$$D=\frac{L}{n}=\frac{64}{31}\approx2.1(\text{m})$$

取井距为 1.6m，实际总根数 40 根（64÷1.6=40）。

（4）抽水设备选用。干式真空泵的型号常用的有 W_5、W_6 型泵，采用 W_5 型泵时，总

管长度一般不大于100m；采用W_6型泵时，总管长度一般不大于120m。因抽水设备所带动的总管长度为64m，故选用W_5型干式真空泵。真空泵所需的最低真空度按下式求出：$h_k = 10(h + \Delta h)$，Δh 为水头损失，可近似取 1.0～1.5。

$$h_k = 10 \times (6 + 1.0) = 70 (\text{kPa})$$

所需水泵流量：

$$Q_1 = 1.1Q = 1.1 \times 570.6 = 628 (\text{m}^3/\text{d}) = 26 (\text{m}^3/\text{h})$$

所需水泵的吸水扬程：

$$H_s \geqslant 6 + 1.0 = 7 (\text{m})$$

根据 Q_1、H_s 查表 4.1 得知可选用 2B-31 型离心泵。其中 2B-31 表示进水口直径为 2 英寸（50.8mm），总扬程为31m（最佳工作时）的单级离心泵。B 为改进型。

4.2.1.7 轻型井点施工

1. 轻型井点的施工工艺流程

定位放线→挖井点沟槽，铺设总管→冲孔（或钻孔）→安装井点管→灌填砂砾滤料、黏土封口→用弯联管接通井点管与总管→安装抽水设备并与总管接通→安装集水箱和排水管→真空泵排气→离心水泵抽水→测量观测井中地下水位变化。

2. 轻型井点的施工要点

（1）准备工作：根据工程情况与地质条件，确定降水方案，进行轻型井点的设计计算。根据设计准备所需的井点设备、动力装置、井点管、滤管、集水总管及必要的材料。施工现场准备工作包括排水沟的开挖、泵站处的处理等。对于在抽水影响半径范围内的建筑物及地下管线应设置监测标点，并准备好防止沉降的措施。

（2）井点管的埋设：井点管埋设可用射水法、钻孔法和冲孔法成孔，井孔直径不宜小于300mm，孔深宜比滤管底深 0.5～1.0m。在井管与孔壁间应用滤料回填密实。滤料回填至顶面与地面高差不宜小于 1.0m。滤料顶面至地面之间，须采用黏土封填密实，以防止漏气。填砾石过滤器周围的滤料应为磨圆度好、粒径均匀、含泥量小于3%的砂料，投入滤料数量应大于计算值的85%。目前常用的方法是冲孔法，冲孔时的冲水压力见表4.9。

表 4.9　　　　　　　　　　冲孔所需的水流压力

土的名称	冲水压力/kPa	土的名称	冲水压力/kPa
松散的细砂	250～450	中等密实黏土	600～750
软质黏土、软质粉土质黏土	250～500	砾石土	850～900
密实的腐殖土	500	塑性粗砂	850～1150
原状的细砂	500	密实黏土、密实粉土质黏土	750～1250
松散中砂	450～550	中等颗粒的砾石	1000～1250
黄土	600～650	硬黏土	1250～1500
原状的中粒砂	600～700	原状粗砾	1350～1500

冲孔法又称水冲法，分为冲孔与埋管填料两个过程。冲孔时先用起重设备将直径为50～70mm的冲管吊起，并插在井点埋设位置上，然后开动高压水泵，将土冲松，如图

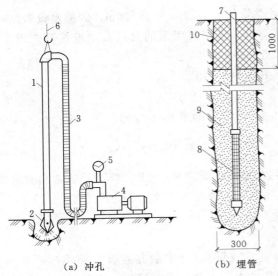

(a) 冲孔   (b) 埋管

图 4.18　水冲法井点管

1—冲管；2—冲嘴；3—胶管；4—高压水泵；5—压力表；
6—起重机吊钩；7—井点管；8—滤管；
9—填砂；10—黏土封口

4.18所示。冲孔时冲管应垂直插入土中，并作上下左右摆动，以加速土体松动，边冲边沉。冲孔直径一般为250～300mm，以保证井管周围有一定厚度的砂滤层。冲孔深度宜比滤管底深0.5～1.0m，以防冲管拔出时，部分土颗粒沉淀于孔底而触及滤管底部。

在埋设井点时，冲孔是重要的一环，冲水压力不宜过大或过小。当冲孔达到设计深度时，须尽快减低水压。

井孔冲成后，应立即拔出冲管，插入井点管，并在井点管与孔壁之间迅速填灌砂滤层，以防孔壁塌土［图4.18（b）］。砂滤层一般选用干净粗砂，填灌均匀，并填至滤管顶上部1.0～1.5m，以保证水流通畅。井点填好砂滤料后，须用黏土封好井点管与孔壁间的上部空间，以防漏气。

（3）连接与试抽：将井点管、集水总管与水泵连接起来，形成完整的井点系统。安装完毕，需进行试抽，以检查是否有漏气现象。开始正式抽水后，一般不宜停抽，时抽时止，滤网易堵塞，也易抽出土颗粒，使水混浊，并引起附近建筑物由于土颗粒流失而沉降开裂。正常的降水是细水长流、出水澄清。

（4）井点运转与监测：

1）井点运转管理：井点运行后要连续工作，应准备双电源以保证连续抽水。真空度是判断井点系统是否良好的尺度，一般应不低于55.3～66.7kPa。如真空度不够，通常是由于管路漏气，应及时修复。如果通过检查发现淤塞的井点管太多，严重影响降水效果时，应逐个用高压水反冲洗或拔出重新埋设。

2）井点监测：井点监测包括流量观测、地下水位观测、沉降观测三方面。

流量观测。流量观测可用流量表或堰箱。若发现流量过大而水位降低缓慢甚至降不下去时，可考虑改用流量较大的水泵；若流量较小而水位降低却较快则可改用小型水泵以免离心泵无水发热，并可节约电力。

地下水位观测。地下水位观测井的位置和间距可按设计需要布置，可用井点管作为观测井。在开始抽水时，每隔4～8h测一次，以观测整个系统的降水效果。3d后或降水达到预定标高前，每日观测1～2次。地下水位降到预定标高后，可数日或一周测一次，但若遇下雨时，须加密观测。

沉降观测。在抽水影响范围内的建筑物和地下管线，应进行沉降观测。观测次数一般每天一次，在异常情况下须加密观测，每天不少于2次。

4.2.2 喷射井点

当基坑开挖所需降水深度超过 8m 时，一层轻型井点就难以收到预期的降水效果，这时如果场地许可，可以采用二层甚至多层轻型井点来增加降水深度，达到设计要求。但是这样会增加基坑土方施工工程量、增加降水设备用量并延长工期，也扩大了井点降水的影响范围而对环境保护不利。因此，当降水深度超过 8m 时，宜采用喷射井点。

4.2.2.1 喷射井点设备

根据工作流体的不同，喷射井点可分为喷水井点和喷气井点两种。两者的工作原理是相同的。喷射井点系统主要由喷射井点管、高压水泵（或空气压缩机）和管路系统组成，如图 4.19 所示。

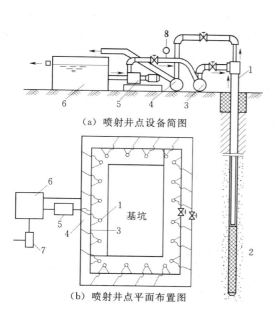

（a）喷射井点设备简图

（b）喷射井点平面布置图

图 4.19　喷射井点布置图

1—喷射井管；2—滤管；3—供水总管；
4—排水总管；5—高压离心水泵；
6—水箱；7—排水泵；8—压力表

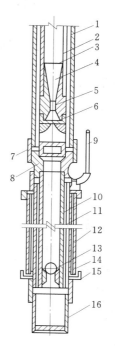

图 4.20　喷射井点管构造

1—外管；2—内管；3—喷射器；4—扩散管；
5—混合管；6—喷嘴；7—缩节；8—连接座；
9—真空测定管；10—滤管芯管；11—滤管
有孔套管；12—滤管外缠滤网及保护网；
13—逆止球阀；14—逆止阀座；
15—护套；16—沉泥管

（1）喷射井点管：喷射井管由内管和外管组成，在内管的下端装有喷射扬水器与滤管相连，如图 4.20 所示。当喷射井点工作时，由地面高压离心水泵供应的高压工作水经过内外管之间的环形空间直达底端，在此处工作流体由特制内管的两侧进水孔至喷嘴喷出，在喷嘴处由于断面突然收缩变小，使工作流体具有极高的流速，在喷口附近造成负压，将地下水经滤管吸入，吸入的地下水在混合室与工作水混合，然后进入扩散室，水流在强大压力的作用下把地下水同工作水一同扬升出地面,经排水管道系统排至集水池或水箱,一部分用低压泵排走;另一部分供高压水泵压入井管外管内作为工作水流。如此循环作业,将地下水不断从井点管中抽走,使地下水逐渐下降,达到设计要求的降水深度。

(2)高压水泵:高压水泵一般可采用流量为 $50\sim80\mathrm{m^3/h}$,压力为 $0.7\sim0.8\mathrm{MPa}$ 的多级高压水泵,每套能带动 $20\sim30$ 根井管。

(3)管路系统:管路系统包括进水、排水总管(直径 150mm,每套长度 60m)、接头、阀门、水表、溢流管、调压管等管件、零件及仪表。

喷射井点用作深层降水,应用在渗透系数在 $0.1\sim20\mathrm{m/s}$ 的粉土、极细砂和粉砂中较为适用。在较粗的砂粒中,由于出水量较大,循环水流就显得不经济,这时宜采用深井泵。一般一级喷射井点可降低地下水位 $8\sim20\mathrm{m}$,甚至 20m 以上。

4.2.2.2 喷射井点的设计与计算

喷射井点在设计时其管路布置和剖面布置与轻型井点基本相同。基坑面积较大时,采用环形布置;基坑宽度小于 10m 时采用单排线型布置;大于 10m 时作双排布置。喷射井管间距一般为 $3\sim6\mathrm{m}$。当采用环形布置时,进出口(道路)处的井点间距可扩大为 $5\sim7\mathrm{m}$。每套井点的总管数应控制在 30 根左右。喷射井点的涌水量计算及确定井点管数量与间距、抽水设备等均与轻型井点计算相同。水泵工作水需用压力按式(4.30)计算:

$$P=\frac{P_0}{\alpha} \tag{4.30}$$

式中 P——水泵工作水头压力,m;

P_0——扬水高度,m,即水箱至井管底部的总高度;

α——扬水高度与喷嘴前面工作水头之比。

4.2.2.3 喷射井点施工工艺及要点

1. 喷射井点施工工艺流程

泵房设置→安装进、排水总管→水冲或钻孔成井→安装喷射井点管、填滤管→接通进、排水总管,并与高压水泵或空气压缩机接通→将各井点管的外管管口与排水管接通,并通过循环水箱→启动高压水泵或空气压缩机抽水→离心水泵排除循环水箱中多余的水→测量观测井中地下水位变化。

2. 喷射井点施工要点

(1)喷射井点井点管埋设方法与轻型井点相同,其成孔直径为 $400\sim600\mathrm{mm}$。为保证埋设质量,宜用套管法冲孔加水及压缩空气排泥,当套管内含泥量经测定小于 5% 时,下井管及灌砂,然后再拔套管。对于 10m 以上喷射井点管,宜用吊车下管。下井管时,水泵应先开始运转,以便每下好一根井点管,立即与总管接通,然后及时进行单根试抽排泥,让井管内出来的泥浆从水沟排出。

(2)全部井点管埋设完毕后,再接通回水总管全面试抽,然后使工作水循环,进行正式工作。各套进水总管均应用阀门隔开,各套回水管应分开。

(3)为防止喷射器损坏,安装前应对喷射井管逐根冲洗,开泵压力要小些(≤0.3MPa),以后再将其逐步开足。如果发现井点管周围有翻砂、冒水现象,应立即关闭井管并检修。

（4）工作水应保持清洁，试抽 2d 后，应更换清水，此后视水质污浊程度定期更换清水，以减轻对喷嘴及水泵叶轮的磨损。

3．喷射井点的运转和保养

喷射井点比较复杂，在井点安装完成后，必须及时试抽，及时发现和消除漏气和"死井"。在其运转期间，需进行监测以了解装置性能，及时观测地下水位变化；测定井点抽水量，通过地下水量的变化，分析降水效果及降水过程中出现的问题；测定井点管真空度，检查井点工作是否正常。此外，还可通过听、摸、看等方法来检查：

听——有上水声是好井点，无声则可能井点已被堵塞。

摸——手摸管壁感到振动。另外，冬天热而夏天凉为好井点，反之则为坏井点。

看——夏天湿、冬天干的井点为好井点。

4.2.3 电渗井点

在渗透系数小于 0.1m/d 的黏土或淤泥中降低地下水位时，比较有效的方法是电渗井点排水。

电渗井点排水的原理如图 4.21 所示，以井点管作负极，以打入的钢筋或钢管作正极，

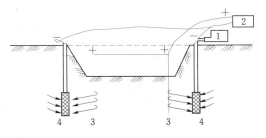

图 4.21 电渗井点排水示意图
1—水泵；2—直流发电机；3—钢管；4—井点

当通以直流电后，土颗粒即自负极向正极移动，水则自正极向负极移动而被集中排出。土颗粒的移动称电泳现象，水的移动称电渗现象，故名电渗井点。

电渗井点的施工要点如下：

（1）电渗井点埋设程序，一般是先埋设轻型井点或喷射井点管，预留出布置电渗井点阳极的位置，待轻型井点或喷射井点降水不能满足降水要求时，再埋设电渗阳极，以改善降水效果。阳极埋设可用 75mm 旋叶式电钻钻孔埋设，钻进时加水和高压空气循环排泥，阳极就位后，利用下一钻孔排出泥浆倒灌填孔，使阳极与土接触良好，减少电阻，以利电渗。如深度不大，亦可用锤击法打入。阳极埋设必须垂直，严禁与相邻阴极相碰，以免造成短路，损坏设备。

（2）通电时，工作电压不宜大于 60V，电压梯度可采用 50V/m，土中通电的电流密度宜为 0.5～1.0A/m^2。为避免大部分电流从土表面通过，降低电渗效果，通电前应清除井点管与阳极间地面上的导电物质，使地面保持干燥，如涂一层沥青绝缘效果更好。

（3）通电时，为消除由于电解作用产生的气体积聚于电极附近，使土体电阻增大，而增加电能的消耗，宜采用间隔通电法，每通电 22h，停电 2h，再通电，依次类推。

（4）在降水过程中，应对电压、电流密度、耗电量及观测孔水位等进行量测记录。

4.2.4 深井井点

深井井点降水的工作原理是利用深井进行重力集水，在井内用长轴深井泵或井内用潜水泵进行排水以达到降水或降低承压水压力的目的。它适用于渗透系数较大（$K \geq 200$m/d）、涌水量大、降水较深（可达 50m）的砂土、砂质粉土，及用其他井点降水不易解决的深层降水，可采用深井井点系统。深井井点的降水深度不受吸程限制，由水泵扬程决

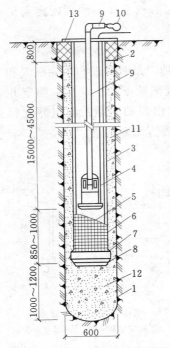

图 4.22 深井井点构造示意图

1—井孔；2—井口（黏土封口）；3—φ300 井管；4—潜水泵；5—过滤段（内填碎石）；6—滤网；7—导向段；8—开孔底板（下铺滤网）；9—φ50 出水管；10—φ50~75 出水总管；11—小砾石或中粗砂；12—中粗砂；13—钢板井盖

定，在要求水位降低 5m 以上，或要求降低承压水压力时，排水效果好。井距大，对施工平面布置干扰小。

1. 深井井点设备

深井井点系统由深井、井管和深井泵（或潜水泵）组成，如图 4.22 所示。

2. 深井井点布置

对于采用坑外降水的方法，深井井点的布置根据基坑的平面形状及所需降水深度，沿基坑四周呈环形或直线形布置，井点一般沿工程基坑周围离开边坡上缘 0.5~1.5m，井距一般为 30m 左右。当采用坑内降水时，可按图 4.23 所示呈棋盘状点状方式布置，并根据单井涌水量、降水深度及影响半径等确定井距，在坑内呈棋盘形点状布置。一般井距为 10~30m。井点宜深入到透水层 6~9m，通常还应比所应降水深度深 6~8m。

3. 深井井点施工程序及要点

（1）井位放样、定位。

（2）做井口，安放护筒。井管直径应大于深井泵最大外径 50mm 以上，钻孔孔径应大于井管直径 300mm 以上。安放护筒以防孔口塌方，并为钻孔起到导向作用。做好泥浆沟与泥浆坑。

（3）钻机就位、钻孔。深井的成孔方法可采用冲击钻、回转钻、潜水电钻等，用泥浆护壁或清水护壁法成孔。清孔后回填井底砂垫层。

（4）吊放深井管与填滤料。井管应安放垂直，过滤部分应放在含水层范围内。井管与土壁间填充粒径大于滤网孔径的砂滤料。填滤料要一次连续完成，从底填到井口下 1m 左右，上部采用黏土封口。

（5）洗井。若水较混浊，含有泥砂、杂物、会增加泵的磨损、减少寿命或使泵堵塞，可用空压机或旧的深井泵来洗井，使抽出的井水清洁后，再安装新泵。

（6）安装抽水设备及控制电路。安装前应先检查井管内径、垂直度是否符合要求。安放深井泵时，用麻绳吊入滤水层部位，并安放平稳，然后接电动机电缆及控制电路。

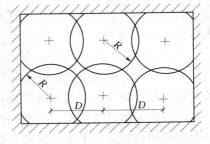

图 4.23 坑内降水井点布置示意图

R—抽水影响半径；D—井点间距

（7）试抽水。深井泵在运转前，应用清水预润（清水通入泵座润滑水孔，以保证轴与轴承的预润）。检查电气装置及各种机械装置，测量深井的静、动水位。达到要求后，即可试抽，一切满足要求后，再转入正常抽水。

（8）降水完毕。降水完毕后即可拆除水泵，用起重设备拔除井管，将拔出井管所留的孔洞用砂砾填实。

任务 4.3　降水对环境的影响及防治措施

井点降水时，井点管周围含水层的水不断流向滤管。在无承压水等环境条件下，经过一段时间之后，在井点周围形成漏斗状的弯曲水面，即所谓"降水漏斗"曲线。经过几天或几周后，降水漏斗渐趋稳定。降水漏斗范围内的地下水位下降后，就必然会造成地基固结沉降。由于降水漏斗不是平面，因而产生的沉降也是不均匀的。在实际工程中，由于井点管滤网和砂滤层结构不良，把土层中的细颗粒同地下水一同抽出，就会使地基不均匀沉降加剧，造成附近建筑物及地下管线的不同程度的损坏。

在基坑降水开挖中，为了防止邻近建筑物受影响，可采用以下措施。

1. 回灌技术

降水对周围环境的影响，是由于土壤内地下水流失造成的。回灌技术即在降水井点和要保护的建（构）筑物之间打设一排井点，在降水井点抽水的同时，通过回灌井点向土层内灌入一定数量的水（即降水井点抽出的水），形成一道隔水帷幕，从而阻止或减少回灌井点外侧被保护的建（构）筑物下地下水的流失，使地下水位基本保持不变，这样就不会因降水使地基自重应力增加而引起地面沉降。

回灌井点可采用一般真空井点降水的设备和技术，仅增加回灌水箱、闸阀和水表等少量设备。

采用回灌井点时，回灌井点与降水井点的距离不宜小于 6m。回灌井点的间距应根据降水井点的间距和被保护建（构）筑物的平面位置确定。

回灌井点宜进入稳定降水面下 1m，且位于渗透性较好的土层中。回灌井点滤管的长度应大于降水井点滤管的长度。

回灌水量可通过水位观测孔中水位的变化进行控制和调节，不宜超过原水位标高。回灌水箱的高度，可根据灌入水量决定。回灌水宜用清水。实际施工时应协调控制降水井点与回灌井点。

许多工程实例证明，用回灌井点回灌水能产生与降水井点相反的地下水降落漏斗，能有效地阻止被保护建（构）筑物下的地下水流失，防止产生有害的地面沉降。

回灌水量要适当，过小无效，过大则会从边坡或钢板桩的缝隙中流入基坑。

2. 砂沟、砂井回灌

在降水井点与被保护建（构）筑物之间设置砂井作为回灌井，沿砂井布置一道砂沟，将降水井点抽出的水，适时、适量地排入砂沟，再经砂井回灌到地下，实践证明效果良好。

回灌砂井的灌砂量，应取井孔体积的 95%，填料宜采用含泥量不大于 3%、不均匀系数为 3～5 的纯净中粗砂。

3. 减缓降水速度

由于在砂质粉土中降水影响范围可达 80m 以上，降水曲线较平缓，因此可将井点管加长，减缓降水速度，防止产生过大的沉降。也可在井点系统的降水过程中，调小离心泵阀，减缓抽水速度。还可在邻近被保护建（构）筑物一侧，将井点管间距加大，需要时可暂停抽水。

为防止抽水过程中将细微土粒带出，可根据土的粒径选择滤网。另外，确保井点管周围砂滤层的厚度和施工质量，也能有效防止降水引起的地面沉降。

在基坑内部降水，掌握好滤管的埋设深度，如支护结构有可靠的隔水性能，则其一方面能疏干土壤，降低地下水位，便于挖土施工；另一方面又不使降水影响到基坑外面，造成基坑周围产生沉降。

任务 4.4　基坑外地面排水

基坑（槽）形成以后，地下水渗透流量相应增大，基坑边坡和底部的动水压力加大，容易引起管涌或流土，造成塌坡和基坑底隆起的严重后果。因此在整个基础工程施工期间，应进行周密的排水系统的布置、渗透流量的计算和排水设备的选择，并注意观察基坑边坡和基坑底面的变化，保证基坑工作顺利进行。基坑排水主要包括基坑外地面排水和坑内排水。

地面水的排除一般采用排水沟、截水沟、挡水土坝等措施。应尽量利用自然地形来设置排水沟，使水直接排至场外，或流向低洼处再用水泵抽走。主排水沟最好设置在施工区域的边缘或道路的两旁，其横断面和纵向坡度应根据最大流量确定。一般排水沟的横断面不小于 $0.5m \times 0.5m$，纵向坡度一般不小于 3‰。平坦地区，如排水困难，其纵向坡度不应小于 2‰，沼泽地区可减至 1‰。场地平整过程中，要注意排水沟保持畅通。

山区的场地平整施工，应在较高一面的山坡上开挖截水沟。在低洼地区施工时，除开挖排水沟外，必要时应修筑挡水土坝，以阻挡雨水的流入。

项 目 小 结

本项目内容包括基坑明排水、人工降水。在基坑明排水中，简单介绍了明沟、集水井排水布置要求、方法等问题；在人工降水中，介绍了基坑涌水量计算及降水井（井点或管井）数量计算方法，以及井点结构和施工的技术要求。

本项目的教学目标是，通过本项目的学习，使学生掌握明沟、集水井排水布置要求、方法，会选用水泵；掌握基坑涌水量计算及降水井（井点或管井）数量计算，掌握井点结构和施工的技术要求。

复 习 与 思 考 题

1. 为何要进行基坑降排水？
2. 基坑降水方法有哪些？指出其适用范围？

3. 试述轻型井点降水设备的组成和布置。

4. 基坑降水会给环境带来什么样的影响？如何治理？

5. 某建筑物地下室平面尺寸为 51m×11.5m，基底标高为 −5m，自然地面标高为 −0.45m，地下水位为 −2.8m，不透水层在地面下 12m，地下水为无压水，实测透水系数 $K=5$m/d。基坑边坡为 1∶0.5，现采用轻型井点降低地下水位进行轻型井点系统平面和高程布置，并计算井点管数量和间距。

项目5　浅基础施工

【学习目标】

掌握地基处理的基本知识；掌握各种地基处理方法的加固原理、应用范围、要求；掌握各种地基处理方法的施工工序、施工方法；了解各种地基处理方法的施工机具；熟悉地基处理质量的控制要求。

【引例与思考】

某工程占地面积 13000m²。东临主车间一锅炉房，最近处的距离仅 7.5m，附近路面下有大口径（φ1.5m）供水管、雨水管、污水管和煤气管，还有电力和电话电缆等重要公用设施，这些管线对开挖时产生的位移和沉降都很敏感。此地下工程开挖面积 127m×71m，开挖深度 4.6～6.7m。该场地工程地质条件为：表层为 1.7m 杂填土，其下为 2.3m 褐黄色可塑粉质黏土、4.1m 灰色淤泥质流塑粉质黏土、9.7m 灰色流塑淤泥质黏土、20.9m 灰色软塑粉质黏土。此种情况下该如何确保施工期间周围建筑物和管线的安全，同时减少基坑开挖渗流对施工的影响？

任务 5.1　基础工程的基本知识

任何建筑物都建造在地层上，建筑物的全部荷载均由它下面的地层来承担。受建筑物荷载影响的那一部分地层称为地基；建筑物在地面以下并将上部荷载传递至地基的结构就是基础；基础上建造的是上部结构（图5.1）。基础底面至地面的距离，称为基础的埋置深度。直接支承基础的地层称为持力层，在持力层下方的地层称为下卧层。地基基础是保证建筑物安全和满足使用要求的关键之一。

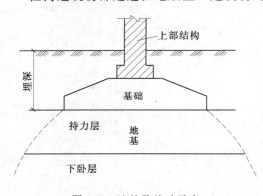

图 5.1　地基及基础示意

基础的作用是将建筑物的全部荷载传递给地基。和上部结构一样，基础应具有足够的强度、刚度和耐久性。对于那些开挖基坑后可以直接修筑基础的地基，称为天然地基。那些不能满足要求而需要事先进行人工处理的地基，称为人工地基。地基和基础是建筑物的根基，又属于地下隐蔽工程，它的勘察、设计和施工质量直接关系着建筑物的安危。在建筑工程事故中，地基基础方面的事故为最多。而且地基基础事故一旦发生，补救异常困难。从造价或施工工期上看，基础工程在建筑物中所占比例很大，有的工程可达 30％ 以上。因此，地基及基础在建筑工程中的重要性是显而易见的。

5.1.1　基础分类

5.1.1.1　按基础材料分类

基础应具有承受荷载、抵抗变形和适应环境影响的能力，即要求基础具有足够的强度、刚度和耐久性。选择基础材料，首先要满足这些技术要求，并与上部结构相适应。

常用的基础材料有砖、毛石、灰土、三合土、混凝土和钢筋混凝土等。下面简单介绍这些基础的性能和适应性。

1. 砖基础

砖砌体具有一定的抗压强度，但抗拉强度和抗剪强度低。砖基础所用的砖，强度等级不低于 MU7.5，砂浆不低于 M2.5。在地下水位以下或当地基土潮湿时，应采用水泥砂浆砌筑。在砖基础底面以下，一般应先做 100mm 厚的 C10 或 C7.5 的混凝土垫层。砖基础取材容易，应用广泛，一般可用于 6 层及 6 层以下的民用建筑和砖墙承重的厂房。

2. 毛石基础

毛石是指未加工的石材。毛石基础所采用的未风化的硬质岩石，禁用风化毛石。由于毛石之间间隙较大，如果砂浆黏结的性能较差，则不能用于多层建筑，且不宜用于地下水位以下。但毛石基础的抗冻性能较好，北方也用来作为 7 层以下的建筑物基础。

3. 灰土基础

灰土是用石灰和土料配制而成的。石灰以块状为宜，经熟化 1～2 天后过 5mm 筛立即使用。土料应用塑性指数较低的粉土和黏性土为宜，土料团粒应过筛，粒径不得大于 15mm。石灰和土料按体积配合比为 3∶7 或 2∶8，拌和均匀后，在基槽内分层夯实。灰土基础宜在比较干燥的土层中使用，其本身具有一定的抗冻性。在我国华北和西北地区，广泛用于 5 层及 5 层以下的民用建筑。

4. 三合土基础

三合土是由石灰、砂和骨料（矿渣、碎砖或碎石）加水混合而成。施工时石灰、砂、骨料按体积配合比为 1∶2∶4 或 1∶3∶6 拌和均匀后再分层夯实。三合土的强度较低，一般只用于 4 层及 4 层以下的民用建筑。

5. 混凝土基础

混凝土基础的抗压强度、耐久性和抗冻性比较好，其混强度等级一般为 C10 以上。这种基础常用在荷载较大的墙柱处。如在混凝土基础中埋入体积占 25%～30%的毛石（石块尺寸不宜超过 300mm），即做成毛石混凝土基础，可以节省水泥用量。

6. 钢筋混凝土基础

钢筋混凝土是基础的良好材料，其强度、耐久性和抗冻性都较理想。由于它承受力矩和剪力的能力较好，故在相同的基底面积下可减少基础高度。因此常在荷载较大或地基较差的情况下使用。除钢筋混凝土基础外，上述其他各种基础属无筋基础。无筋基础的抗拉抗剪强度都不高，为了使基础内产生的拉应力和剪应力不过大，需要限制基础沿柱、墙边挑出的宽度，因而使基础的高度相对增加。因此，这种基础几乎不会发生挠曲变形，习惯上把无筋基础称为刚性基础。钢筋混凝土基础称为柔性基础。

5.1.1.2　按结构型式分类

1. 钢筋混凝土独立基础

主要是柱下基础。通常有现浇台阶形基础〔图 5.2（a）〕，现浇锥形基础〔图 5.2（b）〕和预制柱的杯口形基础〔图 5.2（c）〕；杯口形基础又可分为单肢和双肢杯口形基础、低杯口形基础和高杯口形基础。轴心受压柱下基础的底面形状为正方形，而偏心受压柱下基础的底面形状为矩形。

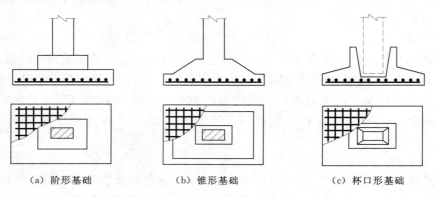

|　（a）阶形基础　|　（b）锥形基础　|　（c）杯口形基础　|

图 5.2　柱下钢筋混凝土扩展基础

2. 钢筋混凝土条形基础

进一步可分为墙下钢筋混凝土条形基础。柱下钢筋混凝土条形基础和十字叉钢筋混凝土条形基础。墙下钢筋混凝土条形基础根据受力条件可分为：不带肋和带肋两种（图 5.3），通常只考虑基础横向受力发生破坏，设计时可沿长度方向按平面应变问题来进行计算。

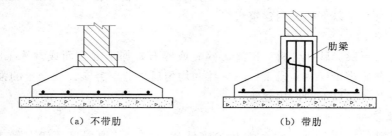

|　（a）不带肋　|　（b）带肋　|

图 5.3　墙下钢筋混凝土条形基础

上部荷载较大，地基承载力较低时，独立基础底面积不能满足设计要求。这时可把若干柱子的基础连成一条，构成柱下条形基础，以扩大基底面积，减小地基反力，并可以通过形成整体刚度来调整可能产生的不均匀沉降。把一个方向的单列柱基连在一起形成单向条形基础（图 5.4）。

上部荷载较大，采用单向条形基础仍不能满足承载力要求时，可以把纵横柱基础均连在一起，称为十字交叉条形基础（图 5.5）。

3. 筏板基础（片筏基础）

当地基承载力低，而上部结构的荷载又较大，以致十字交叉条形基础仍不能提供足够

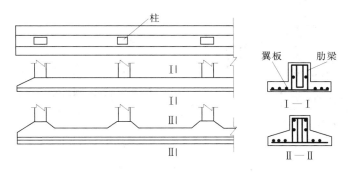

图 5.4　单向条形基础

的底面积来满足地基承载力的要求时，可采用钢筋混凝土满堂板基础，这种平板基础称为筏板基础。

筏板基础具有比十字交叉条形基础更大的整体刚度，有利于调整地基的不均匀沉降，能较好适应上部结构荷载分布的变化。筏板基础还可满足抗渗要求。

筏板基础分为平板式和梁板式两种类型。

平板式：等厚度平板 ［图 5.6 （a）］；柱荷载较大时，可局部加大柱下板厚或设墩基以防止筏板被冲剪破坏 ［图 5.6 （b）］。梁板式：柱距较大，柱荷载相差也较大时，沿柱轴纵横向设置基础梁 ［图 5.6 （c）和 （d）］。

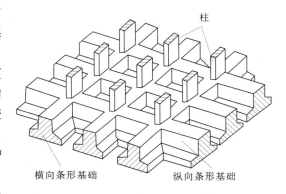

图 5.5　十字交叉条形基础

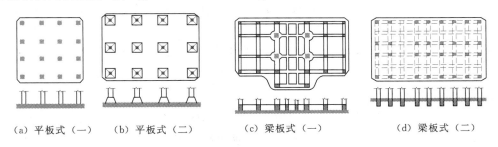

（a）平板式（一）　　（b）平板式（二）　　（c）梁板式（一）　　（d）梁板式（二）

图 5.6　筏板基础

4. 箱形基础

箱形基础是由现浇的钢筋混凝土底板、顶板和纵横内外隔墙组成，形成一只刚度极大的箱子，故称之为箱形基础 ［图 5.7 （a）］。

箱形基础具有比筏板基础更大的抗弯刚度，相对弯曲很小，可视作绝对刚性基础。为了加大底板刚度，可进一步采用"套箱式"箱形基础 ［图 5.7 （b）］。箱形基础埋深较深，基础空腹，从而卸除了基底处原有地基的自重应力，因此就大大地减少了作用于基础底面的附加应力，减少建筑物的沉降，这种基础又称之为补偿性基础。

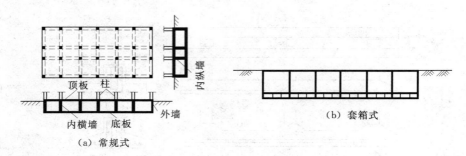

图 5.7 箱型基础

5. 壳体基础

壳体基础轴向压力为主,可以充分发挥钢筋和混凝土材料抗压强度高的受力特点(梁板基础:弯矩为主),节省材料,造价低。适用于筒形构筑物基础,根据形状不同,可以有以下三种形式:M 形组合壳 [图 5.8 (a)]、正圆锥壳 [图 5.8 (b)]、内球外锥组合壳 [图 5.89c)]。

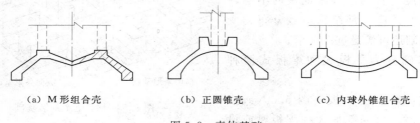

图 5.8 壳体基础

5.1.1.3 按埋置深度分类

通常将埋深不大(一般小于 5m)、只需经过挖槽、排水等普通施工工序就可以建造起来的基础统称为浅基础。例如柱下单独基础、墙下或柱下条形基础、交叉梁基础、筏板基础、箱形基础等。对于浅层土质不良,需要利用深处良好地层的承载能力,而采用专门的施工方法和机具建造的基础,称为深基础。例如桩基础、墩基础、地下连续墙等。

5.1.2 基础埋置深度的选择

基础埋置深度一般是指室外设计地面到基础底面的距离。基础埋置深,基底两侧的超载大,地基承载力高,稳定性好;相反,基础埋置浅,工程造价低,施工期短。确定基础埋深,就是选择较理想的土层作为持力层,需要认真分析各方面的情况,处理好安全与经济这一矛盾。

影响基础埋置深度因素较多,一般可从以下几方面考虑。

5.1.2.1 工程地质条件及地下水的情况

工程地质条件是影响基础埋深的最基本条件之一,设计者希望地基各土层的厚度均匀,层面水平,压缩性小,承载力高,但在实际工程中,却常遇到上下各层土软硬不相同,厚度不均匀,层面倾斜等情况。

当地基上层土较好,下层土较软弱,则基础尽量浅埋。反之,上层土软弱,下层土坚实，则需要区别对待。当上层软弱土较薄，可将基础置于下层坚实土上；当上层软弱土较厚时，可考虑采用宽基浅埋的办法，也可考虑人工加固处理，或桩基础方案。必要时，应从施工难易，材料用量等方面进行分析比较决定。

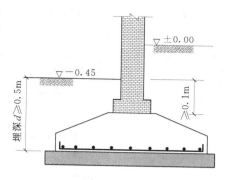

考虑到地表一定深度内，由于气温变化、雨水侵蚀、动植物生长及人为活动的影响，基础埋深不得小于 0.5m；为保护基础不外露，基础大放脚顶面应低于室外地面至少 0.1m；另外，基础也应埋置于持力层面下不少于 0.1m（图 5.9）。

图 5.9 基础的最小埋置深度

选择基础埋深时应考虑水文地质条件的影响。当基础置于潜水面以上时，无需基坑排水，可避免涌土、流沙现象，方便施工，设计上一般不必考虑地下水的腐蚀作用和地下室的防渗漏问题等，因此，在地基稳定许可的条件下，基础应尽量置于地下水位之上。当承压含水层埋藏较浅时，为防止基底因挖土减压而隆起开裂、破坏地基，必须控制基底设计标高。

5.1.2.2 建筑物的有关条件

（1）建筑功能：当建筑物设有地下室时，基础埋深要受地下室地面标高的影响，在平面上仅局部有地下室时，基础可按台阶形式变化埋深或整体加深。当设计的工程是冷藏库或高温炉窑，其基础埋深应考虑热传导引起地基土因低温而冻胀或因高温而干缩的不利影响。

（2）荷载效应：对于竖向荷载大，地震力和风力等水平荷载作用也大的高层建筑，基础埋深应适当增大，以满足稳定性要求，如在抗震设防区，高层建筑的箱形和筏形基础埋深宜大于建筑高度的 1/15。对于受上拔力较大的基础，应有较大的埋深以提供所需的抗拔力，对于室内地面荷载较大或有设备基础的厂房、仓库，应考虑对基础内侧的不利作用。

（3）设备条件：在确定基础埋深时，需考虑给排水、供热等管道的标高。原则上不允许管道从基础底下通过，一般可以在基础上设洞口，且洞口顶面与管道之间要留有足够的净空高度，以防止基础沉降压裂管道，造成事故。

5.1.2.3 相邻建筑物基础的埋深

在城市房屋密集的地方，往往新旧建筑物紧靠在一起，为保证原有建筑物的安全和正

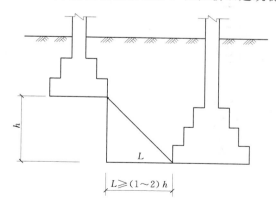

常使用，新建筑物的基础埋深不宜大于原有建筑物基础的埋深，并应考虑新加荷载对原有建筑物的不利作用。当新建筑物荷重大、楼层高、基础埋深要求大于原有建筑物基础埋深时，新旧两基础之间应有一定的净距（图 5.10）。根据荷载大小、土质情况和基础形成确定，一般可取相邻基础底面高差的 $1\sim2$ 倍，即 $L \geq (1\sim2)h$。当不能满足净距方面的要求时，应采取分段施工，或设临时支撑、打板桩、地下连续墙等措施，或加固原有建筑物地基。

图 5.10 相邻基础的埋深

5.1.2.4　地基冻融条件的影响

如果基础埋于冻胀土内,当冻胀力和冻切力足够大时,就会导致建筑物发生不均匀的上抬,门窗不能开启,严重时墙体开裂;当温度升高解冻时,冰晶体融化,含水量增大,土的强度降低,使建筑物产生不均匀的沉陷。在气温低,冻结深度大的地区,由于冻害使墙体开裂的情况较多,应引起足够的重视。

任务 5.2　无 筋 扩 展 基 础

5.2.1　无筋扩展基础构造

5.2.1.1　砖基础构造

砖基础有条形基础和独立基础,基础下部扩大部分称为大放脚、上部为基础墙。砖基础的大放脚通常采用等高式和间隔式两种（图 5.11）。

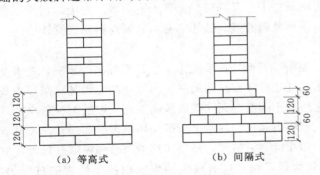

(a) 等高式　　　　　　(b) 间隔式

图 5.11　砖基础大放脚形式

等高式大放脚是两皮一收,两边各收进 1/4 砖长,即高为 120mm,宽为 60mm;不等高式大放脚是两皮一收和一皮一收相间隔,两边各收进 1/4 砖长,即高为 120mm 与 60mm,宽为 60mm。

大放脚一般采用一顺一丁砌法,上下皮垂直灰缝相互错开 60mm。

砖基础的转角处、交接处,为错缝需要应加砌配砖（3/4 砖、半砖或 1/4 砖）。在这些交接处,纵横墙要隔皮砌通;大放脚的最下一皮及每层的最上一皮应以丁砌为主。

底宽为 2 砖半等高式砖基础大放脚转角处分皮砌法（图 5.12）。

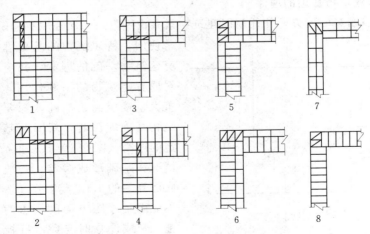

图 5.12　大放脚转角处分皮砌法

砖基础底标高不同时，应从低处砌起，并应由高处向低处搭砌，当设计无要求时，搭砌长度不应小于砖基础大放脚的高度（图 5.13）。

砖基础的转角处和交接处应同时砌筑，当不能同时砌筑时，应留置斜槎。

基础墙的防潮层，当设计无具体要求，宜用 1∶2 水泥砂浆加适量防水剂铺设，其厚度宜为 20mm。防潮层位置宜在室内地面标高以下一皮砖处。

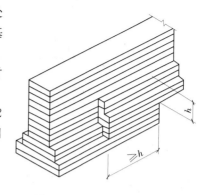

图 5.13 基底标高不同时，
砖基础的搭砌

5.2.1.2 石砌体基础构造

1. 毛石基础

毛石基础是用毛石与水泥砂浆或水泥混合砂浆砌成。所用毛石强度等级一般为 MU20 以上，砂浆宜用水泥砂浆，强度等级应不低于 M5。

毛石基础可作墙下条形基础或柱下独立基础。按其断面形式有矩形、阶梯形和梯形。基础的顶面宽度应比墙厚大 200mm，即每边宽出 100mm，每阶高度一般为 300～400mm，并至少砌二皮毛石。上级阶梯的石块应至少压砌下级阶梯的 1/2，相邻阶梯的毛石应相互错缝搭砌（图 5.14）。

毛石基础必须设置拉结石。毛石基础同皮内每隔 2m 左右设置一块。拉结石长度如基础宽度等于或小于 400mm，应与基础宽度相等；如基础宽度大于 400mm，可用两块拉结石内外搭接，搭接长度不应小于 150mm，且其中一块拉结石长度不应小于基础宽度的 2/3。

2. 料石基础

砌筑料石基础的第一皮石块应用丁砌层坐浆砌筑，以上各层料石可按一顺一丁进行砌筑。阶梯形料石基础，上级阶梯的料石至少压砌下级阶梯料石的 1/3（图 5.15）。

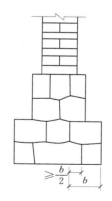

图 5.14 阶梯形毛石基础

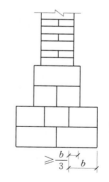

图 5.15 阶梯形料石基础

5.2.1.3 灰土与三合土基础构造

灰土与三合土基础构造详图（图 5.16）。两者构造相似，只是填料不同。灰土基础材料应按体积配合比拌料宜为 3∶7 或 2∶8。土料宜采用不含松软杂质的粉质黏性土及塑性

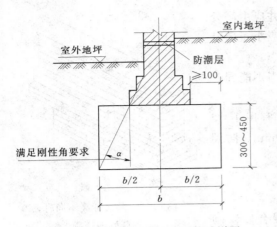

图 5.16　灰土与三合土基础构造详图

指数大于 4 的粉土。对土料应过筛，其粒径小得大于 15mm，土中的有机质含量小得大于 5％。

　　灰土用的熟石灰应在使用前一天将生石灰浇水消解。熟石灰中不得含有末熟化的生石灰块和过多的水分。生石灰消解 3～4d 筛除生石灰块后使用。过筛粒径不得大于 5mm。

　　三合土基础材料应按体积配合比拌料宜为 1∶2∶4～1∶3∶6，宜采用消石灰、砂、碎砖配置。砂宜采用中砂、粗砂和泥沙。砖应粉碎，其粒径为 20～60mm。

5.2.1.4　混凝土基础与毛石混凝土基础构造

　　当荷载较大、地下水位较高时，常采用混凝土基础。混凝土基础的强度较高，耐久性、抗冻性、抗渗性、耐腐蚀性都很好。基础的截面形式常采用台阶形，阶梯高度一般不小于 300mm。

　　（1）构造要求：毛石混凝土基础与混凝土基础的构造相同，当基础体积较大时，为了节约混凝土的用量，降低造价，可掺入一些毛石，掺入量不宜超过 30％，形成毛石混凝土基础。构造详图如图 5.17 所示。

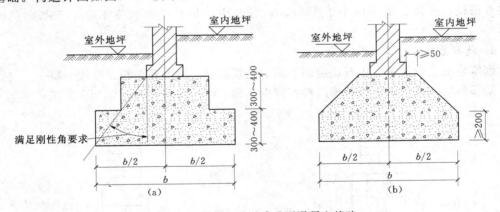

图 5.17　混凝土基础或毛石混凝土基础

　　（2）材料要求：混凝土的强度等级不宜低于 C15；毛石要选用坚实、末风化的石料，其抗压强度不低于 30kPa；毛石尺寸不宜大于截面最小宽度的 1/3，且不大于 300mm；毛石在使用前应清洗表面泥垢、水锈，并剔除尖条和扁块。

5.2.2　无筋扩展基础施工工艺及质量要求

5.2.2.1　砖基础施工

　　1. 工艺流程

　　砖基础施工工艺包括地基验槽、砖基放线、砖浇水、材料见证取样、拌制砂浆、排砖摺底、立皮数杆、墙体盘角、立杆挂线、砌砖基础、验收养护等步骤。其工艺流程如图 5.18 所示。

2. 施工要点

（1）砌砖基础前，应先将垫层清扫干净，并用水润湿，立好皮数杆，检查防潮层以下砌砖的层数是否相符。

（2）从相对设立的龙门板上拉上大放脚准线，根据准线交点在垫层面上弹出位置线，即为基础大放脚边线。基础大放脚的组砌法如图 5.19 所示。大放脚转角处要放七分头，七分头应在山墙和檐墙两处分层交替放置，一直砌到实墙。

（3）大放脚一般采用一顺一丁砌筑法，竖缝至少错开 1/4 砖长。大放脚的最下一皮及各个台阶的上面一皮应以丁砌为主，砌筑时宜采用"三一"砌法，即一铲灰、一块砖、一挤揉。

（4）开始操作时，在墙转角和内外墙交接处应砌大角，先砌筑 4～5 皮砖，经水平尺检查无误后进行挂线，砌好摺底砖，再砌以上各皮砖。挂线方法如图 5.20 所示。

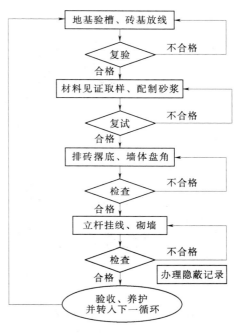

图 5.18　砖基础砌筑工艺流程图

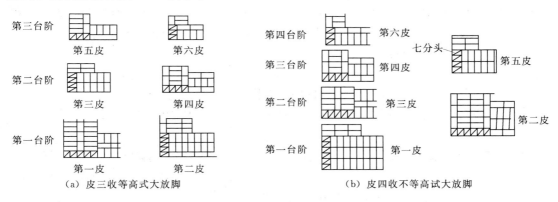

图 5.19　基础大放脚的组砌法

（5）砌筑时，所有承重墙基础应同时进行。基础接槎必须留斜槎，高低差不得大于 1.2m。预留孔洞必须在砌筑时预先留出，位置要准确。暖气沟墙可以在基础砌完后再砌，但基础墙上放暖气沟盖板的出檐砖，必须同时砌筑。

（6）有高低台的基础底面，应从低处砌起，并按大放脚的底部宽度由高台向低台搭接。如设计无规定时，搭接长度不应小于大放脚高度（图 5.21）。

（7）砌完基础大放脚，开始砌实墙部位时，应重新抄平放线，确定墙的中线和边线，再立皮数杆。砌到防潮层时，必须用水平仪找平，并按图纸规定铺设防潮层。如设计未作

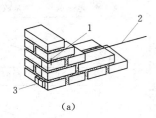

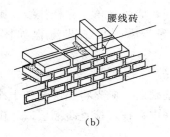

图 5.20　挂线方法示意图

1—别线棍；2—准线；3—简易挂线坠

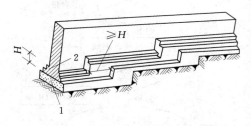

图 5.21　放脚搭接长度做法

1—基础；2—大放脚

具体规定，宜用 1：2.5 水泥砂浆加适量的防水剂铺设，其厚度一般为 20mm。砌完基础经验收后，应及时清理基槽（坑）内杂物和积水，应在两侧同时填土，并应分层夯实。

（8）在砌筑时，要做到上跟线、下跟棱；角砖要平、绷线要紧；上灰要准、铺灰要活；皮数杆要牢固垂直；砂浆饱满，灰缝均匀，横平竖直，上下错缝，内外搭砌，咬槎严密。

（9）砌筑时，灰缝砂浆要饱满，水平灰缝厚度宜为 10mm，不应小于 8mm，也不应大于 12mm。每皮砖要挂线，它与皮数杆的偏差值不得超过 10mm。

（10）基础中预留洞口及预埋管道，其位置、标高应准确，避免凿打墙洞；管道上部应预留沉降空隙。基础上铺放地沟盖板的出檐砖，应同时砌筑，并应用丁砖砌筑，立缝碰头灰应打严实。

（11）基础砌至防潮层时，须用水平仪找平，并按设计铺设防水砂浆（掺加水泥重量 3% 的防水剂）防潮层。

5.2.2.2　毛石基础施工

1. 工艺流程

毛石基础施工包括地基找平、基墙放线、材料见证取样、配置砂浆、立皮数杆挂线、基底找平、盘角、石块砌筑、勾缝等步骤，其工艺流程如图 5.22 所示。

2. 施工要点

（1）砌筑前应检查基槽（坑）的尺寸、标高、土质，清除杂物，夯平槽（坑）底。

（2）根据设置的龙门板在槽底放出毛石基础底边线，在基础转角处、交接处立上皮数杆。皮数杆

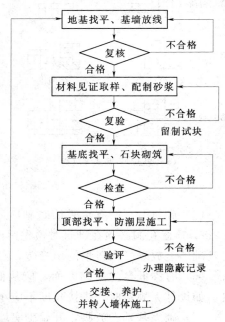

图 5.22　毛石基础工艺流程图

上应标明石块规格及灰缝厚度，砌阶梯形基础还应标明每一台阶的高度。

（3）砌筑时，应先砌转角处及交接处，然后砌中间部分。毛石基础的灰缝厚度宜为20～30mm，砂浆应饱满。石块间较大空隙应先用砂浆填塞后，再用碎石块嵌实，不得先嵌石块后填砂浆或干塞石块。

（4）基础的组砌形式应内外搭砌，上下错缝，拉结石、丁砌石交错设置；毛石墙拉结石每 0.7m² 墙面不应少于 1 块。

（5）砌筑毛石基础应双面挂线，挂线方法如图 5.23 所示。

（6）基础外墙转角处、纵横墙交接处及基础最上一层，应选用较大的平毛石砌筑。每隔 0.7m 须砌一块拉结石，上、下两皮拉结石位置应错开，立面形成梅花形。当基础宽度在 400mm 以内时，拉结石宽度应与基础宽度相等；基础宽度超过 400mm，可用两块拉结石内外搭砌，搭接长度不应小于 150mm，且其中一块长度不应小于基础宽度的 2/3。毛石基础每天的砌筑高度不应超过1.2m。

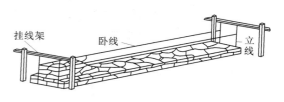

图 5.23　毛石基础挂线图

（7）每天应在当天砌完的砌体上铺一层灰浆，表面应粗糙。夏季施工时，对刚砌完的砌体，应用草袋覆盖养护 5～7d，避免风吹、日晒和雨淋。毛石基础全部砌完后，要及时在基础两边均匀分层回填，分层夯实。

5.2.2.3　灰土与三合土基础施工

1. 施工要点

施工工艺顺序：清理槽底→分层回填灰土并夯实→基础放线→砌筑放脚、基础墙→回填房芯土→防潮层。

（1）施工前应先验槽，清除松土，如有积水、淤泥应清除晾干，槽底要求平整干净。

（2）灰土基础拌和灰土时，应根据气温和土料的湿度搅拌均匀。灰土的颜色应一致，含水量宜控制在最优含水量±2%的范围（最优含水量可通过室内击实试验求得，一般为14%～18%）。

（3）填料时应分层回填。其厚度宜为 200～300mm，夯实机具可根据工程大小和现场机具条件确定。夯实遍数一般不少于 4 遍。

（4）灰土上下相邻土层接搓应错开，其间距不应小于 500mm。接搓不得在墙角、柱墩等部位，在接搓 500mm 范围内应增加夯实遍数。

（5）当基础底面标高不同时，土面应挖成阶梯或斜坡搭接，按先深后浅的顺序施工，搭接处应夯压密实。分层分段铺设时，接头应作成斜坡或阶梯形搭接，每层错开 0.5～1.0m，并应夯压密实。

2. 质量检验

灰土土料石灰或水泥（当水泥代替土中的石灰时）等材料及配合比应符合设计要求，灰土应拌和均匀。

施工过程中，应检查分层铺设的厚度、分段施工时上下两层的搭接长度、夯实加水量、夯实遍数、压实系数等。

施工结束后应检查灰土基础的承载力，灰土地基的质量验收标准见表5.1。

表 5.1 灰土地基的质量验收标准

项目	序号	检 查 项 目	允许偏差和允许值		检查方法
			单位	数值	
主控项目	1	地基承载力	设计要求		按规定方法
	2	配合比	设计要求		按拌和时的体积比
	3	压实系数	设计要求		现场实测
一般项目	1	石灰的粒径	mm	≤5	筛分法
	2	土料有机质含量	%	≤5	实验室焙烧法
	3	土颗粒粒径	mm	≤15	筛分法
	4	含水量（与要求的最优含水量比较）	%	±2	烘干法
	5	分层厚度偏差（与设计要求比较）	mm	±50	水准仪

5.2.2.4 混凝土基础施工

施工工艺顺序：基础垫层→基础放线→基础支模→浇筑混凝土→拆模→回填土。

（1）首先清理槽底验槽并做好记录。按设计要求打好垫层，垫层的强度等级不宜低于 C15。

（2）在基础垫层上放出基础轴线及边线，按线支立预先配制好的模板。模板可采用木模，也可采用钢模。模板支立要求牢固，避免浇筑混凝土时跑浆、变形（图5.24）。

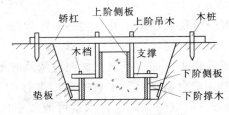

（a）阶梯条形基础木模板支模

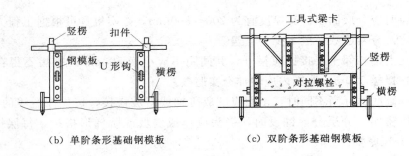

（b）单阶条形基础钢模板　　　　（c）双阶条形基础钢模板

图 5.24　基础模板示意图

（3）台阶式基础宜按台阶分层浇筑混凝土，每层可先浇筑边角后浇筑中间。第一层浇筑完工后，可停 0.5～1.0h，待下部密实后再浇筑上一层。

（4）基础截面为锥形，斜坡较陡时，斜面部分应支模浇筑，并防止模板上浮。斜坡较平缓时，可不支模板，但应将边角部位振捣密实，人工修整斜面。

（5）混凝土初凝后，外露部分要覆盖并浇水养护，待混凝土达到一定强度后方可拆除模板。

任务 5.3　钢筋混凝土基础

5.3.1　钢筋混凝土基础构造

5.3.1.1　钢筋混凝土独立基础构造

构造要求如图 5.25 所示。

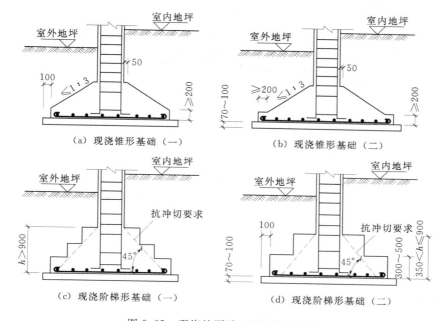

（a）现浇锥形基础（一）　　（b）现浇锥形基础（二）

（c）现浇阶梯形基础（一）　　（d）现浇阶梯形基础（二）

图 5.25　现浇柱下独立基础构造要求

基础垫层厚度不宜小于 70mm，混凝土强度等级为 C15。基础混凝土强度等级不宜小于 C20。锥形基础边缘的高度不宜小于 200mm；阶梯形基础每阶高度宜为 300～500mm。底板受力钢筋直径不宜小于 10mm，间距不宜大于 200mm，也不宜小于 100mm。当有垫层时底板钢筋保护层厚度为 40mm，无垫层时为 70mm。当基础的边长尺寸大于 2.5m 时，受力钢筋的长度可缩短 10%，钢筋应交错布置（图 5.26）。

现浇柱的插筋数目与直径同柱内要求，插筋的锚固长度及与柱的搭接长度应满足《混凝土结构设计规范》（GB 50010—2010）的规定。插筋的下端应作成直钩，放在底板钢筋上面。

5.3.1.2　墙下钢筋混凝土条形基础构造

构造详图，如图 5.27（a）所示。图 5.27（b）～（d）分别为条形基础交接处的构造处理要求。

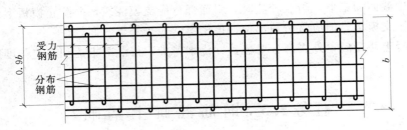

图 5.26　受力钢筋缩短后纵向布置图

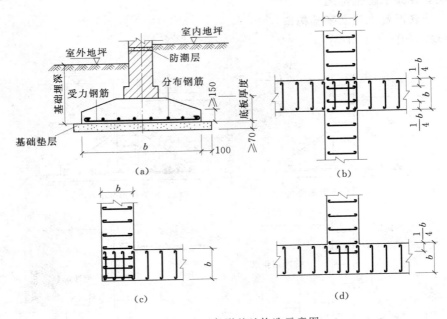

图 5.27　墙下条形基础构造示意图

（1）基础垫层的厚度不宜小于 70mm，混凝土强度等级应为 C15。

（2）基础底板混凝土强度等级不宜低于 C20。

（3）钢筋混凝土底板的厚度不小于 200mm 时，底板应做成平板。

（4）基础底板的受力钢筋直径不宜小于 10mm，间距不宜大于 200mm，也不宜小于 100mm。

（5）基础底板的分布钢筋直径不宜小于 8mm，间距不宜大于 300mm。

（6）基础底板内每延米分布钢筋的截面积不应小于受力钢筋面积的 1/10。

（7）底板钢筋保护层厚度，当有垫层时为 40mm，当无垫层时为 70mm。

（8）当条形基础底板的宽度大于或等于 2.5m 时，受力钢筋的长度可取基础宽度的 0.9 倍，并应交错布置。

5.3.1.3　柱下钢筋混凝土条形基础构造

柱下条形基础除应满足墙下条形基础构造外，还应满足图 5.28 所示条件。

（1）柱下条形基础梁端部应向外挑出，其长度宜为第一跨柱距的 0.25 倍。

（2）柱下条形基础梁高度，宜为柱距的 1/4～1/8，翼板的厚度不宜小于 200mm。当翼板的厚度小于等于 250mm 时做成平板，当翼板的厚度大于 250mm 时，宜采用变截面，其坡度不宜大于 1:3，如图 5.28（a）所示。

（3）当梁高大于 700mm 时，在梁的两侧沿高度间隔 300～400mm 设置一根直径不小于 10mm 的腰筋，并设置构造拉筋［图 5.28（a）］。

（4）当柱截面尺寸等于或大于基础梁宽时，应满足图 5.28（b）所示的规定。

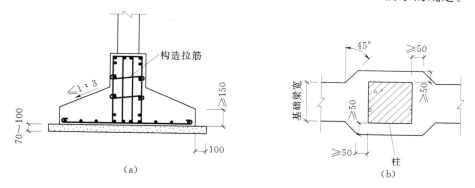

图 5.28　柱下钢筋混凝土条形基础

（5）基础梁顶部按计算所配纵向受力钢筋，应贯通全梁，底部通长钢筋不应少于底部受力钢筋总面积的 1/3。

5.3.1.4　钢筋混凝土筏板基础构造

（1）板厚：等厚度筏形基础一般取 200～400mm 厚，且板厚与最大双向板的短边之比不宜小于 1/20，由抗冲切强度和抗剪强度控制板厚。有悬臂筏板，可做成坡度，但端部厚度不小于 200mm，且悬臂长度不大于 2.0m。

（2）肋梁挑出：梁板的肋梁应适当挑出 1/6～1/3 的柱距。纵横向支座配筋应有 15%连通，跨中钢筋按实际配筋率全部连通。

（3）配筋间距：筏板分布钢筋在板厚小于或等于 250mm 时，取 $\phi 8$ 间距 250mm，板厚大于 250mm 时，取 $\phi 10$ 间距 200mm。

（4）混凝土强度等级：筏板基础的混凝土强度等级不应低于 C30。当有地下室时筏板基础应采用防水混凝土，防水混凝土的抗渗等级应根据地下水的最大水头与防渗混凝土层厚度的比值，按现行《地下工程防水技术规范》（GB 50108—2008）选用，但不应小于 0.6MPa。必要时宜设架空排水层。

（5）墙体：采用筏形基础的地下室，应沿地下室四周布置钢筋混凝土外墙，外墙厚度不应小于 250mm，内墙厚度不应小于 200mm。墙体截面不仅应满足承载力要求，还应满足变形、抗裂、及防渗要求。墙体内应设置双面钢筋，竖向和水平钢筋的直径不应小于 12mm，间距不应大于 300mm。

（6）施工缝：筏板与地下室外墙的连接缝、地下室外墙沿高度的水平接缝应严格按施工缝要求采取措施，必要时设通长止水带。

（7）柱、梁连接：柱与肋梁交接处构造处理应满足图 5.29 所示的要求。

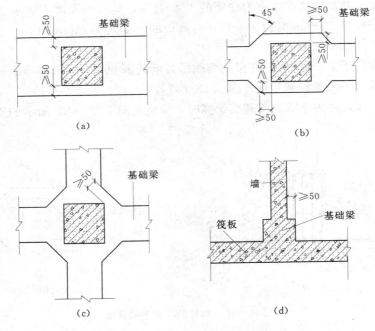

图 5.29　柱与肋梁交接处构造处理

5.3.2　钢筋混凝土基础施工及质量要求

5.3.2.1　钢筋混凝土独立基础施工要点

施工工艺顺序：基础垫层→基础放线→绑扎钢筋→支基础模板→浇筑混凝土→拆模。

（1）清理槽底验槽并做好记录。按设计要求打好垫层，垫层混凝土的强度等级不宜低于 C15。

（2）在基础垫层上放出基础轴线及边线，钢筋工绑扎好基础底板钢筋网片。

（3）按线支立预先配制好的模板。模板可采用木模［图 5.30（a）］，也可采用钢模［图 5.30（b）］。先将下阶模板支好，再支好上阶模板，然后支放杯心模板。模板支立要求牢固，避免浇筑混凝土时跑浆、变形。

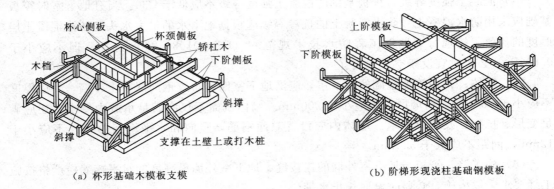

（a）杯形基础木模板支模　　　　　　　　（b）阶梯形现浇柱基础钢模板

图 5.30　现浇独立钢筋混凝土基础模板示意图

如为现浇柱基础，模板支完后要将插筋按位置固定好，并进行复线检查。现浇混凝土独立基础，轴线位置偏差不能大于 10mm。

（4）基础在浇筑前，清除模板内和钢筋上的垃圾杂物，堵塞模板的缝隙和孔洞，木模板应浇水湿润。

（5）对阶梯形基础，基础混凝土宜分层连续浇筑完成。每一台阶高度范围内的混凝土可分为一个浇筑层。每浇完一个台阶可停顿 0.5~1.0h，待下层密实后再浇筑上一层。

（6）对于锥形基础，应注意保证锥体斜面的准确，斜面可随浇筑随支模板，分段支撑加固以防模板上浮。

（7）对杯形基础，浇筑杯口混凝土时，应防止杯口模板位置移动，应从杯口两侧对称浇捣混凝土。

（8）在浇筑杯形基础时，如杯心模板采用无底模板，应控制杯口底部的标高位置，先将杯底混凝土捣实，再采用低流动性混凝土浇筑杯口四周。或杯底混凝土浇筑完后停顿 0.5~1.0h，待混凝土密实再浇筑杯口四周的混凝土。混凝土浇筑完成后，应将杯口底部多余的混凝土掏出，以保证杯底的标高。

（9）基础浇筑完成后，待混凝土终凝前应将杯口模板取出，并将混凝土内表面凿毛。

（10）高杯口基础施工时，杯口距基底有一定的距离，可先浇筑基础底板和短柱至杯口底面位置，再安装杯口模板，然后继续浇筑杯口四周的混凝土。

（11）基础浇筑完毕后，应将裸露的部分覆盖浇水养护。

5.3.2.2　墙下钢筋混凝土条形基础施工要点

施工工艺顺序：基础垫层→基础放线→绑扎钢筋→支立模板→浇筑混凝土→拆模。

（1）清理槽底验槽并做好记录。按设计要求打好垫层，垫层的强度等级不宜低于 C15。

（2）在基础垫层上放出基础轴线及边线，钢筋工绑扎好基础底板和基础梁钢筋，要将柱子插筋按位置固定好，检验钢筋。

（3）钢筋检验合格后，按线支立顶先配制好的模板。模板可采用木模，也可采用钢模。先将下阶模板支好，再支好上阶模板，模板支立要求牢固，避免浇筑混凝土时跑浆、变形。

（4）基础在浇筑前，清除模板内和钢筋上的垃圾杂物，堵塞模板的缝隙和孔洞，木模板应浇水湿润。

（5）当混凝土的浇筑高度在 2m 以内时，可直接将混凝土卸入基槽；当混凝土的浇筑高度超过 2m 时，应采用漏斗、串筒将混凝土溜入槽内，以免混凝土产生离析分层现象。

（6）混凝土宜分段分层浇筑，每层厚度宜为 200~250mm，每段长度宜为 2~3m，各段各层之间应相互搭接。使逐段逐层呈阶梯形推进，振捣要密实不要漏振。

（7）混凝土要连续浇筑不宜间断，如若间断，其间隔时间不应超过规范规定的时间。

（8）当需要间歇的时间超过规范规定时，应设置施工缝。再次浇筑应待混凝土强度到达 1.2N/mm² 以上时方可进行。浇筑前进行施工缝处理，应将施工缝松动的石子清除，并用水清洗干净浇一层水泥浆再继续浇筑，接槎部位要振捣密实。

（9）混凝土浇筑完毕后，应覆盖洒水养护。达到一定强度后，拆模、检验、分层回填、夯实房心土。

5.3.2.3 柱下钢筋混凝土条形基础施工要点

施工要点同墙下钢筋混凝土条形基础。

5.3.2.4 钢筋混凝土筏板基础施工要点

施工工艺顺序：基础垫层→基础放线→绑扎钢筋→支立模板→浇筑混凝土→拆模。

（1）筏板基础为满堂基础，基坑施工的土方量较大，首先做好土方开挖。开挖时注意基底持力层不被扰动，当采用机械开挖时，不要挖到基底标高，应保留 200mm 左右最后人工清槽。

（2）开槽施工中应做好排水工作，可采用明沟排水。当地下水位较高时，可预先采用人工降水措施，使地下水位降至基底 500mm 以下，保证基坑在无水的条件下进行开挖和基础施工。

（3）基坑施工完成后应及时进行验槽。验槽后清理槽底，进行垫层施工。垫层的厚度一般取 100mm，混凝土强度等级不低于 C15。

（4）当垫层混凝土达到一定强度后，使用引桩和龙门架在垫层上进行基础放线、绑扎钢筋、支设模板、固定柱或墙的插筋。

（5）筏板基础在浇筑前。应搭建脚手架以便运灰送料，清除模板内和钢筋上的垃圾、泥土、污物，木模板应浇水湿润。

（6）混凝土浇筑方向应平行于次梁方向。对于平板式筏形基础则应平行于基础的长边方向。筏板基础混凝土浇筑应连续施工，若不能整体浇筑完成，应设置竖直施工缝。施工缝的预留位置，当平行于次梁长度方向浇筑时，应在次梁中间 1/3 跨度范围内。对于平板式筏基的施工缝，可在平行于短边方向的任何位置设置。

（7）当继续开始浇筑时应进行施工缝处理，在施工缝处将活动的石子清除，用水清洗干净，浇洒一层水泥浆，再继续浇筑混凝土。

（8）对于梁板式筏形基础，梁高出地板部分的混凝土可分层浇筑。每层浇筑厚度不宜大于 200mm。

（9）基础浇筑完毕后，基础表面应覆盖并洒水养护。当混凝土强度达到设计强度的 25％以上时，即可拆模待基础验收合格后即可回填土。

5.3.3 大体积混凝土浇筑及质量要求

5.3.3.1 原材料的要求

（1）水泥：优先采用水化热低的矿渣硅酸盐水泥、火山灰硅酸盐水泥，水泥应有出厂合格证及进场试验报告。

（2）砂：优先选用中砂或粗砂，为增加混凝土的抗裂性，含泥量严格控制在 2％以内。

（3）石子：选用自然连续级配的卵石或碎石，粒径 5～40mm，为增加混凝土的抗裂性含泥量严格控制在 1％ 以内。

（4）外加剂：其掺量应根据施工需要通过试验确定，质量及应用技术应符合现行国家标准《混凝土外加剂应用技术规范》（GB 50119—2013）和有关环境保护的规定。

5.3.3.2 主要工机具

（1）混凝土上料搅拌设备：混凝土自动计量设备、混凝土搅拌机、装载机、水箱、水泵。

（2）混凝土运输设备：混凝土搅拌罐车、混凝土泵车、布料机、机动翻斗、手推车、串筒、溜槽。

（3）混凝土振捣设备：插入式振捣器、平板振动器。

（4）混凝土测温设备：电阻型测温仪、热电偶测温仪、玻璃温度计、湿度仪。

5.3.3.3 工艺流程

施工工艺顺序为混凝土配置→混凝土搅拌→混凝土浇筑→混凝土振捣→混凝土养护→混凝土测温。

大体积混凝土防裂措施：选用中低热水泥，掺加粉煤灰，掺加高效缓凝型减水剂，均可以延迟水化热释放速度，降低热峰值。掺入适量的 U 形混凝土膨胀剂，防止或减少混凝土收缩开裂，并使混凝土致密化，使混凝土抗渗性提高。在满足混凝土泵送的条件下，尽量选用粒径较大、级配良好的石子；尽量降低砂率，一般宜控制在 42% ~ 45% 之间。在基础内预埋冷却水管，通循环低温水降温。控制混凝土的出机温度和浇筑温度，冬季在不冻结的前提下，采用冷骨料、冷水搅拌混凝土。夏季如当时气温较高，还应对砂石进行保温，砂石料场设简易遮阳装置，必要时向骨料喷冷水。

5.3.3.4 大体积混凝土搅拌、运输操作工艺

混凝土搅拌要按配合比严格计量，要求车车过磅；装料顺序：石子→水泥→砂子；如有添加剂时，应与水泥一并加入；粉末状的外加剂同水泥一并加入，液体状的与水同时加入。为使混凝土搅拌均匀，搅拌时间不得少于 90s，当冬季施工或加有添加剂时，应延长 30s。

混凝土自搅拌机卸出后应及时运送到浇筑地点；在运输过程中，要防止混凝土的"离析"，水泥浆流失、坍落度变化和产生初凝等现象，如有发生应立即报告技术部门采取措施。混凝土从搅拌机中卸出后到浇筑完毕的延续时间，不超过《混凝土结构工程施工规范》（GB 50666—2011）规定的时间。混凝土水平运输采用混凝土搅拌罐车或装载机，垂直运输采用混凝土泵车。

泵送混凝土必须保证混凝土泵能连续工作，如发生故障停歇时间超过 45min 或混凝土已出现"离析"现象，应立即用压力水或其他方法冲洗净管内残留的混凝土。

5.3.3.5 大体积混凝土浇筑

大体积混凝土的浇筑方法分三种类型（图 5.31）。

斜面分层法：混凝土浇筑采用"分段定点，循序推进、一个坡度、一次到顶"的方法——自然流淌形成斜坡混凝土的浇筑方法，能较好地适应泵送工艺，提高泵送效率，简化混凝土的泌水处理，保证了上下层混凝土不超过初凝时间，一次连续完成。当混凝土大坡面的坡角接近端部模板时，改变混凝土的浇筑方向，即从顶端往回浇筑。分段分层法：混凝土浇筑时采用分层分段进行时，每段浇筑高度应根据结构特点，钢筋疏密程度决定，一般分层高度为振捣器作用半径的 1.25 倍，最大不得超过 500mm。混凝土浇筑时，严格掌握控制下灰厚度、混凝土振捣时间，浇筑分为若干单元，每个浇筑单元间隔时间不超过 3h。

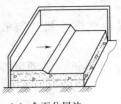　　　　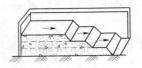　　　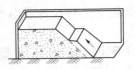

（a）全面分层法　　　　　（b）分段分层法　　　　　（c）斜面分层法

图 5.31　大体积混凝土浇筑方案

　　大体积混凝土浇筑时每浇筑一层混凝土都应及时均匀振捣，保证混凝土的密实性。混凝土振捣采用赶浆法，以保证上下层混凝土接槎部位结合良好，防止漏振，确保混凝土密实。振捣上一层时应插入下层约 50mm，以消除两层之间的接槎。平板振动器移动的间距，应能保证振动器的平板覆盖范围，以振实振动部位的周边。

　　在混凝土初凝之前，适当的时间内给与两次振捣，可以排除混凝土因泌水在粗骨料、水平钢筋下部生成的水分和空隙，提高混凝土与钢筋握裹力。两次振捣时间间隔宜控制在 2h 左右。

　　混凝土应连续浇筑，特殊情况下如需间歇，其间歇时间应尽量缩短，并应在前一层混凝土凝固以前将下一层混凝土浇筑完毕。间歇的最长时间，按水泥的品种及混凝土的凝固条件而定，一般超过 2h 就应按"施工缝"处理。

　　混凝土的强度不小于 1.2MPa，才能浇筑下层混凝土；在继续浇混凝土之前，应将施工缝界面处的混凝土表面凿毛，剔除浮动石子，并用清水冲洗干净后，再浇一遍高标号水泥砂浆，然后继续浇筑混凝土且振捣密实，使新老混凝土紧密结合。

　　斜面分层法浇筑混凝土采用泵送时，在浇筑、振捣过程中，上涌的泌水和浮浆将顺坡向集中在坡面下，应在侧模适宜部位留设排水孔，使大量泌水顺利排出。采取全面分层法时，每层浇筑，都须将泌水逐渐往前赶，在模板处开设排水孔使泌水排出或将泌水排至施工缝处，设水泵将水抽走，至整个层次浇筑完。

　　大体积混凝土养护采用保湿法和保温法。保湿法，即在混凝土浇筑成型后，用蓄水、洒水或喷水养护；保温法是在混凝土成型后，覆盖塑料薄膜和保温材料养护或采用薄膜养生液养护。

　　在混凝土结构内部有代表性的部位布置测温点，测温点布置应在边缘与中间，按十字交叉布置，间距为 3～5m，沿浇筑高度应布置在底部中间和表面，测点距离底板四周边缘要大于 1m。通过测温全面掌握混凝土养护期间其内部的温度分布状况及温度梯度变化情况，以便定量、定性地指导控制降温速率。测温可以采用信息化预埋传感器先进测温方法，也可以采用埋设测温管、玻璃棒温度计测温方法。每日测量不少于 4 次（早晨、中午、傍晚、半夜）。

任务 5.4　浅基础施工技术交底的编制

　　建筑施工企业中的技术交底，是在某一单位工程开工前，或一个分项工程施工前，由主管技术领导向参与施工的人员进行的技术性交代，其目的是使施工人员对工程特点、技术质量要求、施工方法与措施和安全等方面有一个较详细的了解，以便于科学地组织施工，避免技术质量等事故的发生。各项技术交底记录也是工程技术档案资料中不可缺少的部分。

5.4.1   技术交底的分类

（1）设计交底。即设计图纸交底。这是在建设单位主持下，由设计单位向各施工单位（土建施工单位与各专业施工单位）进行的交底，主要交代建筑物的功能与特点、设计意图与要求和建筑物在施工过程中应注意的各个事项等。

（2）施工设计交底。一般由施工单位组织，在管理单位专业工程师的指导下，主要介绍施工中遇到的问题，和经常性犯错误的部位，要使施工人员明白该怎么做，规范上是如何规定的等。

（3）专项方案交底、分部分项工程交底、质量（安全）技术交底、作业等

5.4.2   施工技术交底的内容

（1）工地（队）交底中有关内容：如是否具备施工条件、与其他工种之间的配合与矛盾等，向甲方提出要求，让其出面协调等。

（2）施工范围、工程量、工作量和施工进度要求：主要根据自己的实际情况，实事求是的向甲方说明即可。

（3）施工图纸的解说：设计者的大体思路，以及自己以后在施工中存在的问题等。

（4）施工方案措施：根据工程的实况，编制出合理、有效的施工组织设计以及安全文明施工方案等。

（5）操作工艺和保证质量安全的措施：先进的机械设备和高素质的工人等。

（6）工艺质量标准和评定办法：参照现行的行业标准以及相应的设计、验收规范。

（7）技术检验和检查验收要求：包括自检以及监理的抽检的标准。

（8）增产节约指标和措施。

（9）技术记录内容和要求。

（10）其他施工注意事项。

5.4.3   施工技术交底形式

（1）施工组织设计交底可通过召集会议形式进行技术交底，并应形成会议纪要归档；

（2）通过施工组织设计编制、审批，将技术交底内容纳入施工组织设计中。

（3）施工方案可通过召集会议形式或现场授课形式进行技术交底，交底的内容可纳入施工方案中，也可单独形成交底方案。

（4）各专业技术管理人员应通过书面形式配以现场口头讲授的方式进行技术交底，技术交底的内容应单独形成交底文件。交底内容应有交底的日期，有交底人、接收人签字，并经项目总工程师审批。

5.4.4   施工技术交底案例

此技术交底为一建筑物独立基础的施工技术交底。

5.4.4.1 操作工艺

1. 工艺流程

清理和混凝土垫层施工→弹线→绑扎钢筋→相关专业预埋施工→支立模板→清理→定好预拌混凝土→混凝土浇筑→混凝土振捣→混凝土养护→模板拆除。

2. 操作方法

(1) 清理和混凝土垫层施工：地基验槽完成后，清除表层浮土及扰动土，不留积水，立即进行垫层混凝土施工，严禁晾晒基土并防止地基土被扰动。垫层混凝土必须振捣密实，表面平整。

(2) 弹线：在垫层混凝土上准确测设出基础中心和基础轴线。依此，划出基础模板边线和基础底层钢筋位置线。按图纸标明的底层钢筋根数和钢筋间距，让靠近模板边的那根钢筋离模板边为 50mm，并依次弹出钢筋位置线。

3. 绑扎钢筋

(1) 垫层混凝土强度达到可上人后，即可开始绑扎钢筋。

(2) 按弹出的钢筋位置线，先铺下层钢筋，长方向的钢筋应在下面。

(3) 钢筋绑扎采用八字扣，保证绑好的钢筋不位移。必须将钢筋交叉点全部绑扎，不得漏扣。

(4) 摆放钢筋保护层用的砂浆垫块，垫块厚度等于保护层厚度 40mm，按 1m 间距梅花型布置。垫块不能太稀疏以防露筋。

(5) 当独立基础之上为现浇钢筋混凝土柱时，应将柱伸入基础的插筋绑扎牢固，插入基础深度符合设计要求。柱插筋底部弯钩部分必须与底板筋成 45°绑扎，连接点处必须全部绑扎。应在距底板 50mm 处绑扎第一个箍筋（下箍筋），距基础顶 50mm 处绑扎最后一个箍筋（上箍筋），在柱插筋最上部再绑扎一道定位箍筋。上下箍筋及定位箍筋绑扎入位后，将柱插筋调整到准确位置，并用井字木架（或用方木框内撑外箍）临时固定，然后绑扎剩余箍筋，保证柱插筋不变形、不走样。插筋上端应垂直，不倾斜。

(6) 当独立基础之上为钢柱时，在基础钢筋绑扎时应同时做好地脚螺栓的埋设。地脚螺栓的埋深和锚固措施以及上端留置长度按设计要求办理。

4. 支立模板

(1) 钢筋绑扎完毕，相关专业预埋件安装完毕，并进行工程隐蔽验收后，即可开始支立模板。

(2) 模板采用木模。支模前，模板内侧涂刷脱模剂。

(3) 当独立柱基础为锥形且坡度大于 30°时，斜坡部分支模板，并用铁丝将斜模板与底板钢筋拉紧，防止浇筑混凝土时上浮，此时模板上部应设透气孔及振捣孔。本工程只有 J—4 基础的一面斜坡存在这种情况。当坡度小于等于 30°时，可不设斜撑。

(4) 清理：清除模板内的木屑、泥土垃圾及其他杂物，清除钢筋上的油污，木模浇水湿润，堵严板缝及孔洞。

(5) 基础模板：每一阶的模板由 4 块侧板拼钉而成，其中两块侧板的尺寸与相应的台阶侧面尺寸相等，另两块侧板的长度大出 150～200mm，4 块侧板用木档拼成方框。

支模前，先把截好尺寸的木板加钉木档拼成侧板，在侧板内侧弹出中线，再将各阶的侧板组拼成方框，并校正尺寸和角部方正。支模时，先把下阶模板放在基坑底，使侧板中线与基础中线对准，并用水平尺校正其平整度，再在模板四周钉上木桩，用平撑和斜撑将模板支顶牢固，然后再把上台阶模板搁置在下台阶模板上，两者中线互相对准，并用平撑和斜撑加以钉牢。

5. 混凝土浇筑

（1）混凝土浇筑开始前复核基础轴线、标高，在模板上标好混凝土的浇筑标高。

（2）混凝土浇筑前，垫层表面如干燥，应用水湿润，但不得积水。浇筑现浇钢筋混凝土柱基础时，应对称浇筑混凝土，防止柱插筋位移和倾斜。

（3）浇筑中混凝土的下料口距离所浇筑混凝土的表面高度不得超过 2m，如自由下落高度超过 2m 时应加串筒。

（4）浇筑钢柱混凝土基础，必须保证基础顶面标高符合设计要求，根据本工程柱脚类型和施工条件采用下面的方法：第一次将混凝土浇筑到比设计标高低 50mm 处，待校准标高后再浇筑细石混凝土，要求表面平整，标高准确。细石混凝土强度达到设计要求后安放垫板，并精确校准其标高，再将钢柱吊装到位，并校正位置，最后在柱脚钢板下用细石混凝土填塞严密。

（5）混凝土浇筑应连续进行，间歇时间不得超过 2h。浇筑混凝土时，应注意观察模板、螺栓、支撑木、预埋件、预留孔洞等有无位移，当发现有变形或位移时，应立即停止浇筑，及时加固和纠正，再继续进行混凝土浇筑。

（6）浇筑阶梯式独立柱基础，在每一层台阶高度内应分层一次连续浇筑完成。分层厚度一般为振捣棒有效作用部分长度的 1.25 倍，最大厚度不超过 500mm。每层应摊铺均匀，振捣密实。

6. 混凝土振捣

用插入式振捣器应快插慢拔，插点应均匀排列，逐点移动，顺序进行，不得遗漏。振捣中，应密切注视混凝土表面浮浆状况，合理掌握每一插点的振捣时间，做到既不欠振，也不过振。振捣棒的移动间距一般不大于振捣作用半径的 1.5 倍。振捣上一层混凝土时，应插入下层 50mm。

7. 混凝土养护

混凝土浇筑完成并进行表面搓平后，应在 12h 内加以覆盖和浇水养护，浇水的次数以能保持混凝土有足够的湿润状态为宜，养护期一般不少于 7d，养护应设专人负责，防止因养护不善而影响混凝土质量。

8. 模板拆除

拆模时应保证混凝土棱角不因拆模而引起损坏。基础模板拆除时，先拆除斜撑与平撑，然后拆四侧模。拆除模板时，不得采用大锤或撬棍硬撬。

5.4.4.2　质量标准

1. 模板工程

（1）基础模板安装必须位置准确，结构牢固，施工中用的脚手架、踏板等不得支立或依托在模板上。在模板上涂刷隔离剂时，不得沾污钢筋和混凝土接茬处。

（2）模板拆除需待混凝土强度达到能保持混凝土棱角完整时方可进行。模板拆除方法应得当,确保不损坏混凝土。

2. 混凝土工程

(1) 混凝土所使用的水泥、外加剂等原材料的质量必须符合现行有关规范标准的规定。并按规定方法进行现场抽样检查,确认无误。

(2) 混凝土应按国家现行标准《普通混凝土配合比设计规程》(JGJ 55—2011) 的规定,根据混凝土的强度等级、耐久性和工作性等要求进行配合比设计。

(3) 混凝土运输、浇筑及间歇的全部时间不应超过混凝土的初凝时间,混凝土应连续浇筑,当下层混凝土初凝后浇筑上一层混凝土时,应按施工缝要求进行处理。

3. 一般项目

(1) 模板的接缝不应漏浆,在浇筑混凝土前,木模板应浇水润湿;但模板内不应有积水,杂物也应清理干净。

(2) 模板与混凝土的接触面应清理干净并涂刷隔离剂,但不得采用影响结构性能的隔离剂。

(3) 混凝土所使用的粗、细骨料,矿物掺合料,拌和用水的质量必须符合现行有关规范标准的规定。

(4) 混凝土浇筑完毕后,应按施工方案采取养护措施,并符合下列规定:应在浇筑完毕 12h 内对混凝土加以覆盖并保湿养护;混凝土浇水养护的时间不得少于 7d (对采用硅酸盐水泥、普通水泥或矿渣硅酸盐水泥拌制的混凝土);浇水的次数应能保证混凝土处于足够的润湿状态,混凝土的养护用水与拌制用水相同。

4. 独立柱基础施工允许偏差

独立柱基础施工允许偏差见表 5.2。

表 5.2　　　　　　　　　　　　　独立柱基础施工允许偏差

项目			允许偏差/mm 国标	检查方法
钢筋加工	受力筋长度方向净尺寸		±10	钢尺检查
	箍筋内净尺寸		±5	钢尺检查
钢筋绑扎	钢筋骨架长、宽、高		±5	钢尺检查
	受力钢筋	间距	±10	钢尺量两端、中间各一点,取最大值
		排距	±5	
		保护层	±10	钢尺检查
	绑扎箍筋、横向钢筋间距		±20	钢尺量连续三档,取最大值
模板	插筋	中心线位置	5	钢尺检查
		外露长度	10, 0	
	预埋螺栓	中心线位置	2	
		外露长度	10, 0	
	轴线位置		5	
	基础截面内部尺寸		10	

项目		允许偏差/mm	检查方法
		国标	
混凝土	轴线位置	10	钢尺检查
	标高	—	水准仪或拉线，钢尺检查
	截面尺寸	8，−5	钢尺检查
	预埋件中心	10	钢尺检查
	预埋螺栓中心	5	钢尺检查
	表面平整度	8	2m靠尺和塞尺检查

5.4.4.3 成品保护

（1）在未继续施工上部柱子或吊装上部柱子以前，对施工完毕的独立柱基础应采取适当防护措施，插筋不得弯曲和污染，地脚螺栓不得损坏。

（2）支模板时，如已涂刷的脱模剂被雨淋脱落，应及时补刷。

（3）拆模板时，要轻轻撬动，使模板缓缓脱离混凝土表面，严禁猛砸狠撬使混凝土遭到破坏。

（4）拆下的模板及时清理干净，涂刷脱模剂，暂时不用应遮阴覆盖，防止暴晒。

5.4.4.4 应注意的质量问题

钢柱的预埋螺栓应位置准确，固定牢固，涂抹黄油并用塑料膜加以包裹，防止破坏丝扣。

5.4.4.5 安全、环保措施

（1）施工中拆下的支撑、木档，要随即拔掉上面的钉子，并堆放整齐，以防伤人。

（2）施工垃圾要运到指定地点，不得随地乱弃。

（3）运送散装物资（如砂子、掺和料）应有覆盖，卸车地点在上风方向应适当遮挡，防止和减少扬尘。

（4）对现场钢筋切断机、木工锯、刨机具等高噪声设备应有隔离措施，并妥善安排作业时间，减轻噪声扰民。

（5）施工过程中发现不明障碍物，在怀疑是文物的情况下，必须立即保护现场，并通知文物保护部门来现场勘查。

项 目 小 结

本项目内容包括浅基础施工概述、无筋扩展基础、钢筋混凝土基础的施工。在浅基础施工概述中，涉及浅基础施工的准备及工艺工序等问题；在无筋扩展基础施工要点中，重点阐述砖基础、石砌体基础、灰土和三合土基础、混凝土基础的构造特点及施工要点；在钢筋混凝土基础的施工中，重点介绍了柱下钢筋混凝土独立基础、墙下钢筋混凝土条形基础的构造特点及施工要点，并对柱下条形基础、筏板基础构造特点及施工要点做了介绍。

本项目的教学目标是，通过本项目的学习，使学生了解浅基础施工的工艺顺序，掌握

无筋扩展基础的常见类型，掌握砖基础、石砌体基础、灰土和三合土基础、混凝土基础的构造特点及施工要点，掌握钢筋混凝土基础的形式，掌握柱下钢筋混凝土独立基础、墙下钢筋混凝土条形基础的构造特点及施工要点，了解柱下条形基础、筏板基础构造特点及施工要点。

复习与思考题

1. 简述毛石基础、料石基础和砖基础的构造。

2. 简述砖砌基础的工艺流程及施工要点。

3. 简述毛石基础的工艺流程及施工要点。

4. 简述天然地基上建造浅基础的施工工艺。

5. 简述砖基础的施工要点。

6. 砖基础施工的注意事项是什么？

7. 简述混凝土基础施工要点。

8. 现浇钢筋混凝土独立基础的构造要求有哪些？

9. 简述现浇钢筋混凝土独立基础的施工要点。

10. 筏板基础的材料和构造有哪些要求？

项目6 预制桩基础施工

【学习目标】

了解预制桩施工的准备工作；掌握预制桩的制作、堆放与运输要求与方法；掌握捶击沉桩、静力压桩、振动沉桩等施工工艺、施工方法及施工注意事项。

【引例与思考】

某工程基础采用预制钢筋混凝土方桩，桩断面尺寸为 400mm×400mm 和 450mm× 450mm 两种，桩尖持力层为砂质粉土，桩尖全断面进入持力层的长度，对于 400mm× 400mm 的桩不小于 1.5m，对于 450mm×450mm 的桩不小于 1.7m。沉桩方法为锤击沉桩，接桩法为焊接接桩。思考：本工程应如何组织施工？

任务6.1 桩基础组成与桩基础分类

桩基础是深基础应用最多的一种基础形式，它是由沉入土中的桩和连接桩顶的承台组成。桩基础的作用是将上部结构的荷载，通过较弱地层传至深部较坚硬的、压缩性小的土层或岩层。本任务中主要讨论了桩的概念、使用范围、桩的作用及施工工艺。

6.1.1 桩基础的概念、作用与适用范围

如图 6.1 所示，桩基础由一根或数根单桩（也称基桩）和承台两个部分组成。在平面上桩可排列成一排或几排，桩顶由承台连接。桩基础的修筑方法是：先将桩设置于地基中，然后在桩顶处浇筑承台，将若干根桩连接成一个整体，构成了桩基础。最后在上面修建上部结构，如房屋建筑中的柱、墙或桥梁中的墩、台等。

桩基础的作用是将承台以上结构传来的荷载，通过承台将外荷载传至桩顶，再由桩传到较深的地基土层中去。其中承台不仅将

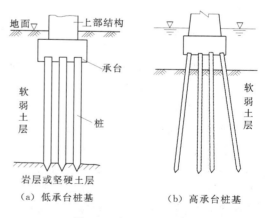

（a）低承台桩基 （b）高承台桩基

图 6.1 桩基础的组成

外力传至桩顶，并箍住桩顶形成整体共同承受外力。各桩的作用是将所承受的荷载通过桩侧土的摩阻力和桩端土的支承力，传至地基土层中去。

当地基上部软弱而在可能的设计桩长范围内埋藏有坚硬土层时，最适宜采用桩基础。桩基础如设计正确，施工得当，则它具有承载力高、稳定性好、沉降量小而均匀、适用性强等特点。桩基础适宜在下列情况下采用：

（1）当建筑物荷载较大，采用天然地基时地基承载力不足时；或地基浅层土质差，采用换填或地基处理困难较大或经济上不合理时，采用桩基是较好的解决方案。

（2）即使天然地基承载力满足要求，但因采用天然地基时沉降量过大；或是建筑物较为重要，对沉降要求严格时。

（3）高耸建筑物或构筑物在水平力作用下为防止倾覆或产生较大倾斜时。

（4）为防止新建建筑物地基沉降对邻近建筑物产生相互影响，对新建建筑物可采用桩基，以避免这种危害。

（5）设有大吨位的重级工作制吊车的重型单层工业厂房，吊车载重量大，使用频繁，车间内设备平台多，基础密集，因而地基变形大，这时可采用桩基。

（6）精密设备基础安装和使用过程中对地基沉降及沉降速率有严格要求；动力机械基础对允许振幅有一定要求时。

（7）在地震区，采用桩穿过液化土层并深入下部密实稳定土层，可消除或减轻液化对建筑物的危害。

（8）已有建筑物加层、纠偏、基础托换时可采用桩基。

（9）水中建筑物如桥梁、码头、采油平台等，地下水位很高，采用其他基础形式施工困难时。

6.1.2 桩的分类与选型

根据桩体材料、使用功能、结构形式、施工方法、挤土效应和承台位置等的不同，桩可分为如下几大类型。

6.1.2.1 按桩体材料分类

1. 木桩

一种古老的桩基形式。常采用坚韧耐久的木材如杉木、松木、橡木等。其桩径常采用 160～360mm，桩长为 4～10m，木桩制造简单、重量轻，运输和沉桩方便，造价低，但木桩承载力低，在干湿交替的环境中极易腐烂，使用寿命不长，现一般很少使用，仅在乡村小桥和一些临时应急工程中使用。

2. 钢筋混凝土桩

钢筋混凝土桩是目前工程上最广泛采用的桩。钢筋混凝土桩可用于承压、抗拔、抗弯，不受地下水水位和土质的限制，无颈缩等质量事故，安全可靠，可采用工厂预制或现场预制后打入（或压入）、现场钻孔灌注混凝土等方法成桩。截面形式有方桩、空心方桩、管桩、三角形桩等，近年来，出现了截面为矩形、T形等的壁板桩，承载力很高。各种常见截面形式如图 6.2 所示。对管桩，常施加预应力形成预应力管桩，提高桩身抗裂能力，防止在起吊时的弯矩应力或采用锤击法成桩时桩身产生的锤击拉应力下开裂断桩。

3. 钢桩

常用钢桩有管状、宽翼工字型截面和板状截面等型式。其中钢管桩的直径一般为 250～1200mm。钢桩具有穿透能力强、承载力高、自重轻、接桩方便，锤击沉桩效果好、施工质量稳定等优点；但也存在价格高、易锈蚀等不足。

4. 组合材料桩

指一根桩由两种或两种以上材料组成的桩。它一般是为了降低造价，结合材料强度和

（a）方桩　　（b）空心方桩　　（c）管桩　　（d）三角形桩　　（e）矩形和 T 形桩

图 6.2　钢筋混凝土桩截面形式

地质条件，发挥材料特性而组合成的桩。例如钢管内填充混凝土，水位以下采用预制而桩上段多采用现场浇注混凝土，中间为预制而外包灌注桩（水泥搅拌桩中插入型钢或预制小截面钢筋混凝土桩）等，一般应用于特殊地质环境及施工技术等情况。

6.1.2.2　按承载性状分类

作用在桩上的外荷载由桩侧摩阻力和桩端阻力共同承担。桩侧摩阻力和桩端阻力的分担比例主要受桩侧和桩端土的物理力学性质、桩的形式、桩与土的相对刚度及施工方法等因素的影响。根据摩阻力和桩端阻力占外荷载的比例大小将桩基础分为如下几种。

1. 摩擦型桩

摩擦型桩可分为以下两类：

（1）摩擦桩：在极限承载力状态下，桩顶荷载由桩侧阻力承受，桩端阻力很小可忽略不计，即纯摩擦桩［图 6.3（a）］。这种桩穿过的软弱土层较厚，桩端达不到坚硬土层或岩层上，桩顶的荷载主要靠桩身与土层之间的摩擦力来支承。

（2）端承摩擦桩：在极限承载力状态下，桩顶荷载主要由桩侧阻力承受，桩端阻力占的比例较小。例如，置于软塑状态黏性土中的长桩，桩端土为可塑状态的黏土，就是端承摩擦桩［图 6.3（b）］。

2. 端承型桩

端承型桩可分为以下两类：

（1）端承桩［图 6.3（c）］：在极限承载力状态下，桩顶荷载由桩端阻力承受，桩侧阻力小到可忽略不计。较短的桩，桩端进入微风化或中等风化岩石时，为典型的端承桩。这种桩穿过上部软弱土层，直接将荷载传至坚硬土层或岩层上。

（2）摩擦端承桩［图 6.3（d）］：在极限承载力状态下，桩顶荷载主要由桩端阻力承受，桩侧摩擦力占的比例较小。

6.1.2.3　按桩的施工方法分类

1. 预制桩

由于是在打桩以前将桩身提前预制，因此桩身质量较容易保证。预制桩的沉桩施工主要有锤击、振动、静压等方法，当沉桩困难时，可采用预钻孔后再沉桩。由于锤击和振动沉桩产生噪声、振动等危害，近年来，采用静力压桩的施工方法在城市中得到较多的应用。静力压桩施工方法的优点是噪声小、无振动，在桩身内不产生锤击沉桩所产生的很大锤击应力，可以减小桩身配筋，降低工程造价。因此，静力压桩方法已广泛应用于软土地区的工业与民用建筑、湾港码头、水工围堰、地铁等工程的桩基施工。

当要求单桩承载力较高、持力层埋深较深而使桩长较长时，预制桩必须采用分成几节

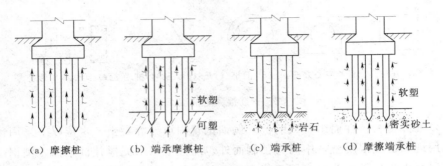

（a）摩擦桩　　　（b）端承摩擦桩　　　（c）端承桩　　　（d）摩擦端承桩

图 6.3　不同支承类型的桩

进行预制和沉桩，因此，当下节桩沉入土中、进行上节桩沉桩时，必须将上、下节桩连接起来。目前常用的接桩方法主要有焊接法、螺栓连接法和浆锚法。

2.灌注桩

灌注桩为在建筑工地现场成孔，并在现场灌注混凝土制成的桩。灌注桩大体可分为沉管灌注桩和钻（冲、挖、抓）孔灌注桩两大类。同一类桩还可以按照施工机械和施工方法以及直径的不同予以细分。

（1）沉管灌注桩：沉管灌注桩早在 20 世纪 30 年代传入我国，该桩身不用预制可就地灌注，施工速度快，不产生泥浆，造价低于其他类型的灌注桩而应用较广。但其施工过程中的噪声和震动对环境产生影响，使其在城市建筑物密集地区的应用受到一定的限制。沉管灌注桩可采用锤击振动、振动冲击等方法沉管成孔，其施工工序如图 6.4 所示。

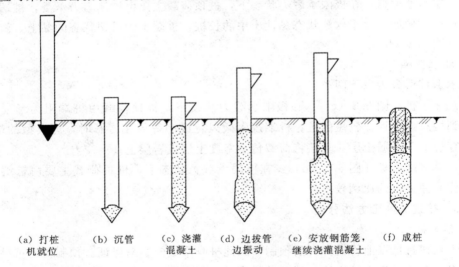

（a）打桩　　（b）沉管　　（c）浇灌　　（d）边拔管　　（e）安放钢筋笼，　　（f）成桩
机就位　　　　　　　　　混凝土　　　边振动　　　　继续浇灌混凝土

图 6.4　沉管灌注桩的施工工序示意

锤击沉管灌注桩的常用直径（指预制桩尖的直径）为 300～500mm，桩长在 20m 以内，可打至硬塑黏土层中或中、粗砂层。这种桩的施工设备简单，打桩速度快、成本低，但很容易产生颈缩（桩身界面局部缩小）、断桩、局部夹土、混凝土离析和强度不足等质量问题。

振动沉管桩的钢管底部带有活瓣桩尖（沉管时闭合，拔管时活瓣张开以便浇注混凝土），或套上预制钢筋混凝土桩尖。桩横截面直径一般为 400～500mm。

锤击、振动沉管施工时一般有单打、反插和复打法，根据土质情况和承载力要求分别选用。单打法适用于含水量较小的土层，且易采用预制桩尖；反插法及复打法适用于软弱饱和土层。单打法即一次拔管成桩，拔管时每提升 0.5～1.0m，振动 5～10s，再拔管 0.5～1.0m，如此反复进行，直至全部拔除为止。为了扩大桩径（这时桩距不宜太小）和防止在淤泥层中颈缩或断桩，沉管灌注桩施工时可采用反插和复打工艺。复打法就是在浇注混凝土并拔出钢管后，立即在原位重新放置预制桩尖（或闭合管端活瓣）再次沉管，并再次浇注混凝土。复打后的桩，其横截面面积增大，承载力提高，但其造价也相应增加。反插法是将套管每提升 0.5m，再下沉 0.3m，反插深度不易大于活瓣桩尖长度的 2/3，如此反复进行，直至拔除地面。反插法也可扩大桩径，提高承载力。

(2) 钻（冲）孔灌注桩。各种钻孔桩在施工时都要把钻孔位置处的土排出地面，然后清除孔底残渣，安放钢筋笼，最后浇注混凝土。

目前国内的钻（冲）孔灌注桩在钻进时不下钢筋套筒，而是利用泥浆护壁保护孔壁以防坍孔，清孔（排走孔底沉渣）后，在水下灌注混凝土。常用桩径为 600～1200mm 等。更大直径（1500～2800mm）的钻孔桩一般用钢套筒护壁，所用钻机具有回旋钻进、冲击、磨头磨碎岩石和扩大桩底等多种功能，钻进速度快，深度可达 60m，能克服流沙、消除孤石等障碍，并能进入微风化硬质岩石。其最大优点在于能进入岩层，刚度大，因此承载力高而桩身变形很小。

(3) 挖孔桩。挖孔桩可采用人工或机械挖掘成孔。人工挖孔桩施工时应降低地下水位，每挖深 0.9～1.0m，就浇灌或喷射一圈钢筋混凝土护壁（上下圈之间用钢筋连接），达到所需深度时，再进行扩孔，最后在护壁内安装钢筋笼或浇灌混凝土。

在挖孔桩施工中，由于工人下到钻孔中操作，可能遇到流沙、坍孔、有害气体、缺氧、触电和上面掉下重物等危险而造成伤亡事故。因此必须严格执行有关安全生产的规定。挖孔桩的直径不得小于 0.8m，深度为 15m 者，桩径应在 1.2～1.4m 以上，桩身长度宜限制在 30m 以内。挖孔桩的优点是，可直接观察地层情况，孔底易清除干净，设备简单、噪声小。场区各桩可同时施工，桩径大，适应性强，又较经济。

6.1.2.4　按承台的位置分类

桩基础按照承台的位置可分为高承台桩基（也称高桩承台）和低承台桩基（也称低桩承台）两种（图 6.1）通常将承台底面置于地面或局部冲刷线以下的桩基称为低承台桩基，如图 6.1（a）所示，承台底面高出地面或局部冲刷线的桩基称为高承台桩基，如图 6.1（b）所示。高承台桩基的位置较高，可减小墩台的圬工数量，施工较方便。然而在水平力的作用下，由于承台及部分桩身露出地面或局部冲刷线，减少了承台及自由段桩身侧面的土抗力，桩身的内力和位移都将大于低承台桩基，在稳定性方面也不如低承台桩基。

当常年有水、冲刷较深，或地下水位较深、施工时不易排水时，常采用高承台桩基方案。另外，对于受水平力较小的小跨度桥梁，选用高桩承台很可能是较为合理的方案。位于旱地、浅水滩或季节性河流的墩台，当冲刷不深，施工排水不太困难时，选用低承台方案，有利于提高基础的稳定性。

6.1.2.5　按桩轴方向分类

若按桩轴方向分类可分为竖直桩和斜桩（图6.5）。一般来说，竖直桩能承受的水平力较小，当水平外力和弯矩不大，桩不长或桩身直径较大时，可采用竖直桩，相应的桩基称为竖直桩桩基。反之，当水平外力较大且方向不变时，可采用单向斜桩；当水平外力较大且由于活载关系致使水平外力在两个方向都可能同时作用时，则可采用多向斜桩桩基；由于施工技术上的原因，目前钻（挖）孔灌注桩通常设计为竖直桩。

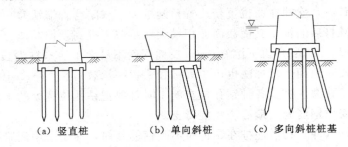

（a）竖直桩　　　（b）单向斜桩　　　（c）多向斜桩桩基

图6.5　不同桩轴方向的桩

6.1.2.6　按成桩的直径分类

《建筑桩基技术规范》（JGJ 94—2008）按成桩直径大小可以将桩分为小直径桩、中等直径桩和大直径桩等三类。

（1）小直径桩。指桩径$d \leqslant 250$mm、长径比l/d较大的桩，如树根桩。小直径桩具有施工空间要求小、对原有建筑基础影响小、施工方便、可在任何土层中成桩，并能穿越原有基础等特点而在地基换托、支护结构、抗浮、多层住宅地基处理等工程中得到广泛应用。

（2）中等直径桩。即普通桩，桩径为250mm$< d < 800$mm的桩。这种桩长期在工业与民用建筑中大量使用，其成桩方法和工艺很多。

（3）大直径桩。按桩径$d \geqslant 800$mm的桩，在设计中应考虑桩的挤土效应和尺寸效应；此类桩大多数为端承桩。

6.1.2.7　按成桩过程分类

随着桩的设置方式不同，桩孔处的排土量和桩周土体所受到的排挤及扰动程度也会不同，这将直接造成土体的天然结构、应力状态和性质的变化，从而影响到桩的承载能力、成桩质量与对环境的影响等。按成桩过程中是否产生挤土效应可分为下列三种。

1. 挤土桩

在成桩过程中，桩孔中的土未取出，造成大量挤土，使桩周土体受到严重扰动（重塑或土粒重新排列），土的工程性质有很大改变。如采用打入、静压和振动等成桩方法的实心预制桩、下端封闭的管桩和沉管灌注桩等。成桩过程中的挤土效应主要是地面隆起和土体侧移，对预制桩可能会造成桩的侧移、倾斜、上抬等质量事故，对灌注桩还可能造成断桩和颈缩等。

2. 部分挤土桩

在成桩过程中，对周围土体引起部分挤土效应，桩周土体受到一定程度的扰动。一般底端开口的钢管桩、H型刚桩、冲孔灌注桩和开口薄壁预应力钢筋混凝土桩等属于部分挤土桩。

3. 非挤土桩

采用钻孔或挖孔方式，在成孔过程中将孔中土清除，故没有产生设桩时的排挤土作用。一般现场灌注的钻、挖孔桩或先钻孔再打入的预制桩属于非挤土桩。

任务6.2　混凝土预制桩施工

钢筋混凝土预制桩是在预制构件厂或施工现场预先预制，用沉桩设备在设计位置上将其沉入土中。

6.2.1　桩的制作、运输、堆放

钢筋混凝土预制桩是目前应用最广泛的一种桩基施工方式。

预制钢筋混凝土桩分实心桩和管桩两种。实心混凝土方桩截面边长通常为200～550mm，长7～25m，可在现场预制或在工厂制作成单根桩或多节桩。混凝土空心管桩外径一般为300～550mm，每节长度为4～12m，管壁厚为80～100mm，在工厂内采用离心法制成，与实心桩相比可大大减轻桩的自重。

钢筋混凝土预制桩施工包括制作、起吊、运输、堆放、沉桩和接桩等过程。

6.2.1.1　桩的制作

实心混凝土方桩现场预制多采用工具式木模板或钢模板，支在坚实平整的地坪上，模板应平整牢靠，尺寸准确。制作预制桩的方法有并列法、间隔法、重叠法和翻模法等，现场多采用间隔重叠法施工，如图6.6所示，一般重叠层数不宜超过四层。施工时，桩与桩、桩与底模之间应涂刷隔离剂，防止黏结。上层桩或邻桩浇筑须在下层桩或邻桩的混凝

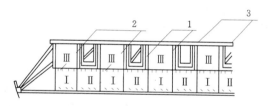

图6.6　间隔重叠法施工
1—侧模板；2—隔离剂或隔离层；3—卡具
Ⅰ、Ⅱ、Ⅲ—第一、二、三批浇筑桩

土达到设计强度的30%以后才能进行，浇筑完毕后，要加强养护，防止由于混凝土收缩产生裂缝。

钢筋混凝土桩预制程序为：压实、整平现场制作场地→场地地坪作三七灰土或浇筑混凝土→支模→绑扎钢筋骨架、安设吊环→浇筑桩混凝土→养护至30%强度拆模→支间隔端头模板、刷隔离剂、绑扎钢筋→浇筑间隔桩混凝土→同法间隔重叠制作第二层桩→养护至70%强度起吊→达100%强度后运输、堆放。

桩的制作场地应平整、坚实，排水通畅，不得产生不均匀沉降，以防桩产生变形。模板可保证桩的几何尺寸准确，使桩面平整挺直；桩顶面模板应与桩的轴线垂直；桩尖四棱锥面呈正四棱锥体，且桩尖位于桩的轴线上。

长桩可分节制作，预制桩单节长度应根据桩架高度、制作场地条件，运输和装卸能力等方面情况来确定，并应避免桩尖处于硬持力层接桩。如在工厂制作，为便于运输，单节长度不宜超过12m；如在现场预制，长度不宜超过30m。

桩中的钢筋应严格保证位置的正确。桩身配筋与沉桩方法有关，锤击沉桩的纵向钢筋配筋率不宜小于 0.8％，静力压桩不宜小于 0.4％，桩的纵向钢筋直径不宜小于 14mm，桩截面宽度或直径不小于 350mm 时，纵向钢筋不应少于 8 根。钢筋骨架主筋连接宜采用对焊或电弧焊；主筋接头配置在同一截面内的数量，对于受拉钢筋不得超过 50％；相邻两根主筋接头截面的距离应大于 35 倍的主筋直径，并不小于 500mm。桩顶和桩尖直接受到冲击力易产生很高的局部应力，桩顶设置钢筋网片，一定范围内的箍筋应加密。桩尖一般用钢板或粗钢筋制作，与钢筋骨架焊牢。

桩的混凝土强度等级应不低于 C30，粗骨料用粒径 5～40mm 碎石或卵石，宜用机械搅拌、机械振捣；浇筑过程应严格保证钢筋位置正确，桩尖对准纵轴线，纵向钢筋顶部保护层不宜过厚，钢筋网片的距离应正确，以防锤击时桩顶破坏及桩身混凝土剥落破坏。混凝土浇筑应由桩顶向桩尖方向连续浇筑，一次完成，不得中断，并应防止一端砂浆积聚过多。桩的表面应平整、密实；桩顶与桩尖处不得有蜂窝、麻面和裂缝。浇筑完毕应覆盖、洒水养护不少于 7d。拆模时，混凝土应达到一定的强度，保证不掉角，桩身不缺损。

预制桩制作的允许偏差：横截面边长±5mm；保护层厚度±5mm，桩顶对角线之差 10mm；桩顶平面对桩中心线的位移 10mm；桩身弯曲矢高不大于 0.1％桩长，且不大于 20mm；桩顶平面对桩中心线的倾斜≤30mm。桩的表面应平整、密实，掉角的深度不应超过 10mm，且局部蜂窝和掉角的缺损总面积不得超过该桩表面全部面积的 0.5％，并不得过分集中；由于混凝土收缩产生的裂缝，深度不得大于 20mm，宽度不得大于 0.25mm；横向裂缝长度不得超过边长的一半（管桩、多角形桩不得超过直径或对角线的 1/2）。

6.2.1.2　起吊、运输

当桩的混凝土强度达到设计强度标准值的 70％后方可起吊，若需提前起吊，必须采取必要的措施并经强度和抗裂度验算合格后方可进行。桩在起吊搬运时，必须做到保持平稳提升，避免冲击和振动，吊点应同时受力，保护桩身质量。吊点位置应严格按设计规定的绑扎。若无吊环，设计又无规定时，绑扎点的数量和位置按桩长而定，应符合起吊弯矩最小（或正负弯矩相等）的原则，如图 6.7 所示。钢丝绳捆绑桩时应加衬垫，避免损坏桩身和棱角。

桩运输时的混凝土强度应达到设计强度标准值的 100％。桩从制作处运到现场以备打桩，应根据打桩顺序随打随运，以避免二次搬运。对于桩的运输方式，短桩运输可采用载重汽车，现场运距较近时，可直接用起重机吊运，亦可采用轻轨平板车运输；长桩运输可采用平板拖车、平台挂车等运输。装载时桩支承点应按设计吊点位置设置，并垫实、支撑和绑扎牢固，以防止运输中晃动或滑动。

6.2.1.3　堆放

堆放桩的场地应平整、坚实、排水良好。桩应按规格、型号、材料分别分层叠置，支承点垫木位置应与吊点位置相同，各层垫木应上下对齐，并位于同一垂直线上，支承平稳，堆放层数不宜超过 4 层。桩应堆置在打桩架附设的起重钩工作半径范围内，并考虑起重方向，避免空中转向。不合格的桩做废品处理，并作出明显的标志，另外堆放。

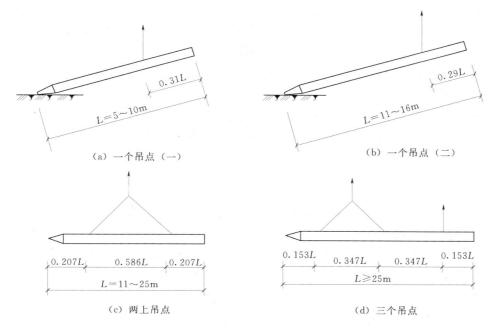

（a）一个吊点（一）　　　　　　　　（b）一个吊点（二）

（c）两上吊点　　　　　　　　　　　（d）三个吊点

图 6.7　吊点的合理位置

6.2.2　打（沉）桩施工

预制桩的沉桩方法有锤击法、振动法、静压法及水冲法等，其中锤击法和静压法在工程中应用最多。

6.2.2.1　锤击法

锤击法也称打入法，是利用桩锤落到桩顶上的冲击力来克服土对桩的阻力，使桩沉到预定的深度或达到持力层的一种打桩施工方法。锤击沉桩是混凝土预制桩常见的沉桩方法，它施工速度快，机械化程度高，适用范围广，但施工时噪声大，对地表层有振动，在城市和夜间施工有所限制。

1. 打桩前的准备

桩基础工程在施工前，应根据工程规模的大小和复杂程度，编制整个分部工程施工组织设计或施工方案。

打桩前，宜向城市管理、供水、供电、煤气、电信、房管等有关单位提出要求，认真处理高空、地上和地下的障碍物。然后对现场周围（一般为 10m 以内）的建筑物、地下管线等作全面检查，必须予以加固或采取隔振措施或拆除，以免打桩中由于振动的影响，可能引起倒塌等。打桩场地必须平整、坚实，必要时宜铺设道路，经压路机碾压密实，场地四周应挖排水沟以利排水。

在打桩现场附近设水准点，其位置应不受打桩影响，数量不得少于两个，用以抄平场地和检查桩的入土深度。要根据建筑物的轴线控制桩定出桩基础的每个桩位，可用小木桩标记。正式打桩之前，应对桩基的轴线和桩位复查一次。以免因小木桩挪动、丢失而影响施工。桩位放线允许偏差为 20mm。

检查打桩机设备及起重工具，铺设水电管网，进行设备架立组装和试打桩。在桩架上设置标尺或在桩的侧面画上标尺，以便能观测桩身入土深度。施工前应作数量不少于 2 根桩的打桩工艺试验，用以了解桩的沉入时间、最终沉入度、持力层的强度、桩的承载力以及施工过程中可能出现的各种问题和反常情况等，以便检验所选的打桩设备和施工工艺是否符合设计要求。

（1）整平压实场地，清除打桩范围内的高空、地面、地下障碍物，架空高压线距打桩架不得小于 10m；修筑桩机进出、行走道路，平整压实场地，做好排水措施。

（2）测量放线，定出桩基轴线并定出桩位，在不受打桩影响的适当位置设置不少于 2 个水准点，以便控制桩的入土标高。

（3）接通现场的水、电管线，进行设备架立组装和试打桩。

（4）打桩场地建筑物（或构筑物）有防震要求时，应采取必要的防护措施。

2．打桩机械设备及选用

打桩所用的机械设备主要有桩锤、桩架及动力装置三部分组成。桩锤是对桩施加冲击力，将桩打入土中的机具；桩架的主要作用是支持桩身和桩锤，并在打桩过程中引导桩的方向不偏移；动力装置一般包括启动桩锤用的动力设施，取决于所选桩锤，如采用蒸汽锤时，则需配蒸汽锅炉、卷扬机等。

（1）桩锤

1）选择桩锤类型。常用的桩锤有落锤、柴油桩锤、单动汽锤、双动汽锤、振动桩锤、液压桩锤等。桩锤的工作原理、适用范围和特点见表 6.1。

表 6.1　　　　　各类桩锤特点及适用范围

桩锤种类	原理	适用范围	特点
落锤	用绳索或钢丝绳通过吊钩由卷扬机沿桩架导杆提升到一定高度，然后自由下落，利用锤的重力夯击桩顶，使桩沉入土中	1．适宜于打木桩及细长尺寸的钢筋混凝土预制桩。 2．在一般土层、黏土和含有砾石的土层均可使用	1．构造简单，使用方便，费用低。 2．冲击力大，可调整锤重和落距以简便地改变打桩能力。 3．锤击速度慢（每分钟约 6～20 次），效率低，贯入能力低，桩顶部易打坏
柴油锤	以柴油为燃料，利用冲击部分的冲击力和燃烧压力为驱动力来推动活塞往返运动，引起锤头跳动夯击桩顶进行打桩	1．适宜于打各种桩。 2．适宜于一般土层中打桩，不适用于在硬土和松软土中打桩	1．重量轻，体积小，打击能量大。 2．不需外供能量，机动性强，打桩快，桩顶不易打坏，燃料消耗少。 3．振动大，噪声高，润滑油飞散，遇硬土或软土不宜使用
单动汽锤	利用外供蒸汽或压缩空气的压力将冲击体托升至一定高度，配气阀释放出蒸汽，使其自由下落锤击打桩	1．适宜于打各种桩，包括打斜桩和水中打桩。 2．尤其适宜于套管法打灌注桩	1．结构简单，落距小，精度高，桩头不易损坏。 2．打桩速度及冲击力较落锤大，效率较高（每分钟 25～30 次）
双动汽锤	利用蒸汽或压缩空气的压力将锤头上举及下冲，增加夯击能量	1．适于打各种桩，并可打斜桩和水中打桩。 2．适应各种土层。 3．可用于拔桩	1．冲击力大，工作效率高（每分钟 100～200 次）。 2．设备笨重，移动较困难

续表

桩锤种类	原理	适用范围	特点
振动桩锤	利用锤高频振动，带动桩身振动，使桩身周围的土体产生液化，减小桩侧与土体间的摩阻力，将桩沉入或拔出土中	1. 适于施打一定长度的钢管桩、钢板桩、钢筋混凝土预制桩和灌注桩。 2. 适用于亚黏土、黄土和软土，特别适用于砂性土、粉细砂中沉桩，不宜用于岩石、砾石和密实的黏性土层	1. 施工速度快，使用方便，施工费用低；施工无公害污染。 2. 结构简单，维修保养方便。 3. 不适宜于打斜桩
液压桩锤	单作用液压锤是冲击块通过液压装置提升到预定的高度后快速释放，冲击块以自由落体方式打击桩体。而双作用锤是冲击块通过液压装置提升到预定高度后，以液压驱使下落，冲击块能获得更大加速度、更高的冲击速度与冲击能量来打击桩体，每一击贯入度更大	1. 适宜于打各种桩。 2. 适宜于一般土层中打桩	1. 施工无烟气污染，噪声较低，打击力峰值小，桩顶不易损坏，可用于水下打桩。 2. 结构复杂，保养与维修工作量大，价格高，冲击频率小，作业效率较比柴油锤低

2）选择桩锤重量。用锤击法沉桩，选择桩锤是关键。一是锤的类型，二是锤的重量。锤击应该有足够的冲击能量，施工中宜选择重锤低击。桩锤过重，所需动力设备也大，能源消耗大不经济，且易将桩打坏；桩锤过轻，必将增大落距，锤击功能很大部分被桩身吸收，使桩身产生回弹，桩不易打入，且锤击次数过多，常常出现桩头被打坏或使混凝土保护层脱落，严重者甚至使桩身断裂。因此，应选择稍重的锤，用重锤低击和重锤快击的方法效果较好。锤重一般根据施工现场情况、机具设备性能、工作方式、工作效率等条件选择。表 6.2 为锤重选择表。

表 6.2 锤重选择表

项目		柴油锤/t					
		2.0	2.5	3.5	4.5	6.0	7.2
锤的动力性能	冲击部分重/t	2.0	2.5	3.5	4.5	6.0	7.2
	总重/t	4.5	6.5	7.2	9.6	15.0	18.0
	冲击力/kN	2000	2000～2500	2500～4000	4000～5000	5000～7000	7000～10000
	常用冲程/m	1.8～2.3					
适用的桩规格	预制方桩、预应力管桩的边长或直径/mm	250～350	350～400	400～450	450～500	500～550	550～600
	钢管桩直径/mm	400	400	400	600	900	900～1000

续表

项目		柴油锤/t					
		2.0	2.5	3.5	4.5	6.0	7.2
持力层	黏性土粉土 一般进入深度/m	1～2	1.5～2.5	2～3	2.5～3.5	3～4	3～5
	黏性土粉土 静力触探比贯入阻力 p_s 平均值/MPa	3	4	5	>5	>5	>5
	砂土 一般进入深度/m	0.5～1.0	0.5～1.5	1.0～2.0	1.5～2.5	2.0～3.0	2.5～3.5
	砂土 标准贯入度击数 N	15～25	20～30	30～40	40～45	45～50	50
锤的常用控制贯入度/（cm/10 击）		—	2～3		3～5	4～8	—
设计单桩极限承载力/kN		400～1200	800～1600	2500～4000	3000～5000	5000～7000	7000～10000

（2）桩架。桩架的形式有多种，常用的通用桩架（能适应多种桩锤）有两种基本形式：一种是沿轨道行驶的多功能桩架，另一种是安装在履带底盘上的履带式桩架。

多功能桩架由立柱、斜撑、回转工作台、底盘及传动机构组成，如图 6.8 所示。这种桩架机动性和适应性很大，在水平方向可作 360°回转，立柱可前后倾斜，可适应各种预制桩及灌注桩施工。缺点是机构庞大，组装拆迁较麻烦。

履带式桩架以履带式起重机为底盘，增加立柱与斜撑用以打桩，如图 6.9 所示。此种桩架具有操作灵活、移动方便、施工效率高等优点，适用于各种预制桩及灌注桩施工。

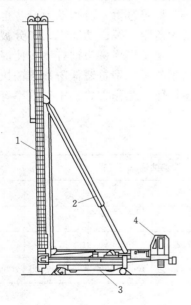

图 6.8　多功能桩架

1—立柱；2—斜撑；3—底盘；4—工作台

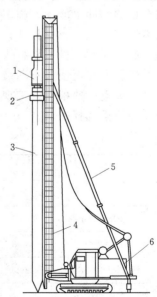

图 6.9　履带式桩架

1—桩锤；2—桩帽；3—桩；4—立柱；

5—斜撑；6—车体

选择桩架时应考虑以下因素：①桩的材料、桩的截面形状与尺寸、桩的长度和接桩方式；②桩的种类、数量、桩距及布置方式，施工精度要求；③施工场地条件，打桩作业环境，作业空间；④所选定的桩锤的型式、重量和尺寸；⑤投入桩架数量；⑥施工进度要求及打桩速率要求。

桩架高度必须适应施工要求，一般可按桩长分节接长，桩架高度应满足以下要求：桩架高度＝单节桩长＋桩帽高度＋桩锤高度＋滑轮组高度＋起锤位移高度（1～2m）。

（3）打桩顺序。打入桩对土体有挤压作用，先打入的桩常由于水平推挤而造成偏移和变位，而后打入的桩则难以达到设计标高或入土深度，造成土体的隆起和挤压。打桩顺序是否合理直接影响到桩基础的质量、施工速度及周围环境，应根据桩的密集程度、桩径、桩的规格、长短、桩的设计标高、工作面布置、工期要求等综合考虑，合理确定。

当桩距大于或等于 4 倍桩的边长或桩径时，打桩顺序与土壤的挤压关系不大，采用何种打桩顺序相对灵活。而当桩距小于 4 倍桩的边长或桩径时，土壤挤压不均匀的现象会很明显，打桩顺序尤为重要。打桩顺序一般有逐排打、自中央向边缘打、自边缘向中央打和分段打等四种，如图 6.10 所示。

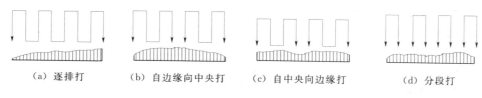

|（a）逐排打|（b）自边缘向中央打|（c）自中央向边缘打|（d）分段打|

图 6.10　打桩顺序与土体挤密情况

当桩不太密集，桩的中心距大于或等于 4 倍桩的直径时，可采取逐排打桩和自边缘向中间打桩的顺序。逐排打桩［图 6.10（a）］时，桩架单向移动，桩的就位与起吊均很方便，故打桩效率较高。但当桩较密集时，逐排打桩会使土体向一个方向挤压，导致土体挤压不均匀，后面的桩不容易打入，最终会引起建筑物的不均匀沉降。自边缘向中间打桩［图 6.10（b）］，当桩较密集时，中间部分土体挤压较密实，桩难以打入，而且在打中间桩时，外侧的桩可能因挤压而浮起。因此这两种打设方法适用于桩不太密集时施工。

当桩较密集时，即桩距小于 4 倍桩的直径时，一般情况下应采用自中央向边缘打［图6.10（c）］和分段打［图 6.10（d）］。按这两种打桩方式打桩时土体由中央向两侧或向四周均匀挤压，易于保证施工质量。

此外，根据桩的规格、埋深、长度不同，且桩较密集时，宜按先大后小，先深后浅，先长后短打设，这样可避免后施工的桩对先施工的桩产生挤压而发生桩位偏斜。当一侧毗邻建筑物时，由毗邻建筑物处向另一方向打设。

打桩顺序确定后，还需要考虑打桩机是往后"退打"，还是向前"顶打"，以便确定桩的运输和布置堆放。当桩顶头高出地面时，采用往后退打方法，桩不能事先布置在施打现场，只能随打随运，要组织好桩的调配运输。当打桩后桩顶的实际标高在地面以下时，则可采用向前顶打的方法施工，只要现场许可，将桩预先布置在桩位上，可以避免场内二次搬运，有利于提高施工速度，降低费用；打桩后留有的桩孔要随时铺平，以便行车和移动打桩机。

3. 打桩施工

打桩施工是确保桩基工程质量的重要环节。主要工艺过程如下：

（1）吊桩就位。打桩机就位时后，先将桩锤和桩帽吊起，其高度应超过桩顶，并固定在桩架上，然后吊桩并送至导杆内，垂直对准桩位，在桩的自重和锤重的压力下，缓缓送下插入土中，桩插入时的垂直度偏差不得超过 0.5%。桩插入土后即可固定桩帽和桩锤，使桩身、桩帽、桩锤在同一铅垂线上，确保桩能垂直下沉。在桩锤和桩帽之间应加弹性衬垫，如硬木、麻袋、草垫等；桩帽和桩顶周围四边应有 5～10mm 的间隙，以防损伤桩顶。

（2）打桩。打桩开始时，采用短距轻击，一般为 0.5～0.8m，以保证桩能正常沉入土中。待桩入土一定深度（1～2m）且桩尖不宜产生偏移时，再按要求的落距连续锤击。这样可以保证桩位的准确和桩身的垂直。打桩时宜用重锤低击，这样桩锤对桩头的冲击小，回弹也小，桩头不易损坏，大部分能量都用于克服桩身与土的摩阻力和桩尖阻力上，桩能较快地沉入土中。用落锤或单动汽锤打桩时，最大落距不宜大于 1m，用柴油锤时，应使锤跳动正常。在整个打桩过程中应做好测量和记录工作，遇有贯入度剧变、桩身突然发生倾斜、移位或有严重回弹、桩顶或桩身出现严重裂缝或破碎等异常情况时，应暂停打桩，及时研究处理。

（3）送桩。如桩顶标高低于地面，则借助送桩器将桩顶送入土中的工序称为送桩。送桩时桩与送桩管的纵轴线应在同一直线上，锤击送桩将桩送入土中，送桩结束，拔出送桩管后，桩孔应及时回填或加盖。

4. 接桩

钢筋混凝土预制长桩，受运输条件和桩架高度限制，一般分成若干节预制，分节打入，在现场进行接桩。常用接桩的方法有焊接法、法兰接法和硫磺胶泥锚接法等，如图6.11 所示。

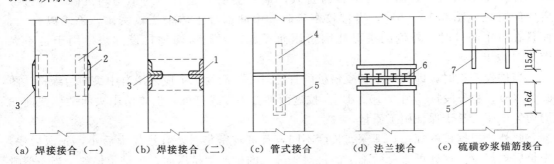

（a）焊接接合（一）　（b）焊接接合（二）　（c）管式接合　（d）法兰接合　（e）硫磺砂浆锚筋接合

图 6.11　桩的接头形式

1—角钢与主筋焊接；2—钢板；3—焊缝；4—预埋钢管；5—浆锚孔；

6—预埋法兰；7—预埋锚筋；d—锚栓直径

（1）焊接法接桩。焊接法接桩目前应用最多，其节点构造如图 6.11（a）、（b）所示。接桩时，必须对准下节桩并垂直无误后，用点焊将拼接角钢连接固定，再次检查位置正确无误后，则进行焊接。施焊时，应两人同时对角对称地进行，以防止节点变形不均匀而引起桩身歪斜，焊缝要连续饱满。接长后，桩中心线偏差不得大于 10mm，节点弯曲矢高不得大于 0.1％桩长。

（2）法兰接桩法。法兰接桩法节点构造如图 6.11（d）所示。它是用法兰盘和螺栓连接，其接桩速度快，但耗钢量大，多用于预应力混凝土管桩。

（3）硫黄胶泥锚接法接桩。硫黄胶泥锚接法接桩节点构造如图 6.11（e）所示，上节桩预留锚筋、下节桩预留锚筋孔（孔径为锚筋直径的 2.5 倍）。接桩时，首先将上节桩对准下节桩，使四根锚筋插入锚筋孔，下落上节桩身，使其结合紧密。然后将桩上提约 200mm（以四根锚筋不脱离锚筋孔为度），安设好施工夹箍（由四块木板，内侧用人造革包裹 40mm 厚的树脂海绵块而成），将熔化的硫黄胶泥注满锚筋孔和接头平面上，然后将上节桩下落。当硫黄胶泥冷却并拆除施工夹箍后，可继续加荷施压。硫黄胶泥锚接法接桩，可节约钢材，操作简便，接桩时间比焊接法要大为缩短，但不宜用于坚硬土层中。

5. 截桩

当预制钢筋混凝土桩的桩顶露出地面并影响后续桩施工时，应立即进行截桩头。截桩头前，应测量桩顶标高，将桩头多余部分凿去。截桩一般可采用人工或风动工具（如风镐等）方法来完成。截桩时不得把桩身混凝土打裂，并保证桩身主筋伸入承台内，其锚固长度必须符合设计规定。一般桩身主筋伸入混凝土承台内的长度：受拉时不少于 25 倍主筋直径；受压时不少于 15 倍主筋直径。主筋上黏着的混凝土碎块要清除干净。

6. 打桩质量要求及控制

打桩质量包括两个方面的内容：一是能否满足贯入度或标高的设计要求；二是打入后的偏差是否在施工及验收规范允许范围以内（表 6.3）。

贯入度是指一阵（每 10 击为一阵，落锤、柴油桩锤）或者 1min（单动汽锤、双动汽锤）桩的入土深度。

保证打桩的质量，应遵循以下原则：端承桩即桩端达到坚硬土层或岩层，以控制贯入度为主，桩端标高可作参考；摩擦桩即桩端位于一般土层，以控制桩端设计标高为主，贯入度可作参考。打（压）入桩（预制混凝土方桩、先张法预应力管桩、钢桩）的桩位偏差，必须符合规范的规定。打斜桩时，斜桩的倾斜度的允许偏差，不得大于倾斜角正切值的 15％。

表 6.3　　　　　　　　　　　　　预制桩（钢桩）桩位的允许偏差

序号	项目	允许偏差/mm
1	盖有基础梁的桩：（1）垂直基础梁的中心线。 （2）沿基础梁的中心线	$100+0.01H$ $150+0.01H$
2	桩数为 1～3 根桩基中的桩	100
3	桩数为 4～16 根桩基中的桩	1/2 桩径或边长
4	桩数大于 16 根桩基中的桩：（1）最外边的桩 （2）中间桩	1/3 桩径或边长 1/2 桩径或边长

注　H 为施工现场地面标高与桩顶设计标高的距离。

（1）打桩停锤的控制原则。为保证打桩质量，应遵循以下停打控制原则：①摩擦桩以控制桩端设计标高为主，贯入度可作参考；②端承桩以贯入度控制为主，桩端标高可作参考；③贯入度已达到而桩端标高未达到时，应继续锤击 3 阵，按每阵 10 击的平均贯入度不大于设计规定的数值加以确认，必要时施工控制贯入度应通过试验与相关单位会商确定。此处的贯入度是指桩最后 10 击的平均入土深度。

（2）打桩允许偏差。桩平面位置的偏差，单排桩不大于 100mm，多排桩一般为 0.5～1 个桩的直径或边长；桩的垂直偏差应控制在 0.5% 之内；按标高控制的桩，桩顶标高的允许偏差为 -50～100mm。

（3）承载力检查。施工结束后应对承载力进行检查。桩的静载荷试验根数应不少于总桩数的 1%，且不少于 3 根；当总桩数少于 50 根时，应不少于 2 根；当施工区域地质条件单一，又有足够的实际经验时，可根据实际情况由设计人员酌情而定。

7. 打桩过程控制

打桩时，如果沉桩尚未达到设计标高，而贯入度突然变小，则可能土层中央有硬土层，或遇到孤石等障碍物，此时应会同设计勘探部门共同研究解决，不能盲目施打。打桩时，若桩顶或桩身出现严重裂缝、破碎等情况时，应立即暂停，分析原因，在采取相应的技术措施后，方可继续施打。

打桩时，除了注意桩顶与桩身由于桩锤冲击被破坏外，还应注意桩身受锤击应力而导致的水平裂缝。在软土中打桩，桩顶以下 1/3 桩长范围内常会因反射的应力波使桩身受拉而引起水平裂缝，开裂的地方常出现在易形成应力集中的吊点和蜂窝处，采用重锤低击和较软的桩垫可减少锤击拉应力。

8. 打桩对周围环境影响控制

打桩时，邻桩相互挤压导致桩位偏移，产生浮桩，则会影响整个工程质量。在已有建筑群中施工，打桩还会引起已有地下管线、地面交通道路和建筑物的损坏和不安全。为避免或减小沉桩挤土效应和对邻近建筑物、地下管线等的影响，施打大面积密集桩群时，可采取下列辅助措施：①预钻孔沉桩，预钻孔孔径比桩径（或方桩对角线）小 50～100mm，深度视桩距和土的密实度、渗透性而定，深度宜为桩长的 1/3～1/2，施工时应随钻随打，桩架宜具备钻孔锤击双重性能；②设置袋装砂井或塑料排水板消除部分超孔隙水压力，减少挤土现象；③设置隔离板桩或开挖地面防震沟，消除部分地面震动；④沉桩过程中应加强邻近建筑物和地下管线等的观测、监护。

6.2.2.2 静力压桩法

这种方法采用静力压桩机，将预制桩压入地基中，最适宜于均质软土地基。在桩压入过程中利用压桩架的自重和配重，通过卷扬机牵引，有钢丝绳、滑轮和压梁，将整个桩机的重力反压在桩顶上，以克服桩身下沉时与土的摩擦力，迫使预制桩下沉。

静力压桩一般分节压入、逐段接长。因此，桩需分节预制，当第一节压入土中，上端距地面 1m 左右时，将第二节接上，继续压入。压桩期间应尽量缩短停歇时间，否则土壤固结阻力大，致使桩压不下去。该方法施工无噪声、无振动、无污染；不会打碎桩头，桩截面可以减小，混凝土强度等级可降低，配筋比锤击法可省 40%；桩定位精确，不易产生偏心，可提高桩基施工质量，施工速度快；自动记录压桩力，可预估和验证单桩承载力，施工安全可靠。但压桩设备较笨重，要求边桩中心到已有建筑物间距较大，压桩力受一定限制，挤土效应仍然存在问题。适用于软土、填土及一般黏性土层中应用，特别适合于居民稠密及附近环境保护要求严格的地区沉桩；但不宜用于地下有较多孤石、障碍物或有厚度大于 2m 的中密以上砂夹层的情况。

静力压桩机分为机械式（图 6.12）和液压式（图 6.13）两种，目前主要使用的是液压式。液压式静力压桩机由液压吊装机构、液压夹持器、压桩机构、行走及回转机构等组成。这种桩机采用液压传动，动力大，工作平稳。压桩机作业时用起重机吊起桩体，通过液压夹桩器夹紧桩身并下压，沉桩入土。

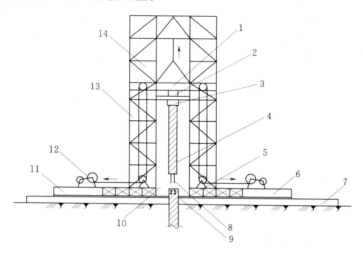

图 6.12　机械静力压桩机

1—活动压梁；2—油压表；3—桩帽；4—上段桩；5—加重钩；6—底盘；

7—轨道；8—上段桩锚筋；9—下段桩锚筋孔；10—导笼孔；

11—操作平台；12—卷扬机；13—滑轮组；14—桩架

静力压桩施工程序为测量定位→压桩机就位→吊桩、插桩→桩身对中调直→静压沉桩→接桩→再静压沉桩→送桩→终止压桩→切割桩头。

施工时，压桩机应根据土质情况配足额定重量，桩帽、桩身和送桩的中心线应重合。压桩应连续进行，如需接桩，可压至桩顶离地面 0.5～1.0m，用硫黄胶泥锚接法将桩接长。用硫黄胶泥接桩间歇不宜过长（正常气温下为 10～15min）；接桩面应保持干净，浇筑时间不应超过两分钟，上下桩中心线应对齐，偏差不大于 10mm；节点矢高不得大于 1‰桩长。如压桩时桩身发生较大移位、倾斜、桩身突然下沉或倾斜，桩顶混凝土破坏或压桩阻力剧变时，则应暂停压桩，及时研究处理。当桩歪斜，可利用压桩油缸回程，将压入土层中的桩拔出，实现拔桩作业。

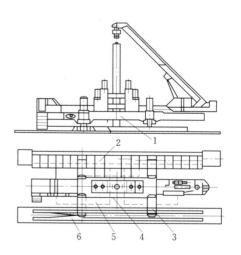

图 6.13　液压静力压桩机

1—悬臂梁；2—配重；3—悬臂；4—机身；

5—短船；6—长船

压桩应控制好终止条件。对纯摩擦桩，终压时以设计桩长为控制条件；对长度大于21m的端承摩擦型静压桩，应以设计桩长控制为主，终压力值作对照；超载压桩时，一般不宜采用满载连续复压法，但在必要时可以进行复压，复压的次数不宜超过2次。

6.2.2.3 振动沉桩法

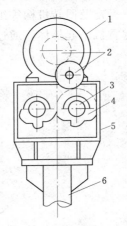

图6.14 振动沉桩机
1—电动机；2—传动齿轮；
3—轴；4—偏心振动块；
5—箱壳；6—桩

振动沉桩法与锤击沉桩法的原理基本相同，不同之处是将桩与振动锤连接在一起，利用振动锤产生高频振动，激振桩身并振动土体，使土的内摩擦角减小，强度降低而将桩沉入土中。振动沉桩机（图6.14）由电动机、弹簧支承、偏心振动块和桩帽组成。振动机内的偏心振动块分左、右对称两组，其旋转速度相等，方向相反。所以，工作时，两组偏心振动块的离心力的水平分力相抵消，但垂直分力则相叠加，形成垂直方向的振动力。由于桩与振动机是刚性连接在一起的，故桩也随着振动力沿垂直方向振动而下沉。

振动沉桩法施工速度快。使用维修方便，费用低，但其耗电量大，噪声大。主要适用于砂石、黄土、软土和亚黏土，在含水砂层中的效果更为显著，但在砂砾层中采用此方法时，尚需配以水冲法。沉桩工作应连续进行，以防间歇过久难以沉下。

6.2.2.4 射水法沉桩

射水法沉桩又称水冲法沉桩，是一种沉桩辅助方法。它是利用附在桩身上或空心桩内部的射水管，用高压水流束将桩尖附近的土体冲松液化，桩借自重（或稍加外力）沉入土中，如图6.15所示。

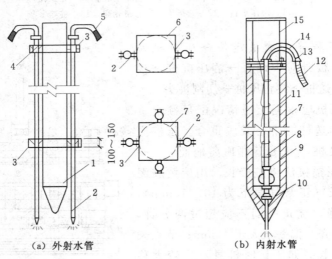

（a）外射水管　　　　　　（b）内射水管

图6.15 射水法沉桩装置
1—预制实心桩；2—外射水管；3—夹箍；4—木楔打紧；5—胶管；6—两侧外射水管夹箍；
7—管桩；8—射水管；9—导向环；10—挡砂板；11—保险钢丝绳；
12—弯管；13—胶管；14—电焊加强圆钢；15—钢进桩

射水法沉桩一般配以锤击或振动相辅使用。沉桩时,应使射水管末端经常处于桩尖以下 0.3~0.4m 处。射水进行中,射水管和桩必须垂直,并要求射水均匀,水冲压力一般为 0.5~1.6MP。施工时,桩下沉缓慢时,可低锤轻击,下沉转快时停止锤击。当桩沉至距设计标高 0.5~2m 时应停止射水,拔出射水管,用锤击或振动打至设计标高,以免将桩尖处土体冲坏,降低桩的承载力。

在坚实的砂土中沉桩,桩难以打下时,使用射水法可防止将桩打断、打坏桩头,比锤击法可提高工效 2~4 倍,但需一套冲水装置。射水法沉桩最适用于坚实砂土或砂砾石土层中桩的施工,在黏性土中亦可使用。

6.2.3 编制预制桩施工方案举例

6.2.3.1 工程概况

某工程基础采用预制钢筋混凝土方桩,选用标准图集《预制钢筋混凝土方桩》(04G361),桩型号为 JAZHb - 340 - 11 11 9B 和 JAZHb - 240 - 12 11B。接头采用钢帽甲,具体情况见表 6.4。

表 6.4   某工程基础预制钢筋混凝土方桩工程量

桩 型 号	桩数量/套	桩方量/m³
JAZHb - 340 - 11 11 9B	182	918.74
JAZHb - 240 - 12 11B	46	173.33
合计	228	1 092.07

6.2.3.2 编写依据

(1) 工程地质勘察报告。

(2) 桩位平面布置图、总平面图等施工图纸资料。

(3) 有关施工及验收规范。

(4) 国家及地方颁布的安全操作规程及文明施工规定。

(5) 场地及周围环境的实际情况。

6.2.3.3 场地工程地质条件及沉桩可行性分析

1. 场地工程地质条件

根据工程地质勘察报告,可知场地属三角洲冲积平原,地貌形态单一,场地高程为 2.75~4.43m。勘探深度在 30m 范围内的地基土均属第四纪全新世纪及上更新世纪沉积物,主要由饱和的黏性土、粉性土组成。根据地基土的沉积时代、成因及物理力学差异划分为 6 层。

2. 沉桩可行性分析及设备选择

本工程地基土自第⑥❶层粉质黏土以上均为第四系饱和软土层,沉桩阻力较小,根据本地区类似地层施工经验及结合相邻场地地基土的主要物理学指标进行分析,按有关经验公式进行计算,得出采用 GPZ300 型全液压静力压桩机施工时沉桩能满足设计要求。

---

❶ 表示地层编号。

6.2.3.4　压桩对周围环境的影响及防护措施

1. 影响机理

静力压桩与锤击桩相比具有无震动、无噪声、无污染、施工现场干净文明等环保优点（该工艺符合 ISO14000 环境保护体系标准）。但是，在饱和软黏土地区，压桩与锤击桩一样都会引起很高的超孔隙水压力，由于其消散慢，产生累积叠加，会波及邻近范围的土体发生隆起和水平位移，对周围的建筑物及地下管线产生一定的影响。由于本场地自第⑥层灰色黏土以上均为第四系饱和软土层，挤土效应是存在的，因此会对 1.0～1.5 倍的桩长范围产生影响。本工程拟采用一台设备施工，为保护周边环境的安全必须采取必要的防护措施，才能保证工程的顺利完成。

本工程场地四周离周边道路及建筑物均较近，同时由于拟施工的桩较大且长度较长，不可避免地会对周边产生影响，故在压桩施工时需要采取一定的防护措施。

2. 防护措施

为了消除对周围环境的影响，必须采取一定的防护措施。只要为超孔隙水提供排放通道，让其迅速消散，同时阻断挤土位移路径，不使其连续作用，就可以消除其影响，达到保护周围环境的目的。

目前经常采取的措施如下：①打砂井，为超孔隙水提供排放通道；②打止水钢板，减少挤土、阻断深层挤土路径、提供桩体挤土容纳空间；③挖防挤（震）沟、暴露被保护对象，阻断浅层挤土位移路径；④合理安排流程、控制压桩速度、分散挤土影响范围、降低挤土强度，为应力释放提供时间，防止累积叠加；⑤对被保护对象进行监测，用监测数据指导施工。

在一般工程施工中，应以"安全、经济"为原则，对上述措施进行综合利用。对于该场地来说，可采取以下四个方面的措施：

（1）开挖防挤沟。防挤沟可阻断浅层土的侧向挤压作用，并且可有效地汇集砂井溢出的超孔隙水。在本场地东、西、南、北四侧离开围墙约 4m 处开挖防挤沟，宽度为 1.5m，深度为 2m。沟内积水设泵排走。

（2）打止水钢板。止水钢板的长度为 6m，桩顶标高为 2 倍的周围管线埋深，在东、西、北三侧离开围墙 2m 处布置。

（3）加强监测，进行信息化施工。甲方应委托有资质的单位对施工进行跟踪监测，监测内容建议为孔隙水压力和管道位移，也可考虑对先压桩进行测斜，及时提供监测数据，指导施工。

（4）控制压桩速率及科学地安排施工流程。当施工距离周边管线及建筑物 30m 范围内的桩时，每栋楼每天施工量不超过 15 套，同时根据甲方委托的有资质的单位对道路、管道，尤其是西侧的管道进行跟踪监测的数据，控制施工速度。

施工流程为从北到南、从东到西，以避免集中施工带来的土体的集中变形。

6.2.3.5　静力压桩施工的质量保证措施

1. 场地处理

（1）施工前应做到现场"三通一平"，尤其是施工便道要能满足运桩车行驶，并确保设备进场车辆和吊机的安全。

（2）施工用电量应满足 200kW。

（3）如施工场地有暗浜存在，施工时如不能满足压机接地比压的要求，业主必须先进行场地处理。

（4）施工前应清除障碍物，如厂房的旧基础、防空洞、场地原有地下管线、架空电缆等，暗浜清理后回填密实；施工场地周围应保持排水畅通。

（5）边桩与周围建筑物的距离应大于 4.5m。压桩区域内的场地边桩轴线向外扩延 5m，同时铺道牙砟或建筑垃圾压实填平。

（6）每个栋号施工前放好定位角桩，并向外引测投影，以便压桩完成后确定建筑物的轴线。

2. 桩的验收、起吊、搬运及堆放等

（1）预制桩由建设单位委托工厂制作并负责运输、堆卸到现场。桩在使用前由业主、监理、我方指派专人按规范规定进行外观检查验收。验收时制桩方在提供预制桩出厂合格证的同时需提交如下资料：桩的结构图、材料检验试验记录、隐蔽工程验收记录、混凝土强度试验报告、养护方法等。

（2）预制方桩应达到设计强度的 70% 时方可起吊，达到 100%、龄期 28 d 后方可施工。桩在起吊和搬运时，必须做到平衡并不得损坏。水平吊运时，吊点距桩端的距离为 $0.207L$（L 为桩长）；单点起吊时，吊点距桩端的距离为 $0.293L$。

（3）装卸时应轻起轻放，严禁抛掷、碰撞、滚落，吊运过程中应保持平衡。

（4）桩的堆放场地应平整坚实，不得产生不均匀沉陷，堆放层数不得超过四层。在吊点处设置支点，上下支点应垂直对齐，并应采取可靠的防滚、防滑措施。

3. 施工放样

（1）依据业主单位移交的建筑物红线控制点和单体定位桩、总平面图、桩位平面布置图施放样桩，经监理验收无误后方可压桩。

（2）为利于在施工过程中及验收时核对轴线及桩位，应在各轴线的延长线上，距边桩 20m 以外设控制桩或投设到已有建筑物上。

（3）桩位定位前应检查各轴线交点的距离是否与桩位图相符，无误后用直角坐标或极坐标法测放样桩。样桩用木桩或钢筋标记，为便于寻找，宜涂以红油漆。压桩机就位后，应对样桩进行校核，无误后再对中、压桩。

（4）桩基轴线的允许偏差不得超过下列数值：单排桩为 10mm，桩基为 20mm。

（5）为了便于控制送桩深度，应在压桩范围 60m 外设置两个以上水准控制点。

4. 压桩工艺流程

压桩工艺流程：测定桩位→压桩机就位调平→验桩→吊桩→桩调直、对中→压下桩→接桩→压上接桩→送桩→记录→拔送桩杆。压桩时，各工序应连续进行，严禁中途停压。遇到下列情况时应暂停压桩，并与有关单位研究处理。

（1）初压时，桩身发生较大幅度的位移或倾斜，压桩过程中，桩身突然下沉或倾斜。

（2）桩身破损或压桩阻力剧变，压桩力达到单桩极限承载力的 1.4 倍而桩未压至设计标高。

（3）桩位移及标高超限较多。

（4）场地下陷严重，影响设备的行走和就位，压桩机难以调平，桩身不能调直。

5．压桩质量控制

（1）桩位控制。桩位偏差和垂直度应符合规范规定。

（2）影响桩位偏移和垂直度的因素很多，施工过程中应注意以下几方面：

1）施工放样后应进行轴线与控制基准线、桩位与轴线、桩位与桩位之间关系的检查。

2）由于挤土效应造成地面变形，致使所放样桩位移，在压桩前应校核。

3）压桩过程中，桩尖遇到地下障碍物造成桩倾斜位移时，应将桩拔出，清除障碍物后再压。

4）压桩机工作时机身应调平。

6．接桩与送桩

（1）接桩是压桩施工中的关键工序，每班由班长和兼职质量员进行检查，专职质量员进行抽查，班报表应记录焊接人员名单，责任落实到人。本工程方桩采用角钢焊接法接桩，焊条型号为J422。

方桩焊接时应做到上下桩垂直对齐，检查桩帽是否平整、干净，接点处理应符合下列要求。

1）焊缝应连续饱满，不得虚焊漏焊，桩帽之间的空隙应用铁片垫实焊牢。

2）上、下节桩的中心线偏差不大于5mm，接点弯曲矢高不大于1‰桩长，且不大于20mm。

（2）送桩。

1）送桩时送桩杆的中心线与桩的中心线应重合，送桩杆标记应清晰准确。

2）方桩桩顶标高控制在0～10cm，送桩完及时观察压力表读数并做好记录。

7．中间验收及竣工验收

（1）按规范要求，施工时对每根桩都应进行中间验收，由总包方或监理指派专人与我方班组质检员共同进行。中间验收的内容包括：预制桩的质量及外观尺寸、插桩时的倾斜度、接点处理、桩位移、桩顶标高和终止压力等。

（2）做好中间验收的同时，应在以下方面进行跟踪检查：对中时桩位的复查、送桩时桩位移的复查、送桩完毕检查实际标高。

（3）在基坑开挖垫层并浇筑完毕及轴线施放完成后，由监理工程师牵头，组织甲方、总包共同进行竣工验收，严格按建筑工程质量检验评定标准检验，实测桩的位移及桩顶标高，编制桩位竣工图，提交竣工资料。

8．质量通病及预防

质量通病主要有沉桩困难，达不到设计标高；桩偏移或倾斜过大；桩虽达到设计标高或深度，但桩的承载能力不足；压桩阻力与地质资料或试验桩所反映的阻力相比有异常现象；桩体破损，影响桩的继续下沉。

6.2.3.6 施工进度计划

此部分内容略。

6.2.3.7 各项资源需用量计划

（1）劳动力需用量计划。

（2）主要材料用量计划。本工程材料主要为预制方桩，计划开工前三天桩材开始进场，根据一台压桩机的产量及有足够的余量，每天进场数量保证不低于 15 套。

（3）主要附材用量计划。

（4）主要施工机具需用量计划。

6.2.3.8　施工技术组织措施

此部分内容略。

6.2.3.9　安全技术组织措施

此部分内容略。

6.2.3.10　文明施工保证措施

此部分内容略。

6.2.3.11　与相关施工单位的配合

此部分内容略。

6.2.4　混凝土预制桩施工质量控制及检验标准

钢筋混凝土预制桩的质量检验标准应符合表 6.5 的规定。

表 6.5　　　　　　　　　　钢筋混凝土预制桩的质量检验标准

项目	序	检 查 项 目		允许偏差或允许值	检 查 方 法
主控项目	1	桩体质量检验		按基桩检测技术规范	按基桩检测技术规范
	2	桩位偏差		见《建筑地基基础工程施工质量验收规范》（GB 50202—2002）表 5.1.3	用钢尺量
	3	承载力		按基桩检测技术规范	按基桩检测技术规范
一般项目	1	砂、石、水泥、钢材等原材料（现场预制时）		符合设计要求	查出厂质保文件或抽样送检
	2	混凝土配合比及强度（现场预制时）		符合设计要求	检查称量及查试块记录
	3	成品桩外形		表面平整，颜色均匀，掉角深度小于 10mm，蜂窝面积小于总面积 0.5%	直观
	4	成品桩裂缝（收缩裂缝或成吊、装运、堆放引起的裂缝）		深度小于 20mm，宽度小于 0.25mm，横向裂缝不超过边长的一半	裂缝测定仪，该项在地下水有侵蚀地区及锤击数超过 500 击的长桩不适用
	5	成品桩尺寸	横截面边长	±5mm	用钢尺量
			桩顶对角线差	<10mm	用钢尺量
			桩尖中心线	<10mm	用钢尺量
			桩身弯曲矢高	<1/1000l	用钢尺量，l 为桩长
			桩顶平整度	<2mm	用水平尺量

项	序	检 查 项 目		允许偏差或允许值	检 查 方 法
一般项目	6	电焊接桩	焊缝质量	见《建筑地基基础工程施工质量验收规范》（GB 50202—2002）表 5.5.4-2	见《建筑地基基础工程施工质量验收规范》（GB 50202—2002）表 5.5.4-2
			电焊结束后停歇时间	>1.0min	秒表测定
			上下节平面偏差	<10min	用钢尺量
			节点弯曲矢高	<1/1000l	用钢尺量，l 为两节桩长
	7	硫黄胶泥接桩	胶泥浇注时间	<2min	秒表测定
			浇注后停歇时间	>7min	秒表测定
	8	桩顶标高		±50min	水准仪
	9	停锤标准		设计要求	现场实测或查沉桩记录

6.2.5 混凝土预制桩施工质量通病及防治

打（沉）桩施工常见问题及防治措施见表 6.6。

表 6.6　　　　　打（沉）桩施工常见问题及防治措施

问 题	产生的主要原因	防 治 措 施
桩顶击碎	1. 混凝土强度设计等级偏低。 2. 混凝土施工质量不良。 3. 桩锤选择不当。桩锤锤重过小或过大，造成混凝土破碎。 4. 桩顶与桩帽接触不平，桩帽变形倾斜或桩沉入土中不垂直，造成桩顶局部应力集中而将桩头打坏	1. 合理设计桩头，保证有足够的强度。 2. 严格控制桩的制作质量，支模正确、严密，使制作偏差符合规范要求。 3. 根据桩、土质情况，合理选择桩锤。 4. 经常检查桩帽与桩的接触面处及桩帽垫木是否平整，如不平整应进行处理后方能施打，并应及时更换缓冲垫
沉桩达不到设计控制要求（桩未达到设计标高或最后沉入度控制指标要求）	1. 桩锤选择不当，桩锤太小或太大，使桩沉不到或超过设计要求的控制标高。 2. 地质勘察不充分，持力层起伏标高不明，致使设计桩尖标高与实际不符；沉桩遇地下障碍物，如大块石、坚硬土夹层、砂夹层或旧埋置物。 3. 桩距过密或打桩顺序不当；打桩间歇时间过长，阻力增大	1. 根据地质情况，合理选择施工机械、桩锤大小。 2. 详细探明工程地质情况，必要时应作补勘，探明地下障碍物，并进行清除或钻透处理。 3. 确定合理的打桩顺序；打桩应连续打入，不宜间歇时间过长

续表

问题	产生的主要原因	防治措施
桩倾斜、偏移	1. 桩制作时桩身弯曲超过规定；桩顶不平，致使沉入时发生倾斜。 2. 施工场地不平、地表松软，导致沉桩设备及导杆倾斜，引起桩身倾斜；稳桩时桩不垂直，桩帽、桩锤及桩不在同一直线上。 3. 接桩位置不正，相接的两节桩不在同一轴线上，造成歪斜。 4. 桩入土后，遇到大块孤石或坚硬障碍物，使桩向一侧偏斜。 5. 桩距太近，邻桩打桩时产生土体挤压	1. 沉桩前，检查桩身弯曲，超过规范允许偏差的不宜使用。 2. 安设桩架的场地应平整、坚实，打桩机底盘应保持水平；随时检查、调整桩机及导杆的垂直度，并保证桩锤、桩帽与桩身在同一直线上。 3. 接桩时，严格按操作要求接桩，保证上下节桩在同一轴线上。 4. 施工前用钎或洛阳铲探明地下障碍物，较浅的挖除，深的用钻机钻透。 5. 合理确定打桩顺序。 6. 若偏移过大，应拔出，移位再打；若偏移不大，可顶正后再慢锤打入
桩身断裂（沉桩时，桩身突然倾斜错位，贯入度突然增大，同时当桩锤跳起后，桩身随之出现回弹）	1. 桩身有较大弯曲，打桩过程中，在反复集中荷载作用下，当桩身承受的抗弯强度超过混凝土抗弯强度时，即产生断裂。 2. 桩身局部混凝土强度不足或不密实，在反复施打时导致断裂；桩在堆放、起吊、运输过程中操作不当，产生裂纹或断裂。 3. 沉桩遇地下障碍物，如大块石、坚硬土夹层、砂夹层或旧埋置物	1. 检查桩外形尺寸，发现弯曲超过规定或桩尖不在桩纵轴线上时，不得使用。 2. 桩制作时，应保证混凝土配合比正确，振捣密实，强度均匀；桩在堆放、起吊、运输过程中，应严格按操作规程，发现桩超过有关验收规定时不得使用。 3. 施工前查清地下障碍物并清除。 4. 断桩可采取在一旁补桩的办法处理

项 目 小 结

本项目主要内容包括桩基施工的准备工作、锤击沉桩、静力压桩、振动沉桩等预制桩施工工艺，重点阐述了这些施工工艺的具体施工流程；着重分析了这些施工工艺常见的工程问题及处理方法。

本单元的教学目标是通过本单元的学习，使学生掌握桩基础的概念、适用范围、作用、分类；掌握预制桩施工工艺及施工要点和质量保证措施；掌握锤击沉桩、静力沉桩的施工工艺、施工要点和易产生质量事故的原因与预防、处理办法。

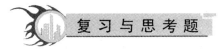

复习与思考题

1. 试述钢筋混凝土预制桩的制作、起吊、运输、堆放等环节的主要工艺要求。

2. 试述钢筋混凝土预制桩的施工准备工作及质量要求。

3. 试述桩锤的类型及其适用范围，打桩时如何选择桩锤？

4. 试述打桩顺序有几种？如何确定合理的打桩顺序？

5. 钢筋混凝土预制桩接桩的方法有哪些？试问各自适用于什么情况？

6. 打桩易出现哪些问题？试分析出现原因，应如何避免？

7. 试述静力压桩的优点及使用情况。

8. 试述锤击沉桩施工工艺。

9. 试述静力压桩施工工艺。

10. 试述振动沉桩施工工艺。

项目7 灌注桩基础施工

【学习目标】

掌握泥浆护壁成孔灌注桩、沉管灌注桩的施工工艺、施工要点和易产生质量事故的原因与预防、处理办法；了解干作业钻孔灌注桩、人工挖孔灌注桩的施工方法。

【引例与思考】

某工程中的某桩为深水桩基，水深为42m，桩径为2.0m，桩长为48m。覆盖层薄，淤泥层的厚度为12m，粉细砂的厚度为4m，卵石层的厚度为5m，其余为强风化、弱风化辉绿岩。钻进采用单绳冲击钻，护筒直径为2.3m，总长为50m，入土深度为9m，未能穿透粉细砂层。改孔成孔后清空时发现孔内有流沙，无法清理干净，而且不断沉积，多时有6m多厚，孔内外无水头差，用测绳测的护筒外有一处直径约为3m的漏斗，最深处有6m。判断为护筒脚处发生穿孔事故。初步解决方案：第一次采用黄土将孔内回填，然后用导管将护筒外漏斗用水下混凝土灌注，待其有一点强度后再次冲孔，到位后清孔。结果还是有流沙，无法清干净，沉淀厚度达3m多，没法进入下一步工序。

对于这种情况，如何处理？

任务7.1 混凝土灌注桩的构造及一般规定

灌注桩是直接在施工现场的桩位上先成孔，然后在孔内安放钢筋笼灌注混凝土而成。

灌注桩有以下几个方面的特点：

(1) 单桩承载力高，一根桩可以承受几百吨乃至几千吨，能满足高层建筑的框架结构、筒体结构和剪力墙结构体系的需要，由于单桩承载力高，可以做到一根柱子下面只有一根桩，可以不做承台。

(2) 岩层埋藏较浅时，大直径灌注桩可以嵌入岩层一定深度，使桩更加结实牢固。

(3) 大直径灌注桩由于成孔直径大，施工时下放钢筋笼方便，灌注水下混凝土也易于保证质量。

(4) 大直径灌注桩既能承受较大的垂直荷载，也能承受较大的水平荷载，而且能嵌入地层一定深度，其抗震性能也较好，同时沉降也小，能防止不均匀沉降。

(5) 灌注桩施工不存在沉桩挤土问题，振动和噪声均很小，对邻近建筑物、构筑物及地下管线、道路等的危害极小。但是，混凝土灌注桩的成桩工艺较复杂，尤其是湿作业成孔时，成桩速度也较预制打入桩慢。且其成桩质量与施工好坏密切有关，成桩质量难以直观的进行检查。

但与预制桩相比，灌注桩施工操作要求严格，施工后混凝土需要一定的养护期，不能立即承受荷载，施工工期较长，成孔时有大量土渣或泥浆排出，在软土地基中易出现颈缩、断裂等质量事故。

大直径的混凝土灌注桩，在我国高层建筑施工中得到愈来愈广泛的应用。北京、上海、天津、广州、深圳等地一些著名的高层建筑不少都是利用混凝土灌注桩。通过工程实践，在机械设备、成桩工艺和质量检测方面都取得长足的进步。

混凝土灌注桩的成孔，按设计要求和地质条件、设备情况，可采用钻、冲、抓和挖等不同方式。成孔作业还分为干式成孔（孔内无水）和湿式成孔（孔内有水），分别采用不同的成孔设备和技术措施。湿式成孔时，需采用泥浆护壁，并用水下混凝土的浇筑方式浇筑桩身混凝土。根据成孔方法的不同，灌注桩可分为干作业成孔的灌注桩、泥浆护壁成孔的灌注桩、套管成孔的灌注桩、人工挖孔灌注桩等。

我国常用的灌注桩的使用范围见表 7.1。

表 7.1 各种灌注桩使用范围

成 孔 方 法		适 用 范 围
泥浆护壁成孔	冲抓	碎石类土、砂类土、粉土、黏性土及风化岩。正反循环钻孔深度可达 80m。冲击成孔进入中等风化和微风化岩层的速度比回旋钻快，不受地下水位限制
	冲击	
	回旋钻	
	钻孔扩底	黏性土、淤泥、淤泥质土、粉土、黄土、填土以及夹有硬夹层的土层，扩大头直径可达 1600mm，深度可达 30m，不受地下水位限制
干作业成孔	（长、短）螺旋钻	地下水位以上的黏性土、粉土、中等密实以上的砂类土及人工填土、深度可达 20～28m
	人工挖孔扩底	地下水位以上的硬黏性土、填土、粉土、黄土以及中密以上的砂类土、底部扩大直径可达 3000mm
	机动洛阳铲（人工）	地下水位以上的黏性土、黄土及人工填土，深度可达 20m
沉管钻孔	锤击 340～500mm	硬塑黏性土、粉土、砂类土，直径 600mm 以上的可达强风化岩，深度可达 20～30m
	振动 400～500mm	可塑黏性土、中细砂、深度可达 20m
爆扩成孔	底部直径可达 800mm	地下水位以上的黏性土、黄土、碎石类土及风化岩

7.1.1 灌注桩的构造及材料要求

（1）配筋率：当桩身直径为 300～2000mm 时，正截面配筋率可取 0.65%～0.2%（小直径桩取高值）；对受荷载特别大的桩、抗拔桩和嵌岩端承桩应根据计算确定配筋率，并不应小于上述规定值。

（2）配筋长度：

1）端承型桩和位于坡地、岸边的基桩应沿桩身等截面或变截面通长配筋。

2）摩擦型灌注桩配筋长度不应小于 2/3 桩长。

（3）水平受荷桩，主筋不应小于 8Φ12；抗压桩和抗拔桩，主筋不应少于 6Φ10；纵向主筋应沿桩身周边均匀布置，其净距不应小于 60mm。

（4）箍筋：应采用螺旋式，直径不应小于 6mm，间距宜为 200～300mm；当桩身位于液化土层范围内时箍筋应加密；当钢筋笼长度超过 4m 时，应每隔 2m 设一道直径不小于 12mm 的焊接加劲箍筋。

（5）桩身混凝土及混凝土保护层厚度应符合下列要求：桩身混凝十强度等级不得小于 C25，混凝土预制桩尖强度等级不得小于 C30；灌注桩主筋的混凝土保护层厚度不应小于 35mm，水下灌注桩的主筋混凝土保护层厚度不得小于 50mm。

7.1.2　灌注桩施工一般规定

（1）不同桩型的适用条件应符合下列规定：

1）泥浆护壁钻孔灌注桩宜用于地下水位以下的黏性土、粉土、砂土、填土、碎石土及风化岩层。

2）旋挖成孔灌注桩宜用于黏性土、粉土、砂土、填土、碎石土及风化岩层。

3）冲孔灌注桩除宜用于上述地质情况外，还能穿透旧基础、建筑垃圾填土或大孤石等障碍物。在岩溶发育地区应慎重使用，采用时，应适当加密勘察钻孔。

4）长螺旋钻孔压灌桩后插钢筋笼宜用于黏性土、粉土、砂土、填土、非密实的碎石类土、强风化岩。

5）干作业钻、挖孔灌注桩宜用于地下水位以上的黏性土、粉土、填土、中等密实以上的砂土、风化岩层。

6）在地下水位较高，有承压水的砂土层、滞水层、厚度较大的流塑状淤泥、淤泥质土层中不得选用人工挖孔灌注桩。

7）沉管灌注桩宜用于黏性土、粉土和砂土；夯扩桩宜用于桩端持力层为埋深不超过 20m 的中、低压缩性黏性土、粉土、砂土和碎石类土。

（2）成孔设备就位后，必须平整、稳固，确保在成孔过程中不发生倾斜和偏移。应在成孔钻具上设置控制深度的标尺，并应在施工中进行观测记录。

（3）成孔的控制深度应符合下列要求：

1）摩擦型桩：摩擦桩应以设计桩长控制成孔深度；端承摩擦桩必须保证设计桩长及桩端进入持力层深度。当采用锤击沉管法成孔时，桩管入土深度控制应以标高为主，以贯入度控制为辅。

2）端承型桩：当采用钻（冲）、挖掘成孔时，必须保证桩端进入持力层的设计深度；当采用锤击沉管法成孔时，桩管入土深度控制以贯入度为主，以控制标高为辅。

任务 7.2　泥浆护壁成孔灌注桩

泥浆护壁成孔是利用原土自然造浆或人工造浆浆液进行护壁，通过循环泥浆将被钻头切下的土块携带排出孔外成孔，然后安装绑扎好的钢筋笼，用导管法水下灌注混凝土沉桩。此法对无论地下水高或低的土层都适用，但在岩溶发育地区慎用。

泥浆护壁成孔灌注桩的施工工艺流程如图 7.1 所示。

7.2.1　施工准备

1. 埋设护筒

护筒具有导正钻具、控制桩位、隔离地面水渗漏、防止孔口坍塌、抬高孔内静压水头

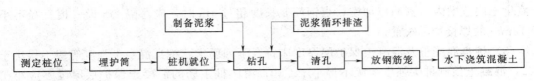

图 7.1 泥浆护壁成孔灌注桩的施工工艺流程

和固定钢筋笼等作用，应认真埋设。

护筒是用厚度为 4～8mm 的钢板制成的圆筒，其内径应大于钻头直径 100mm，护筒的长度以 1.5m 为宜，在护筒的上、中、下各加一道加劲筋，顶端焊两个吊环，其中一个吊环供起吊之用，另一个吊环是用于绑扎钢筋笼吊杆，压制钢筋笼的上浮，护筒顶端同时正交刻四道槽，以便挂十字线，以备验护筒、验孔之用。在其上部开设 1 个或 2 个溢浆孔，便于泥浆溢出，进行回收和循环利用。

埋设时，先放出桩位中心点，在护筒外 80～100cm 的过中心点的正交十字线上埋设控制桩，然后在桩位外挖出比护筒大 60cm 的圆坑，深度为 2.0m，在坑底填筑 20cm 厚的黏土，夯实，然后将护筒用钢丝绳对称吊放进孔内，在护筒上找出护筒的圆心（可拉正交十字线），然后通过控制桩放样，找出桩位中心，移动护筒，使护筒的中心与桩位中心重合，同时用水平尺（或吊线坠）校验护筒竖直后，在护筒周围回填含水量适合的黏土，分层夯实，夯填时要防止护筒的偏斜，护筒埋设后，质量员和监理工程师验收护筒中心偏差和孔口标高。当中心偏差符合要求后，可钻机就位开钻。

2. 制备泥浆

泥浆的主要作用有泥浆在桩孔内吸附在孔壁上，将土壁上的孔隙填补密实，避免孔内壁漏水，保证护筒内水压的稳定；泥浆比重大，可加大孔内水压力，可以稳固土壁、防止塌孔；泥浆有一定的黏度，通过循环泥浆可使切削碎的泥石渣屑悬浮起来后被排走，起到携砂、排土的作用；泥浆对钻头有冷却和润滑作用。

(1) 制作泥浆时所有的主要材料。

1) 膨润土。以蒙脱石为主的黏土性矿物。膨润土是以蒙脱石为主要矿物成分的非金属矿产，蒙脱石结构是由两个硅氧四面体夹一层铝氧八面体组成的 2∶1 型晶体结构，由于蒙脱石晶胞形成的层状结构存在某些阳离子，如 Cu^{2+}、Mg^{2+}、Na^+、K^+ 等，且这些阳离子与蒙脱石晶胞的作用很不稳定，易被其他阳离子交换，故具有较好的离子交换性。已在工农业生产 24 个领域 100 多个部门中应用，有 300 多个产品，因而人们称之为"万能土"。

2) 黏土。塑性指数 $IP>17$、粒径小于 0.005mm 的黏粒含量大于 50％的黏土为泥浆的主要材料。

(2) 泥浆的性能指标。相对密度为 1.1～1.15；黏度为 18～20s；含砂率为 6％；pH 值为 7～9；胶体率为 95％；失水量为 30mL/30min。

(3) 泥浆性能指标测量。

1) 钻进开始时，测定一次闸门口泥浆下面 0.5m 处的泥浆的性能指标。钻进过程中每隔 2h 测定一次进浆口和出浆口的相对密度、含砂量、pH 值等指标。

2) 在停钻过程中，每天测一次各闸门出口处 0.5m 处的泥浆的性能指标。

（4）泥浆的拌制。为了有利于膨润土和羧甲基纤维素完全溶解，应根据泥浆需用量选择膨润土搅拌机，其转速宜大于 200r/min。

投放材料时，应先注入规定数量的清水，边搅拌边投放膨润土，待膨润土大致溶解后，均匀地投入羧甲基纤维素，再投入分散剂，最后投入增大比重剂及渗水防止剂。

纤维素经羧甲基化后得到羧甲基纤维素（CMC），其水溶液具有增稠、成膜、黏接、水分保持、胶体保护、乳化及悬浮等作用，广泛应用于石油、食品、医药、纺织和造纸等行业，是最重要的纤维素醚类之一。

羧甲基纤维素用于石油、天然气的钻探、掘井等工程方面：

1）含 CMC 的泥浆能使井壁形成薄而坚、渗透性低的滤饼，使失水量降低。

2）在泥浆中加入 CMC 后，能使钻机得到低的初切力，使泥浆易于放出裹在里面的气体，同时把碎物很快弃于泥坑中。

3）钻井泥浆和其他悬浮分散体一样，具有一定的存在期，加入 CMC 后能使它稳定而延长存在期。

4）含有 CMC 的泥浆，很少受霉菌影响，因此，无须维持很高的 pH 值，也不必使用防腐剂。

5）含 CMC 作钻井泥浆洗井液处理剂，可抗各种可溶性盐类的污染。

6）含 CMC 的泥浆，稳定性良好，即使温度在 150℃ 以上仍能降低失水。

高黏度、高取代度的 CMC 适用于密度较小的泥浆，低黏度、高取代度的 CMC 适用于密度大的泥浆。选用 CMC 应根据泥浆种类及地区、井深等不同条件来决定。

（5）泥浆的护壁。

1）施工期间护筒内的泥浆面应高出地下水位 1.0m 以上，在受水位涨落影响时，泥浆面应高出最高水位 1.5m 以上。

2）循环泥浆的要求。注入孔口的泥浆的性能指标：泥浆比重应不大于 1.10，黏度为 18～20s；排出孔口的泥浆的性能指标：泥浆比重应不大于 1.25，黏度为 18～25s。

3）在清孔过程中，应不断置换泥浆，直至浇筑水下混凝土。

4）废弃的泥浆、渣应按环境保护的有关规定处理。

3．钢筋笼的制作

钢筋笼的制作场地应选择在运输和就位都比较方便的场所，在现场内进行制作和加工。钢筋进场后应按钢筋的不同型号、不同直径、不同长度分别进行堆放。

（1）钢筋骨架的绑扎顺序。

1）主筋调直，在调直平台上进行。

2）骨架成形，在骨架成形架上安放架立筋，按等间距将主筋布置好，用电弧焊将主筋与架立筋固定。

3）将骨架抬至外箍筋滚动焊接器上，按规定的间距缠绕箍筋，并用电弧焊将箍筋与主筋固定。

（2）主筋接长。主筋接长可采用对焊、搭接焊、绑条焊的方法。主筋对接，在同一截面内的钢筋接头数不得多于主筋总数的 50%，相邻两个接头间的距离不小于主筋直径（d）的 35 倍，且不小于 500mm。主筋、箍筋焊接长度：单面焊为 10d，双面焊为 5d。

（3）钢筋笼保护层厚度控制。为确保桩混凝土保护层的厚度，应在主筋外侧设钢筋的定位钢筋，同一断面上定位 3 处，按 120°角布置，沿桩长的间距为 2m。

（4）钢筋笼的堆放。堆放钢筋笼时应考虑安装顺序、钢筋笼变形和防止事故发生等因素，堆放不准超过两层。

7.2.2　成孔

桩架安装就位后，挖泥浆槽、沉淀池，接通水电，安装水电设备，制备符合要求的泥浆。用第一节钻杆（每节钻杆长约 5m，按钻进深度用钢销连接）的一端接好钻机，另一端接上钢丝绳，吊起潜水钻，对准埋设的护筒，悬离地面，先空钻然后慢慢钻入土中，注入泥浆，待整个潜水钻入土，观察机架是否垂直平稳，检查钻杆是否平直后，再正常钻进。

泥浆护壁成孔灌注桩的成孔方法按成孔机械分类有回转钻机成孔、潜水钻机成孔、冲击钻机成孔、冲抓锥成孔等，其中以钻机成孔应用最多。

7.2.2.1　回转钻机成孔

回转钻机成孔是由动力装置带动钻机回转装置转动，再由其带动带有钻头的钻杆移动，由钻头切削土层。回转钻机适用于地下水位较高的软、硬土层，如淤泥、黏性土、沙土、软质岩层。

回转钻机的钻孔方式根据泥浆循环方式的不同，分为正循环回转钻机成孔和反循环回转钻机成孔。

1. 正循环回转钻机成孔

正循环回转钻机成孔的工艺原理如图 7.2 所示，由空心钻杆内部通入泥浆或高压水，从钻杆底部喷出，携带钻下的土渣沿孔壁向上流动，由孔口将土渣带出流入泥浆池。

正循环钻机成孔的泥浆循环系统有自流回灌式和泵送回灌式两种。泥浆循环系统由泥浆池、沉淀池、循环槽、泥浆泵、除砂器等设施设备组成，并设有排水、清洗、排渣等设施。泥浆池和沉淀池应组合设置。一个泥浆池配置的沉淀池不宜少于两个。泥浆池的容积宜为单个桩孔容积的 1.2～1.5 倍，每个沉淀池的最小容积不宜小于 6m³。

2. 反循环回转钻机成孔

反循环回转钻机成孔的工艺原理如图 7.3 所示。泥浆带渣流动的方向与正循环回转钻机成孔的情形相反。反循环工艺的泥浆上流的速度较快，能携带较大的土渣。

反循环钻机成孔一般采用泵吸反循环钻进。其泥浆循环系统由泥浆池、沉淀池、循环槽、砂石泵、除渣设备等组成，并设有排水、清洗、排废浆等设施。

地面循环系统有自流回灌式（图 7.4）和泵送回灌式（图 7.5）两种。循环方式应根据施工场地、地层和设备情况合理选择。

泥浆池、沉淀池、循环槽的设置应符合规定。

（1）泥浆池的数量不应少于 2 个，每个池的容积不应小于桩孔容积的 1.2 倍。

（2）沉淀池的数量不应少于 3 个，每个池的容积宜为 15～20m³。

（3）循环槽的截面积应是泵组水管截面积的 3～4 倍，坡度不小于 10%。

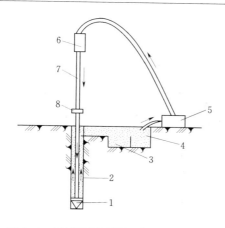

图 7.2　正循环回转钻机成孔的工艺原理

1—钻头；2—泥浆循环方向；3—沉淀池；
4—泥浆池；5—泥浆泵；6—水龙头；
7—钻杆；8—钻机回转装置

图 7.3　反循环回转钻机成孔的工艺原理

1—钻头；2—新泥浆流向；3—沉淀池；
4—砂石泵；5—水龙头；6—钻杆；
7—钻机回转装置；8—混合液流向

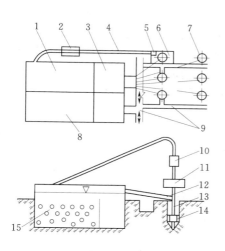

图 7.4　自流回灌式循环系统

1—沉淀池；2—除渣设备；3—循环池；4—出
水管；5—砂石泵；6—钻机；7—桩孔；8—溢
流池；9—溢流槽；10—水龙头；11—转盘；
12—回灌管；13—钻杆；14—钻头；
15—沉淀物

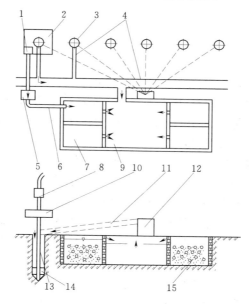

图 7.5　泵送回灌式循环系统

1—砂石泵；2—钻机；3—桩孔；4—泥浆溢流槽；
5—除渣设备；6—出水管；7—沉淀池；8—水
龙头；9—循环池；10—转盘；11—回灌管；
12—回灌泵；13—钻杆；14—钻头；
15—沉淀物

回转钻机钻孔排渣方式如图 7.6 所示。

回转钻机是由动力装置带动钻机回转装置转动，从而带动有钻头的钻杆转动，由钻头切削土壤。回转钻机用于泥浆护壁成孔的灌注桩，成孔方式为旋转成孔。根据泥浆循环方式不同，分为正循环回转钻机和反循环回转钻机。

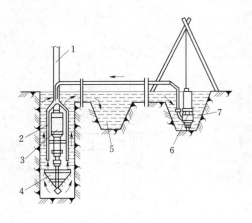
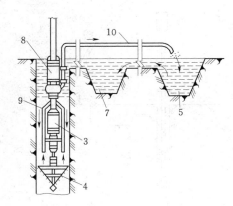

（a）正循环排渣　　　　　　　　　　　（b）泵举反循环排渣

图7.6　回转钻机钻孔排渣方式

1—钻杆；2—送水管；3—主机；4—钻头；5—沉淀池；6—潜水泥浆泵；
7—泥浆池；8—砂石泵；9—抽渣管；10—排渣胶管

正循环回转钻进是以钻机的回转装置带动钻具旋转切削岩土，同时利用泥浆泵向钻杆输送泥浆（或清水）冲洗孔底，携带岩屑的冲洗液沿钻杆与孔壁之间的环状空间上升，从孔口流向沉淀池，净化后再供使用，反复运行，由此形成正循环排渣系统；随着钻渣的不断排出，钻孔不断地向下延伸，直至达到预定的孔深。由于这种排渣方式与地质勘探钻孔的排渣方式相同，故称之为正循环，以区别于后来出现的反循环排渣方式。

反循环回转钻机成孔是由钻机回转装置带动钻杆和钻头回转切削破碎岩土，利用泵吸、气举、喷射等措施抽吸循环护壁泥浆，挟带钻渣从钻杆内腔吸出孔外的成孔方法。根据抽吸原理不同可分为泵吸反循环、气举反循环和喷射（射流）反循环三种施工工艺。泵吸反循环是直接利用砂石泵的抽吸作用使钻杆内的水流上升而形成反循环；喷射反循环是利用射流泵射出的高速水流产生负压使钻杆内的水流上升而形成反循环；气举反循环是利用送入压缩空气使水循环，钻杆内水流上升速度与钻杆内外液体重度差有关，随孔深增大效率增加。当孔深小于50m时，宜选用泵吸或射流反循环；当孔深大于50m时，宜采用气举反循环。

7.2.2.2　潜水钻机成孔

潜水钻机成孔的示意图如图7.7所示。潜水钻机是一种将动力、变速机构和钻头连在一起加以密封，潜入水中工作的一种体积小而轻的钻机，这种钻机的钻头有多种形式，以适应不同的桩径和不同土层的需要。钻头可带有合金刀齿，靠电动机带动刀齿旋转切削土层或岩层。钻头靠桩架悬吊吊杆定位，钻孔时钻杆不旋转，仅钻头部分将切削下来的泥渣通过泥浆循环排出孔外。钻机桩架轻便，移动灵活，钻进速度快，噪声小，钻孔直径为500～1 500mm，钻孔深度可达50m，甚至更深。

潜水钻机成孔适用于黏性土、淤泥、淤泥质土、沙土等钻进，也可钻入岩层，尤其适用于在地下水位较高的土层中成孔。当钻一般黏性土、淤泥、淤泥质土及沙土时，宜用笼式钻头；穿过不厚的砂夹卵石层或在强风化岩上钻进时，可镶焊硬质合金刀头的笼式钻头；遇孤石或旧基础时，应用带硬质合金齿的筒式钻头。

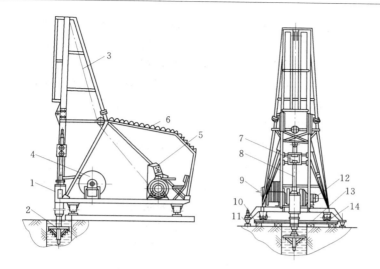

图 7.7　潜水钻机成孔示意图

1—主机；2—钻头；3—钢丝绳；4—电缆和水管卷筒；5—配电箱；6—遮阳板；

7—活动导向；8—方钻杆；9—进水口；10—枕木；11—支腿；12—卷扬机；

13—轻轨；14—行走车轮

7.2.2.3　冲击钻机成孔

冲击钻机成孔适用于穿越黏土、杂填土、沙土和碎石土。在季节性冻土、膨胀土、黄土、淤泥和淤泥质土以及有少量孤石的土层中有可能采用。持力层应为硬黏土、密实沙土、碎石土、软质岩和微风化岩。

冲击钻机通过机架、卷扬机把带刃的重钻头（冲击锤）提升到一定高度，靠自由下落的冲击力切削破碎岩层或冲击土层成孔，如图 7.8 所示。部分碎渣和泥浆挤压进孔壁，大部分碎渣用掏渣筒掏出。此法设备简单、操作方便，对于有孤石的砂卵石岩、坚质岩、岩层均可成孔。

冲击钻头的形式有十字形、工字形、人字形等，一般常用铸钢十字形冲击钻头，如图 7.9 所示。在钻头锥顶与提升钢丝绳间设有自动转向装置，冲击锤每冲击一次转动一个角度，从而保证桩孔冲成圆孔。当遇有孤石及进入岩层时，锤底刃口应用硬度高、韧性好的钢材予以镶焊或栓接。锤重一般为 1.0～1.5t。

冲孔前应埋设钢护筒，并准备好护壁材料。若表层为淤泥、细砂等软土，则在筒内加入小

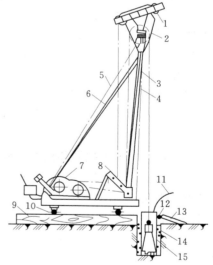

图 7.8　简易冲击钻孔机

1—副滑轮；2—主滑轮；3—主杆；4—前拉索；

5—后拉索；6—斜撑；7—双滚筒卷扬机；

8—导向轮；9—垫木；10—钢管；11—供

浆管；12—溢流口；13—泥浆渡槽；

14—护筒回填土；15—钻头

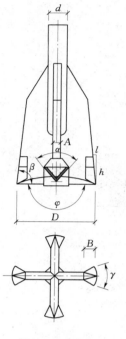

图 7.9　十字形
冲击钻头

块片石、砾石和黏土；若表层为砂砾卵石，则投入小颗粒沙砾石和黏土，以便冲击造浆，并使孔壁挤密实。冲击钻机就位后，校正冲锤中心对准护筒中心，在 0.4～0.8m 的冲程范围内应低提密冲，并及时加入石块与泥浆护壁，直至护筒下沉 3～4m 以后，冲程可以提高到 1.5～2.0m，转入正常冲击，随时测定并控制泥浆的相对密度。

开孔时应低锤密击，如表土为散土层，则应抛填小片石和黏土块，保证泥浆比重为 1.4～1.5，反复冲击造壁。待成孔 5m 以上时，应检查一次成孔质量，在各方面均符合要求后，按不同土层情况，根据适当的冲程和泥浆比重冲进，并注意如下要点。

（1）在黏土层中，合适冲程为 1～2m，可加清水或低比重泥浆护壁，并经常清除钻头上的泥块。

（2）在粉砂或中、粗砂层中，合适冲程为 1～2m，加入制备泥浆或抛黏土块，勤冲勤排渣，控制孔内的泥浆比重为 1.3～1.5，制成坚实孔壁。

（3）在砂夹卵石层中，冲程可为 1～3m，加入制备泥浆或抛黏土块，勤冲勤排渣，控制孔内的泥浆比重为 1.3～1.5，制成坚实孔壁。

（4）遇孤石时，应在孔内抛填不少于 0.5m 厚的相似硬度的片石或卵石以及适量黏土块。开始用低锤密击，待感觉到孤石顶部基本冲平、钻头下落平稳不歪斜、机架摇摆不大时，可逐步加大冲程至 2～4m；或高低冲程交替冲击，控制泥浆比重为 1.3～1.5，直至将孤石击碎挤入孔壁。

（5）进入基岩后，开始应低锤勤击，待基岩表面冲平后，再逐步加大冲程至 3～4m，泥浆比重控制在 1.3 左右。如基岩土层为砂类土层，则不宜用高冲程，应防止基岩土层塌孔，泥浆比重应为 1.3～1.5。

（6）一般能保持进尺时，尽量不用高冲程，以免扰动孔壁，引发塌孔、扩孔或卡钻事故。

冲进时，必须准确控制和预估松绳的合适长度，并保证有一定余量，并应经常检查绳索磨损、卡扣松紧、转向装置灵活状态等情况，防止发生空锤断绳或掉锤事故。如果冲孔发生偏斜，则应在回填片石（厚度为 300～500mm）后重新冲孔。

当冲进时出现颈缩、塌孔等问题时，应立即停冲提钻并探明塌孔等问题的位置，同时抛填片石及黏土块至塌孔位置上 1～2m 处，重新冲进造壁。开始应用低锤勤击、加大泥浆比重。

遇卡钻时，应交替起钻、落钻，受阻后再落钻、再提起。必要时可用打捞套、打捞钩助提。遇掉钻时，应立即用打捞工具打捞，如钻头被塌孔土料埋设，可用空气吸泥器或高压射水排出并冲散覆盖土料，露出钻头预设打捞环以后，再行打捞。如钻头在孔底倾覆或歪斜，应先拨正再提起。

每冲进 4～5m 以及孔斜、颈缩或塌孔处理后应及时检查钻孔。

凡停止冲进时，必须将钻头提至最高点。在土质较好时，可提离孔底 3～5m。如停冲时间较长，应提至地面放稳。

7.2.2.4　冲抓锥成孔

冲抓锥锥头上有一重铁块和活动抓片，通过机架和卷扬机将冲抓锥提升到一定高度，下落时松开卷筒刹车，抓片张开，锥头便自由下落冲入土中，然后开动卷扬机提升锥头，这时抓片闭合抓土，如图 7.10所示，抓土后冲抓锥整体提升到地面上卸去土渣，依次循环成孔。

冲抓锥成孔的施工过程、护筒安装要求、泥浆护壁循环等与冲击成孔施工相同。

冲抓锥成孔直径为 450～600mm，孔

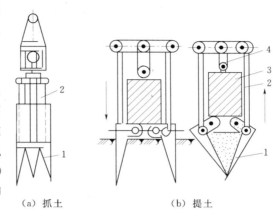

（a）抓土　　　　　（b）提土

图 7.10　冲抓锥锥头

1—抓土；2—连杆；3—压重；4—滑轮组

深可达 10m，冲抓高度宜控制在 1.0～1.5m，适用于松软土层（沙土、黏土）中冲孔，但遇到坚硬土层时宜换用冲击钻施工。

7.2.2.5　成孔质量和沉渣检查

1. 成孔质量的检查方法

桩成孔质量检测方法主要有圆环测孔法（常规测法）、声波孔壁测定仪法、井径仪测定法三种。

（1）圆环测孔法。圆环测孔法的基本原理是在所成好的孔内利用铅丝下钢筋圆环，铅丝吊点位于钢筋圆环中间，利用铅丝线的垂直倾斜角测定成孔质量。此方法快速简便，是常用的成孔检测方法。

（2）声波孔壁测定仪法。声波孔壁测定仪的测定原理是：由发射探头发出声波，声波穿过泥浆到达孔壁，泥浆的声阻远小于孔壁的土层介质的声阻抗，声波可以从孔壁产生反射，利用发射和接收的时间差和已知声波在泥浆中的传播速度，计算出探头到孔壁的距离，通过探头的上下移动，便可以通过记录仪绘出孔壁的形状。声波孔壁测定仪可以用来检测钻孔的形状和垂直度。

测定仪由声波发生器、发射和接收控头、放大器、记录仪和提升机构组成。声波发生器的主要部件是振荡器，振荡器产生的一定频率的电脉冲经放大后由发射探头转换为声波。多数仪器的振荡频率是可调的，通过不同频率的声波来满足不同的检测要求。

放大器把接收探头传来的电信号进行放大、整形和显示，显示用进标记时或数字显示。人们可以根据波的初至点和起始信号之间的光标长度，确定波在介质中的传播时间。

在钢制底盘上安装有 8 个探头（4 个发射探头，4 个接收探头），它们可以同时测定正交两个方向的孔壁形状。探头由无级变速的电动卷扬机提升或下降，它和热敏刻痕记录仪的走纸速度是同步的，或者是成比例调节的。因此，探头每提升或下降一次，可以在自动记录仪上连续绘出孔壁形状和垂直度。在孔口和孔底都设有停机装置，以防止探头上升到孔口或下降到孔底时电缆和钢丝绳被拉断。

刚钻完的孔，泥浆中含有大量的气泡，因为气泡会影响波的传播，故只有待气泡消失后才能测试。当泥浆很稠时，因气泡长期不能消失而难以进行测试，故可以采用井径仪进行测试。

（3）井径仪测定法。井径仪是由测头、放大器和记录仪三部分组成的，可以检测直径为 80～600mm 的浸透深达百米的孔，把测量腿加长后，还可以检测直径不大于 1 200mm 的孔。

测头是机械式的，在测头放入测孔之前，四条测腿是合拢并用弹簧锁住的；将测头放入孔内后，靠测头自身的重量往孔底一墩，四条腿就像自动伞一样立刻张开，再将测头往上提升时，由于弹簧力的作用，腿端部将紧贴孔壁，随着孔壁凹凸不平的状态相应地张开或收拢，带动密封筒内的活塞杆上下移动，从而使四组串联滑动电阻来回滑动，把电阻变化变为电压变化，信号经放大后，用数字显示或记录仪记录，可将显示的电压值与孔径建立关系，用静电显影记录仪记录时，可自动绘出孔壁形状。

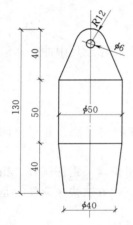

图 7.11　测锤外形

2. 沉渣检查

采用泥浆护壁成孔工艺的灌注桩，浇灌混凝土之前，孔底沉渣应满足以下要求：端承桩不大于 50mm；磨擦端承桩或端承磨擦桩不大于 100mm；纯摩擦桩不大于 30mm。假如清孔不良，孔底沉渣太厚，将影响桩端承力的发挥，从而大大降低桩的承载力。常用的测试方法是垂球法。

垂球法是利用重量不少于 1kg 的铜球锥体作为垂球，如图 7.11 所示，顶端系上测绳，把垂球慢慢沉入孔内，施工孔深与测量孔深之差即为沉渣厚度。

7.2.3　清孔

成孔后，必须保证桩孔进入设计持力层深度。当孔达到设计要求后，即进行验孔和清孔。验孔是用探测器检查桩位、直径、深度和孔道情况；清孔即清除孔底沉渣、淤泥浮土，以减少桩基的沉降量，提高承载能力。清孔的方法有以下几种。

1. 抽浆法

抽浆清孔比较彻底，适用于各种钻孔方法的摩擦桩、支承桩和嵌岩桩，但孔壁易坍塌的钻孔使用抽浆法清孔时，操作要注意，防止坍孔。

（1）用反循环方法成孔时，泥浆的相对密度一般控制在 1.1 以下，孔壁不易形成泥皮，钻孔终孔后，只需将钻头稍提起空转，并维持反循环 5～15min 就可完全清除孔底沉淀土。

（2）正循环成孔，空气吸泥机清孔。空气吸泥机可以把灌注水下混凝土的导管作为吸泥管，气压为 0.5MPa，使管内形成强大的高压气流向上涌，同时不断地补足清水，被搅动的泥渣随气流上涌从喷口排出，直至喷出清水为止。对稳定性较差的孔壁应采用泥浆循环法清孔或抽筒排渣，清孔后的泥浆的相对密度应控制在 1.15～1.25；原土造浆的孔，清孔后的泥浆的相对密度应控制在 1.1 左右，在清孔时，必须及时补充足够的泥浆，并保持浆面稳定。

正循环成孔清孔完毕后，将特别弯管拆除，装上漏斗，即可开始灌注水下混凝土。用反循环钻机成孔时，也可等安好灌浆导管后再用反循环方法清孔，以清除下钢筋笼和灌浆导管过程中沉淀的钻渣。

2. 换浆法

换浆法采用泥浆泵，通过钻杆以中速向孔底压入相对密度为 1.15 左右，含砂率小于4% 的泥浆，把孔内悬浮钻渣多的泥浆替换出来。对正循环回转钻来说，不需另加机具，且孔内仍为泥浆护壁，不易坍孔。但本法缺点较多，首先，若有较大泥团掉入孔底很难清除；再有就是相对密度小的泥浆会从孔底流入孔中，轻重不同的泥浆在孔内会产生对流运动，要花费很长的时间才能降低孔内泥浆的相对密度，清孔所花时间较长；当泥浆含砂率较高时，不能用清水清孔，以免砂粒沉淀而达不到清孔目的。

3. 掏渣法

掏渣法主要针对冲抓法所成的桩孔，采用掏渣筒进行掏渣清孔。

4. 用砂浆置换钻渣清孔法

先用抽渣筒尽量清除大颗粒钻渣，然后以活底箱在孔底灌注 0.6m 厚的特殊砂浆（相对密度较小，能浮在拌和混凝土之上）；采用比孔径稍小的搅拌器，慢速搅拌孔底砂浆，使其与孔底残留钻渣混合；吊出搅拌器，插入钢筋笼，灌注水下混凝土；连续灌注的混凝土把混有钻渣并浮在混凝土之上的砂浆一直推到孔口，达到清孔的目的。

7.2.4　钢筋笼吊放

（1）起吊钢筋笼采用扁担起吊法，起吊点在钢筋笼上部箍筋与主筋连接处，吊点对称。

（2）钢筋笼设置 3 个起吊点，以保证钢筋笼在起吊时不变形。

（3）吊放钢筋笼入孔时，实行"一、二、三"的原则，即一人指挥、二人扶钢筋笼、三人搭接，施工时应对准孔位，保持垂直，轻放、慢放入孔，不得左右旋转。若遇阻碍应停止下放，查明原因进行处理。严禁高提猛落和强制下入。

（4）对于 20m 以下钢笼采用整根加工、一次性吊装的方法，20m 以上的钢筋笼分成两节加工，采用孔口焊接的方法；钢筋在同一节内的接头采用帮条焊连接，接头错开1000mm 和 35d（d 为钢筋直径）的较大值。螺旋筋与主筋采用点焊，加劲筋与主筋采用点焊，加劲筋接头采用单面焊 10d。

（5）放钢筋笼时，要求有技术人员在场，以控制钢筋笼的桩顶标高及防止钢筋笼上浮等问题。

（6）成型钢筋笼在吊放、运输、安装时，应采取防变形措施。

（7）按编号顺序，逐节垂直吊焊，上下节笼各主筋应对准校正，采用对称施焊，按设计图要求，在加强筋处对称焊接保护层定位钢板，按图纸补加螺旋筋，确认合格后，方可下入。

（8）钢筋笼安装入孔时，应保持垂直状态，避免碰撞孔壁，徐徐下入，若中途遇阻不得强行墩放（可适当转向起下）。如果仍无效果，则应起笼扫孔重新下入。

（9）钢筋笼按确认长度下入后，应保证笼顶在孔内居中，吊筋均匀受力，牢靠固定。

7.2.5　水下浇筑混凝土

在灌注桩、地下连续墙等基础工程中，常要直接在水下浇筑混凝土。其方法是将密封连接的钢管（或强度较高的硬质非金属管）作为水下混凝土的灌注通道（导管），其底部以适当的深度埋在灌入的混凝土拌和物内，在一定的落差压力作用下，形成连续密实的混凝土桩身，如图 7.12 所示。

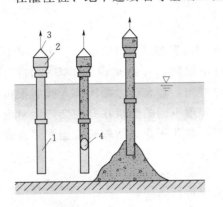

图 7.12　导管法浇筑水下混凝土

1—导管；2—盛料漏斗；3—提升机具；4—球塞

7.2.5.1　导管灌注的主要机具

导管灌注的主要机具有向下输送混凝土用的导管；导管进料用的漏斗；储存量大时还应配备储料斗；首批隔离混凝土控制器具，如滑阀、隔水塞或底盖等；升降安装导管、漏斗的设备，如灌注平台等。

1. 导管

（1）导管由每段长度为 1.5～2.5m（脚管为 2～3m）、管径为 200～300mm、厚度为 3～6mm 的钢管用法兰盘加止水胶垫用螺栓连接而成。导管要确保连接严密、不漏水。

（2）导管的设计与加工制造应满足下列条件。

1）导管应具有足够的强度和刚度，便于搬运、安装和拆卸。

2）导管的分节长度为 3m，最底端一节导管的长度应为 4.0～6.0m，为了配合导管柱的长度，上部导管的长度可以是 2m、1m、0.5m 或 0.3m。

3）导管应具有良好的密封性。导管采用法兰盘连接，用橡胶 O 形密封圈密封。法兰盘的外径宜比导管外径大 100mm 左右，法兰盘的厚度宜为 12～16mm，在其周围对称设置的连接螺栓孔不少于 6 个，连接螺栓的直径不小于 12mm。

4）最下端一节导管底部不设法兰盘，宜以钢板套圈在外围加固。

5）为避免提升导管时法兰挂住钢筋笼，可设锥形护罩。

6）每节导管应平直，其偏差不得超过管长的 0.5%。

7）导管连接部位内径偏差不大于 2mm，内壁应光滑平整。

8）将单节导管连接为导管柱时，其轴线偏差不得超过 ±10mm。

9）导管加工完后，应对其尺寸规格、接头构造和加工质量进行认真检查，并应进行连接、过阀（塞）和充水试验，以保证其密闭性合格和在水下作业时导管不漏水。检验水压一般为 0.6～1.0mPa，以不漏水为合格。

2. 盛料漏斗和储料斗

盛料漏斗位于导管顶端，漏斗上方装有振动设备以防混凝土在导管中阻塞。提升机具用来控制导管的提升与下降，常用的提升机具有卷扬机、电动葫芦、起重机等。

（1）导管顶部应设置漏斗。漏斗的设置高度应适用操作的需要，并应在灌注到最后阶段，特别时灌注接近桩顶部位时，能满足对导管内混凝土柱高度的需要，保证上部桩身的灌注质量。混凝土柱的高度，在桩顶低于桩孔中的水位时，一般应比该水位至少高出

2.0m，在桩顶高于桩孔水位时，一般应比桩顶至少高 0.5m。

（2）储料斗应有足够的容量以储存混凝土（即初存量），以保证首批灌入的混凝土（即初灌量）能达到要求的埋管深度。

（3）漏斗与储料斗用 4～6mm 厚的钢板制作，要求不漏浆及挂浆，漏泄顺畅、彻底。

3. 隔水塞、滑阀和底盖

（1）隔水塞。隔水塞一般采用软木、橡胶、泡沫塑料等制成，其直径比导管内径小 15～20mm。例如，混凝土隔水塞宜制成圆柱形，采用 3～5mm 厚的橡胶垫圈密封，其直径宜比导管内径大 5～6mm，混凝土强度不低于 C30，如图 7.13 所示。

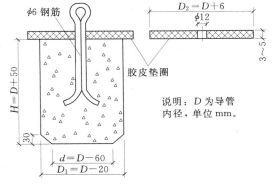

说明：D 为导管内径，单位 mm。

图 7.13　混凝土隔水塞

隔水塞也可用硬木制成球状塞，在球的直径处钉上橡胶垫圈，表面涂上润滑油脂制成。此外，隔水塞还可用钢板塞、泡沫塑料和球胆等制成。不管由何种材料制成，隔水塞在灌注混凝土时应能舒畅下落和排出。

为保证隔水塞具有良好的隔水性能和能顺利地从导管内排出，隔水塞的表面应光滑，形状尺寸规整。

（2）滑阀。滑阀采用钢制叶片，下部为密封橡胶垫圈。

（3）底盖。底盖既可用混凝土制成，也可用钢制成。

7.2.5.2　水下混凝土灌注

采用导管法浇筑水下混凝土的关键是：一要保证混凝土的供应量大于导管内混凝土必须保持的高度和开始浇筑时导管埋入混凝土堆内必须的埋置深度所要求的混凝土量；二要严格控制导管的提升高度，且只能上下升降，不能左右移动，以避免造成管内发生返水事故。

水下浇筑的混凝土必须具有较强的流动性和黏聚性以及良好的流动性，能依靠其自重和自身的流动能力来实现摊平和密实，有足够的抵抗泌水和离析的能力，以保证混凝土在堆内扩善过程中不离析，且在一定时间内其原有的流动性不降低。因此，要求水下浇筑混凝土中水泥的用量及砂率宜适当增加，泌水率控制在 2%～3%；粗骨料粒径不得大于导管的 1/5 或钢筋间距的 1/4，并不宜超过 40mm；坍落度为 150～180mm。施工开始时采用低坍落度，正常施工时则用较大的坍落度，且维持坍落度的时间不得少于 1h，以便混凝土能在一个较长的时间内靠其自身的流动能力来实现其密实成型。

1. 灌注前的准备工作

（1）根据桩径、桩长和灌注量，合理选择导管和起吊运输等机具设备的规格、型号。每根导管的作用半径一般不大于 3m，所浇混凝土的覆盖面积不宜大于 30m²，当面积过大时，可用多根导管同时浇筑。

（2）导管吊入孔时，应将橡胶圈或胶皮垫安放周整、严密，确保密封良好。导管在桩孔内的位置应保持居中，防止跑管，撞坏钢筋笼并损坏导管。导管底部距孔底（孔底沉渣面）高度，以能放出隔水塞及首批混凝土为度，一般为 300～500mm。导管全部入孔后，计算导管柱总长和导管底部位置，并再次测定孔底沉渣厚度，若超过规定，应再次清孔。

（3）将隔水塞或滑阀用 8 号铁丝悬挂在导管内水面上。

2. 施工顺序

施工顺序为放钢筋笼→安设导管→使滑阀（或隔水塞）与导管内水面紧贴→灌注首批混凝土→连续不断灌注直至桩顶→拔出护筒。

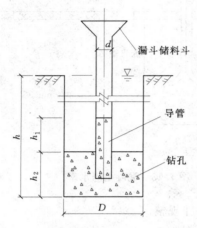

图 7.14　首批灌注混凝土数量计算例图

3. 灌注首批混凝土

在灌注首批混凝土之前最好先配制 0.1～0.3m³ 的水泥砂浆放入滑阀（隔水塞）以上的导管和漏斗中，然后再放入混凝土，确认初灌量备足后，即可剪断铁丝，借助混凝土的重量排出导管内的水，使滑阀（隔水塞）留在孔底，灌入首批混凝土。

首批灌注混凝土的数量应能满足导管埋入混凝土中 1.2m 以上。首批灌注混凝土数量应按图 7.14 和式（7.1）计算。

混凝土浇筑应从最深处开始，相邻导管下口的标高差不应超过导管间距的 1/20～1/15，并保证混凝土表面均匀上升。

$$V \geqslant \frac{\pi d^2 h_1}{4} + \frac{k\pi D^2 h_2}{4}$$

$$h_1 = (h - h_2) r_w / r_c \text{(m)} \tag{7.1}$$

式中　V——混凝土初灌量，m³；

　　　h_1——导管内混凝土柱与管外泥浆柱平衡所需高度；

　　　h——桩孔深度，m；

　　　r_w——泥浆密度；

　　　r_c——混凝土密度，取 $2.3 \times 10^3 \text{kg/m}^3$；

　　　h_2——初灌混凝土下灌后导管外混凝土面的高度，取 1.3～1.8m；

　　　d——导管内径，m；

　　　D——桩孔直径，m；

　　　k——充盈系数，取 1.3。

4. 连续灌注混凝土

首批混凝土灌注正常后，应连续不断灌注混凝土，严禁中途停工。在灌注过程中，应经常用测锤探测混凝土面的上升高度，并适时提升、逐级拆卸导管，保持导管的合理埋深。探测次数一般不宜少于所适用的导管节数，并应在每次起升导管前，探测一次管内外混凝土面的高度。遇特别情况（局部严重超径、颈缩、漏失层位和灌注量特别大时的桩孔等）时应增加探测次数，同时观察返水情况，以正确分析和判定孔内的情况。

在水下灌注混凝土时，应根据实际情况严格控制导管的最小埋深，以保证桩身混凝土的连续均匀，使其不会裹入混凝土上面的浮浆皮和土块等，防止出现断桩现象。对导管的最大埋深，则以能使管内混凝土顺畅流出，便于导管起升和减少灌注提管、拆管的辅助作业时间来确定。最大埋深不宜超过最下端一节导管的长度。灌注接近桩顶部位时，为确保桩顶混凝土质量，漏斗及导管的高度应严格按有关规定执行。

混凝土灌注的上升速度不得小于 2m/h。灌注时间必须控制在埋入导管中的混凝土不丧失流动性时间。必要时可掺入适量缓凝剂。

5. 桩顶混凝土的浇筑

桩顶的灌注标高按照设计要求，且应高于设计标高 1.0m 以上，以便清除桩顶部的浮浆渣层。桩顶灌注完毕后，应立即探测桩顶面的实际标高，常用带有标尺的钢杆和装有可开闭的活门钢盒组成的取样器探测取样，以判断桩顶的混凝土面。

7.2.5.3　施工注意事项

1. 导管法施工时的注意事项

（1）灌注混凝土必须连续进行，不得中断，否则先灌入的混凝土达到初凝，将阻止后灌入的混凝土从导管中流出，造成断桩。

（2）从开始搅拌混凝土起，在 1.5 h 内应尽量完成灌注。

（3）随孔内混凝土的上升，需逐步快速拆除导管，时间不宜超过 15min，拆下的导管应立即冲洗干净。

（4）在灌注过程中，当导管内的混凝土不满含有空气时，后续的混凝土宜通过溜槽徐徐灌入漏斗和导管，不得将混凝土整斗从上面倾入管内，以免在导管内形成高压气囊，挤出管节间的橡胶垫而使导管漏水。

2. 稳定钢筋笼措施

为防止钢筋笼上浮，应采取以下措施。

（1）在孔口固定钢筋笼上端。

（2）灌注混凝土的时间应尽量加快，以防止混凝土进入钢筋笼时，流动性过小。

（3）当孔内混凝土接近钢筋笼时，应保持埋管的深度，并放慢灌注速度。

（4）当孔内混凝土面进入钢筋笼 1～2m 后，应适当提升导管，减小导管的埋置深度，增大钢筋笼在下层混凝土中的埋置深度。

3. 混凝土上升困难处理

在灌注将近结束时，由于导管内混凝土柱的高度减少，超压力降低，而使管外的泥浆及所含渣土的稠度和比重增大。如出现混凝土上升困难的情况时，可在孔内加水稀释泥浆，亦可掏出部分沉淀物，使灌注工作顺利进行。

4. 初灌量的控制

依据孔深、孔径确定初灌量，初灌量不宜小于 1.2m³，且保证一次埋管深度不小于 1000mm。

5. 水下混凝土灌注不能间断

水下混凝土的灌注要连续进行，为此在灌注前需做好各项准备工作，同时配备发电机 1 台，以防停电造成事故。

6. 控制混凝土面上升速度

在水下混凝土的灌注过程中，勤测混凝土面的上升高度，适时拔管，最大埋管深度不宜大于8m，最小埋管深度不宜小于1.5m。桩顶超灌高度宜控制在800~1 000mm，这样既可保证桩顶混凝土的强度，又可防止材料的浪费。

7. 其他注意事项

（1）在堆放导管时，须垫平放置，不得搭架摆设。

（2）在吊运导管时，不得超过5节连接一次性起吊。

（3）导管在使用后，应立即冲洗干净。

（4）在连接导管时，须垫放橡皮垫并拧紧螺栓以免出现漏水、漏气等现象。

（5）如桩基施工场地布置影响到混凝土的灌注时，可在场地外设置1~2台汽车泵输送至桩的灌注位置。

7.2.5.4 常见质量缺陷处理

1. 导管堵塞

对混凝土配比或坍落度不符合要求、导管过于弯折或者前后台配合不够紧密的控制措施如下。

（1）保证粗骨料的粒径、混凝土的配比和坍落度符合要求。

（2）避免灌注管路有过大的变径和弯折，每次拆卸下来的导管都必须清洗干净。

（3）加强施工管理，保证前后台配合紧密，及时发现和解决问题。

2. 偏桩

偏桩一般有桩平移偏差和垂直度超标偏差两种。偏桩大多是因为场地原因、桩机对位不仔细、地层原因等引起的。其控制措施如下：

（1）施工前清除地下障碍，平整压实场地以防钻机偏斜。

（2）放桩位时认真仔细，严格控制误差。

（3）注意检查复核桩机在开钻前和钻进过程中的水平度和垂直度。

3. 断桩、夹层

断桩、夹层是因为提钻太快泵送混凝土跟不上提钻速度或者是相邻桩太近串孔造成的。其控制措施如下：

（1）保持混凝土灌注的连续性，可以采取加大混凝土泵量、配备储料罐等措施。

（2）严格控制提速，确保中心钻杆内有0.1m³以上的混凝土，如灌注过程中因意外原因造成灌注停滞时间大于混凝土的初凝时间时，应重新成孔灌桩。

4. 桩身混凝土强度不足

压灌桩按照泵送混凝土和后插钢筋的技术要求，坍落度一般不小于18~22cm，因此要求和易性要好。配比中一般加有粉煤灰，这样会造成混凝土前期强度较低，加上粗骨料的粒径较小，如果不注意对用水量加以控制则很容易造成混凝土强度低。具体控制措施如下：

（1）优化粗骨料级配。大坍落度混凝土一般用粒径为0.5~1.5cm的碎石，根据桩径和钢筋长度及地下水情况可以加入部分粒径为2~4cm的碎石，并尽量不要加大砂率。

（2）合理选择外加剂。尽量用早强型减水剂代替普通泵送剂。

（3）粉煤灰的选用要经过配比试验确定掺量，粉煤灰至少应选用 Ⅱ 级灰。

5. 桩身混凝土收缩

桩身回缩是普遍现象，一般通过外加剂和超灌予以解决，施工中保证充盈系数大于1。控制措施如下：

（1）桩顶至少超灌 0.4～0.7m，并防止孔口土混入。

（2）选择减水效果好的减水剂。

6. 桩头质量问题

桩头质量问题多为夹泥、气泡、混凝土不足、浮浆太厚等，一般是由于操作控制不当引起的。其控制措施如下：

（1）及时清除或外运桩口出土，防止下笼时混入混凝土中。

（2）保持钻杆顶端气阀开启自如，防止混凝土中积气造成桩顶混凝土含气泡。

（3）桩顶浮浆多因孔内出水或混凝土离析，应超灌排除浮浆后才终孔成桩。

（4）按规定要求进行振捣，并保证振捣质量。

7. 钢筋笼下沉

钢筋笼下沉一般随混凝土的收缩而出现，但有时也因桩顶钢筋笼固定措施不当而出现。其控制措施如下：

（1）避免混凝土收缩从而防止笼子下沉。

（2）笼顶必须用铁丝加支架固定，12 h 后才可以拆除。

8. 钢筋笼无法沉入

钢筋笼无法沉入多是由于混凝土配合比不好或桩周土对桩身产生挤密作用。其控制措施如下：

（1）改善混凝土配合比，保证粗骨料的级配和粒径满足要求。

（2）选择合适的外加剂，并保证混凝土灌注量达到要求。

（3）吊放钢筋笼时保证垂直和对位准确。

9. 钢筋笼上浮

由于相邻桩间距太近导致施工时混凝土串孔或桩周土壤挤密作用造成前一支桩钢筋笼上浮。其控制措施如下：

（1）在相邻桩间距太近时进行跳打，保证混凝土不串孔，只要桩初凝后钢筋笼一般不会再上浮。

（2）控制好相邻桩的施工时间间隔。

10. 护筒冒水

埋设护筒时若周围填土不密实，或者由于起落钻头时碰动了护筒，都易造成护筒外壁冒水。其控制措施是：初发现护筒冒水时，可用黏土在护筒四周填实加固。若护筒发生严重下沉或位移，则应返工重埋。

任务 7.3 干作业钻孔灌注桩

干作业钻孔灌注桩是先用钻机在桩位处钻孔，然后在桩孔内放入钢筋骨架，再灌注混凝土而成的桩。其施工过程如图7.15所示。

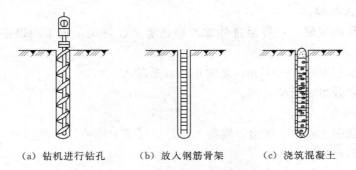

（a）钻机进行钻孔　　（b）放入钢筋骨架　　（c）浇筑混凝土

图7.15　干作业钻孔灌注桩的施工过程

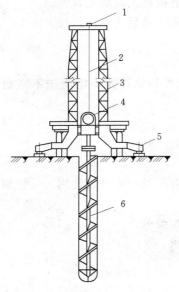

图7.16　全螺旋钻机
1—导向滑轮；2—钢丝绳；3—龙门
导架；4—动力箱；5—千斤顶支腿；
6—螺旋钻杆

7.3.1　施工机械

干作业成孔一般采用螺旋钻机钻孔，如图7.16和图7.17所示。螺旋钻机根据钻杆形式不同可分为整体式螺旋、装配式长螺旋和短螺旋三种。螺旋钻杆是一种动力旋动钻杆，它是利用钻头的螺旋叶旋转削土，土块由钻头旋转上升而带出孔外。螺旋钻头的外径分别为400mm、500mm、600mm，钻孔深度相应为12m、10m、8m。螺旋钻机适用于成孔深度内没有地下水的一般黏土层、砂土及人工填土地基，不适用于有地下水的土层和淤泥质土。

7.3.2　施工工艺

干作业钻孔灌注桩的施工步骤为螺旋钻机就位对中→钻进成孔、排土→钻至预定深度、停钻→起钻、测孔深、孔斜、孔径→清理孔底虚土→钻机移位→安放钢筋笼→安放混凝土溜筒→灌注混凝土成桩→桩头养护。

1. 钻孔

钻机就位后，钻杆垂直对准桩位中心，开钻时先慢后快，减少钻杆的摇晃，及时纠正钻孔的偏斜或位移。钻孔时，螺旋刀片旋转削土，削下的土沿整个钻杆螺旋叶片上升而涌出孔外，钻杆可逐节接长直至钻到设计要求规定的深度。在钻孔过程中，若遇到硬物或软岩，应减速慢钻或提起钻头反复钻，穿透后再正常进钻。在砂卵石、卵石或淤泥质土夹层中成孔时，这些土层的土壁不能直立，易造成塌孔，这时钻孔可钻至塌孔下1～2m，用低强度等级的混凝土回填至塌孔1m以上，待混凝土初凝后，再钻至设计要求深度，也可用3∶7夯实灰土回填代替混凝土进行处理。

2. 清孔

钻孔至规定要求深度后，孔底一般都有较厚的虚土，需要进行专门的处理。清孔的目的是将孔内的浮土、虚土取出，减小桩的沉降。常用的方法是采用 25～30 kg 的重锤对孔底虚土进行夯实，或投入低坍落度的素混凝土，再用重锤夯实；或是使钻机在原深处空转清土，然后停止旋转，提钻卸土。

3. 钢筋混凝土施工

桩孔钻成并清孔后，先吊放钢筋笼，后浇筑混凝土。

钢筋骨架的主筋、箍筋、直径、根数、间距及主筋保护层均应符合设计规定，应绑扎牢固，防止变形。用导向钢筋将其送入孔内，同时防止泥土杂物掉进孔内。

钢筋骨架就位后，为防止孔壁坍塌，避免雨水冲刷，应及时浇筑混凝土。即使土层较好，没有雨水冲刷，

图 7.17 液压步履式长螺旋钻机

从成孔至混凝土浇筑的时间间隔也不得超过 24h。灌注桩的混凝土强度等级不得低于 C15，坍落度一般采用 80～100mm，混凝土应连续浇筑，分层浇筑、分层捣实，每层厚度为 50～60cm。当混凝土浇筑到桩顶时，应适当超过桩顶标高，以保证在凿除浮浆层后，桩顶标高和质量能符合设计要求。

7.3.3 施工注意事项

（1）应根据地层情况合理选择螺旋钻机和调整钻进参数，并可通过电流表来控制进尺速度，如果电流值增大，则说明孔内阻力增大，此时应降低钻进速度。

（2）开始钻进及穿过软硬土层交界处时，应缓慢进尺，保持钻具垂直；钻进含有砖头瓦块卵石的土层时，应防止钻杆跳动与机架摇晃。

（3）钻进中遇憋车、不进尺或钻进缓慢的情况时，应停机检查，找出原因，采取措施，避免盲目钻进，导致桩孔严重倾斜、垮孔甚至卡钻、折断钻具等恶性孔内事故的发生。

（4）遇孔内渗水、垮孔、颈缩等异常情况时，立即起钻，采取相应的技术措施；当上述情况不严重时，可采取调整钻进参数、投入适量黏土球、经常上下活动钻具等措施保持钻进顺畅。

（5）在冻土层、硬土层施工时，宜采用高转速、小给进量、恒钻压的方法。

（6）对短螺旋钻进，每回次进尺宜控制在钻头长度的 2/3 左右，砂层、粉土层可控制在 0.8～1.2m，黏土、粉质黏土控制在 0.6m 以下。

（7）钻至设计深度后，应使钻具在孔内空转数圈以清除虚土，然后起钻，盖好孔口盖，防止杂物落入。

任务 7.4　人工挖孔灌注桩

人工挖孔灌注桩是采用人工挖掘方法成孔，然后放置钢筋笼，浇筑混凝土而成的桩基础，如图 7.18 所示。施工布置如图 7.19 所示。其施工特点如下：

（1）设备简单。

（2）无噪声、无振动、不污染环境，对施工现场周围原有建筑物的影响小。

（3）施工速度快，可按施工进度要求决定同时开挖桩孔的数量，必要时各桩孔可同时施工。

（4）土层情况明确，可直接观察到地质变化，桩底沉渣能清除干净，施工质量可靠。尤其当高层建筑选用大直径的灌注桩，而施工现场又在狭窄的市区时，采用人工挖孔比机械挖孔具有更大的适应性。但其缺点是人工消耗量大，开挖效率低，安全操作条件差等。

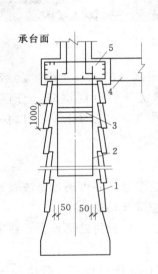

图 7.18　人工挖孔灌注桩的构造
1—护壁；2—主筋；3—箍筋；
4—地梁；5—承台

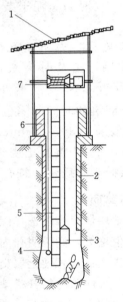

图 7.19　人工挖孔桩的施工布置
1—遮雨棚；2—混凝土护壁；3—装土铁桶；
4—低压照明灯；5—应急钢爬梯；6—砖砌
井圈；7—电动轱辘提升机

7.4.1　施工设备

人工挖孔灌注桩的施工设备一般可根据孔径、孔深和现场具体情况选用，常用的有如下几种：

（1）电动葫芦（或手摇轱辘）和提土桶，用于材料和弃土的垂直运输及供施工人员上下工作施工使用。

（2）护壁钢模板。

（3）潜水泵，用于抽出桩孔中的积水。

（4）鼓风机、空压机和送风管，用于向桩孔中强制送入新鲜空气。

（5）镐、锹、土筐等挖运工具，若遇硬土或岩石时，尚需风镐、潜孔钻。

（6）插捣工具，用于插捣护壁混凝土。

（7）应急软爬梯，用于施工人员上下。

（8）安全照明设备、对讲机、电铃等。

7.4.2 施工工艺

施工时，为确保挖土成孔的施工安全，必须考虑预防孔壁坍塌和流沙发生的措施。因此，施工前应根据地质水文资料拟定出合理的护壁措施和降排水方案。护壁方法很多，可以采用现浇混凝土护壁、沉井护壁、喷射混凝土护壁等。

1. 挖土

挖土是人工挖孔的一道主要工序，采用由上向下分段开挖的方法，每施工段的挖土高度取决于孔壁的直立能力，一般取 0.8～1.0m 为一个施工段，开挖井孔直径为设计桩径加混凝土护壁厚度。挖土时应事先编制好防治地下水方案，避免产生渗水、冒水、塌孔、挤偏桩位等不良后果。在挖土过程中遇地下水时，在地下水不多时，可采用桩孔内降水法，用潜水泵将水抽出孔外。若出现流沙现象，则首先应考虑采用缩短护壁分节和抢挖、抢浇筑护壁混凝土的办法，若此法不行，就必须沿孔壁打板桩或用高压泵在孔壁冒水处灌注水玻璃水泥砂浆。当地下水较丰富时，宜采用孔外布井点降水法，即在周围布置管井，在管井内不断抽水使地下水位降至桩孔底以下 1.0～2.0m。

当桩孔挖到设计深度，并检查孔底土质已达到设计要求后，在孔底挖成扩大头。待桩孔全部成型后，用潜水泵抽出孔底的积水，然后立即浇筑混凝土。

2. 护壁

现浇混凝土护壁法施工即分段开挖、分段浇筑混凝土护壁，此法既能防止孔壁坍塌，又能起到防水作用。为防止坍孔和保证操作安全，对直径在 1.2m 以上的桩孔多设混凝土支护，每节高度为 0.9～1.0m，厚度为 8～15cm，或加配适量直径为 6～9mm 的光圆钢筋，混凝土用 C20 或 C25。护壁制作主要分为支设护壁模板和浇筑护壁混凝土两个步骤。对直径在 1.2m 以下的桩孔，井口砌 1/4 砖或 1/2 砖护圈（高度为 1.2m），下部遇有不良土体时用半砖护砌。孔口第一节护壁应高出地面 10～20cm，以防止泥水、机具、杂物等掉进孔内。

护壁施工采用工具式活动钢模板（由 4～8 块活动钢模板组合而成）支撑有锥度的内模。内模支设后，将用角钢和钢板制成的两半圆形合成的操作平台吊放入桩孔内，置于内模板顶部，以放置料具和浇筑混凝土操作之用。

护壁混凝土的浇筑采用钢筋插实，也可通过敲击模板或用竹竿木棒反复插捣。不得在桩孔水淹没模板的情况下灌注混凝土。若遇土质差的部位，为保证护壁混凝土的密实，应根据土层的渗水情况使用速凝剂，以保证护壁混凝土快速达到设计强度的要求。

护壁混凝土内模拆除宜在 12h 之后进行，当发现护壁有蜂窝、渗水的现象时，应及时补强加以堵塞或导流，防止孔外水通过护壁流入桩子内，以防造成事故。当护壁混凝土强度达到 1MPa（常温下约 24h）时可拆除模板，开挖下段的土方，再支模浇筑护壁混凝土，如此循环，直至挖到设计要求的深度。

3. 放置钢筋笼

桩孔挖好并经有关人员验收合格后，即可根据设计的要求放置钢筋笼。钢筋笼在放置前，要清除其上的油污、泥土等杂物，防止将杂物带入孔内，并再次测量孔底虚土厚度，按要求清除。

4. 浇筑桩身混凝土

钢筋笼吊入验收合格后应立即浇筑桩身混凝土。灌注混凝土时，混凝土必须通过溜槽；当落距超过 3m 时，应采用串桶，串桶末端距孔底高度不宜大于 2m；也可采用导管泵送；混凝土宜采用插入式振捣器振实。当桩孔内渗水量不大时，在抽除孔内积水后，用串筒法浇筑混凝土。如果桩孔内渗水量过大，积水过多不便排干时，则应采用导管法水下浇筑混凝土。

5. 照明、通风、排水和防毒检查

(1) 在孔内挖土时，应有照明和通风设施。照明采用 12V 低压防水灯。通风设施采用 1.5kW 鼓风机，配以直径为 100mm 的塑料送风管，经常检查，有洞即补，出风口离开挖面 80cm 左右。

(2) 对无流沙威胁但孔内有地下水渗出的情况，应在孔内设坑，用潜水泵抽排。有人在孔内作业时，不得抽水。

(3) 地下水位较高时，应在场地内布置几个降水井（可先将几个桩孔快速掘进作为降水井），用来降低地下水位，保证含水层开挖时无水或水量较小。

(4) 每天开工前检查孔底积水是否已被抽干，试验孔内是否存在有毒、有害气体，保持孔内的通风，准备好防毒面具等。为预防有害气体或缺氧，可对孔内气体进行抽样检测。凡一次检测的有毒含量超过容许值时，应立即停止作业，进行除毒工作。同时需配备鼓风机，确保施工过程中孔内通风良好。

7.4.3　施工注意事项

施工注意事项如下：

(1) 成孔质量控制。成孔质量包括垂直度和中心线偏差、孔径、孔形等。

(2) 防止塌孔。护壁是人工挖孔桩施工中防止塌孔的构造措施。施工中应按照设计要求做好护壁，在护壁混凝土强度达到 1MPa 后方能拆除模板。

(3) 排水处理。地面水往孔边渗流会造成土的抗剪强度降低，可能造成塌孔。地下水对挖孔有着重要影响，水量大时，先采取降水措施；水量小时可以边排水边挖，将施工段高度减小（如 300～500mm）或采用钢护筒护壁。

(4) 施工安全问题。

1) 井下人员须配备相应安全的设施设备。提升吊桶的机构其传动部分及地面扒杆必须牢靠，制作、安装应符合施工设计要求。人员不得乘盛土吊桶上下，必须另配钢丝绳及滑轮并有断绳保护装置，或使用安全爬梯上下。

2) 孔口注意安全防护。孔口应避免落物伤人，孔内应设半圆形防护板，随挖掘深度逐层下移。吊运物料时，作业人员应在防护板下面工作。

3) 每次下井作业前应检查井壁和抽样检测井内空气，当有害气体超过规定时，应进行处理。用鼓风机送风时严禁用纯氧进行通风换气。

4）井内照明应采用安全矿灯或12V防爆灯具。桩孔较深时，上下联系可通过对讲机等方式，地面不得少于2名监护人员。井下人员应轮换作业，连续工作时间不应超过2h。

5）挖孔完成后，应当天验收，并及时将桩身钢筋笼就位和浇筑混凝土。正在浇筑混凝土的桩孔周围10m半径内，其他桩不得有人作业。

任务7.5 沉管灌注桩

沉管灌注桩是利用锤击打桩设备或振动沉桩设备，将带有钢筋混凝土的桩尖（或钢板靴）或带有活瓣式桩靴的钢管沉入土中（钢管直径应与桩的设计尺寸一致），造成桩孔，然后放入钢筋骨架并浇筑混凝土，随之拔出套管，利用拔管时的振动将混凝土捣实，便形成所需要的灌注桩。利用锤击沉桩设备沉管、拔管成桩，称为锤击沉管灌注桩，如图7.20所示；利用振动器振动沉管、拔管成桩，称为振动沉管灌注桩，如图7.21所示。

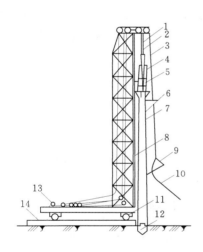

图7.20 锤击沉管灌注桩

1—桩锤钢丝绳；2—桩管滑轮组；3—吊斗钢丝绳；
4—桩锤；5—桩帽；6—混凝土漏斗；7—桩管；
8—桩架；9—混凝土吊斗；10—回绳；
11—行驶用钢管；12—预制桩靴；
13—卷扬机；14—枕木

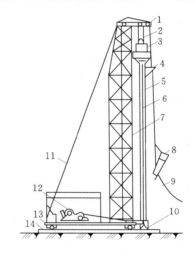

图7.21 振动沉管灌注桩

1—导向滑轮；2—滑轮组；3—激振器；4—混凝
土漏斗；5—桩帽；6—加压钢丝绳；7—桩管；
8—混凝土吊斗；9—回绳；10—活瓣桩靴；
11—缆风绳；12—卷扬机；
13—行驶用钢管；14—枕木

沉管灌注桩在施工过程中对土体有挤密和振动影响作用。施工中应结合现场施工条件考虑成孔的顺序，主要有如下几种：①间隔一个或两个桩位成孔；②在邻桩混凝土初凝前或终凝后成孔；③一个承台下桩数在5根以上者，中间的桩先成孔，外围的桩后成孔。

为了提高桩的质量和承载能力，沉管灌注桩常采用单打法、复打法、翻插法等施工工艺。

（1）单打法（又称一次拔管法）。拔管时，每提升0.5～1.0m，振动5～10s，然后再拔管0.5～1.0m，这样反复进行，直至全部拔出。

（2）复打法。在同一桩孔内连续进行两次单打，或根据需要进行局部复打。施工时，应保证前后两次沉管轴线重合，并在混凝土初凝之前进行。

（3）翻插法。钢管每提升 0.5m，再下插 0.3m，这样反复进行，直至拔出。

施工时注意及时补充套筒内的混凝土，使管内混凝土面保持一定高度并高于地面。

7.5.1 锤击沉管灌注桩

锤击沉管灌注桩适用于一般黏性土、淤泥质土和人工填土地基。其施工过程为就位（a）→沉套管（b）→初灌混凝土（c）→放置钢筋笼、灌注混凝土（d）→拔管成桩（e），如图 7.22 所示。

锤击沉管灌注桩的施工要点如下：

（1）桩尖与桩管接口处应垫麻（或草绳）垫圈，以防地下水渗入管内和作缓冲层。沉管时先用低锤锤击，观察无偏移后，再开始正常施打。

（2）拔管前应先锤击或振动套管，在测得混凝土确已流出套管时方可拔管。

（3）桩管内的混凝土应尽量填满，拔管时要均匀，保持连续密锤轻击，并控制拔管速度，一般土层以不大于 1m/min 为宜；软弱土层与软硬交界处，应控制在 0.8m/min 以内为宜。

（4）在管底未拔到桩顶设计标高前，倒打或轻击不得中断，并注意保持管内的混凝土始终略高于地面，直到全管拔出为止。

（5）桩的中心距在 5 倍桩管外径以内或小于 2m 时，均应跳打施工；中间空出的桩须待邻桩混凝土达到设计强度的 50% 以后，方可施打。

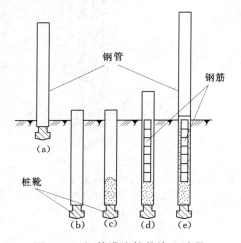

图 7.22 沉管灌注桩的施工过程

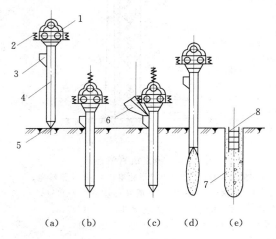

图 7.23 振动套管成孔灌注桩的成桩过程
1—振动锤；2—加压减振弹簧；3—加料口；
4—桩管；5—活瓣桩尖；6—上料口；
7—混凝土桩；8—短钢筋骨架

7.5.2 振动沉管灌注桩

振动沉管灌注桩采用激振器或振动冲击沉管，施工过程为：桩机就位（a）→沉管（b）→上料（c）→拔出钢管（d）→在顶部混凝土内插入短钢筋并浇满混凝土（e），如图 7.23 所示。振动沉管灌注桩宜用于一般黏性土、淤泥质土及人工填土地基，更适用于沙土、稍密及中密的碎石土地基。

振动沉管灌注桩的施工要点如下：

（1）桩机就位。将桩尖活瓣合拢对准桩位中心，利用振动器及桩管自重把桩尖压入土中。

（2）沉管。开动振动箱，桩管即在强迫振动下迅速沉入土中。沉管过程中，应经常探测管内有无水或泥浆，如发现水、泥浆较多时，应拔出桩管，用砂回填桩孔后方可重新沉管。

（3）上料。桩管沉到设计标高后停止振动，放入钢筋笼，再上料斗将混凝土灌入桩管内，一般应灌满桩管或略高于地面。

（4）拔管。开始拔管时，应先启动振动箱 8～10min，并用吊铊测得桩尖活瓣确已张开，混凝土确已从桩管中流出以后，卷扬机方可开始抽拔桩管，边振边拔。拔管速度应控制在 1.5m/min 以内。

任务 7.6 夯 扩 桩

夯扩桩（夯压成型灌注桩）是在普通沉管灌注桩的基础上加以改进，增加一根内夯管，如图 7.24 所示，使桩端扩大的一种桩型。内夯管的作用是在夯扩工序时，将外管混凝土夯出管外，并在桩端形成扩大头；在施工桩身时利用内管和桩锤的自重将桩身混凝土压实。夯扩桩适用于一般黏性土、淤泥、淤泥质土、黄土、硬黏性土；也可用于有地下水的情况；可在 20 层以下的高层建筑基础中使用。桩端持力层可为可塑至硬塑粉质黏土、粉土或砂土，且具有一定厚度。如果土层较差，没有较理想的桩端持力层时，可采用二次或三次夯扩。

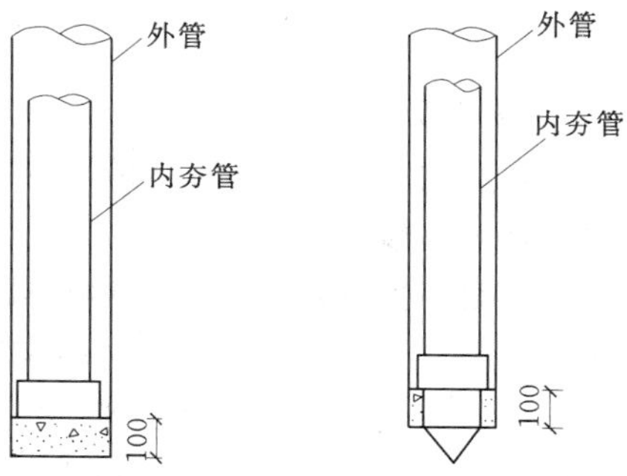

图 7.24 内夯管

7.6.1 施工机械

夯扩桩可采用静压或锤击沉桩机械设备。静压法沉桩机械设备由桩架、压液或液压抱箍、桩帽、卷扬机、钢索滑轮组或液压千斤顶等组成。压桩时，开动卷扬机，通过桩架顶梁逐步将压梁两侧的压桩滑轮组钢索收紧，并通过压梁将整个压桩机的自重和配重施加在桩顶上，把桩逐渐压入土中。

7.6.2 施工工艺

夯扩桩施工时，先在桩位处按要求放置干混凝土，然后将内外管套叠对准桩位，再通过柴油锤将双管打入地基土中至设计要求深度，接着将内夯管拔出，向外管内灌入一定高度（H）的混凝土，然后将内管放入外管内压实灌入的混凝土，再将外管拔起一定高度（h）。通过柴油锤与内夯管夯打管内混凝土，夯打至外管底端深度略小于设计桩底深度处（差值为 Δh）。此过程为一次夯扩，如需第二次夯扩，则重复一次夯扩步骤即可，如图

229

7.25 所示。

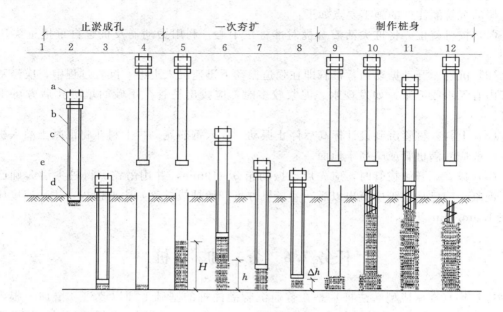

图 7.25　夯扩桩施工
a—柴油锤；b—外管；c—内管；d—内管底板；e—C20 干硬混凝土；$H>h>\Delta h$

1. 操作要点

（1）放内外管。在桩心位置上放置钢筋混凝土预制管塞，在预制管塞上放置外管，外管内放置内夯管。

（2）第一次灌注混凝土。静压或锤击外管和内夯管，当其沉入设计深度后把内夯管从外管中抽出，向夯扩部分灌入一定高度的混凝土。

（3）静压或锤击。把内夯管放入外管内，将外管拔起一定高度。静压或锤击内夯管，将外管内的混凝土压出或夯出管外。在静压或锤击作用下，使外管和内夯管同步沉入规定深度。

（4）灌混凝土成桩。把内夯管从外管内拔出，向外管内灌满桩身部分所需的混凝土，然后将顶梁或桩锤和内夯管压在桩身混凝土上，上拔外管，外管拔出后，混凝土成桩。

2. 施工注意事项

（1）夯扩桩可采用静压或锤击沉管进行夯压、扩底、扩径。内夯管比外管短 100mm，内夯管底端可采用闭口平底或闭口锥底。

（2）沉管过程中，外管封底可采用干硬性混凝土、无水混凝土，经夯击形成阻水、阻泥管塞，其高度一般为 100mm。当不出现由内、外管间隙涌水、涌泥的情况时，也可不采取上述封底措施。

（3）桩的长度较大或需配置钢筋笼时，桩身混凝土宜分段灌注，拔管时内夯管和桩锤应施压于外管中的混凝土顶面，边压边拔。

（4）工程施工前宜进行试成桩，应详细记录混凝土的分次灌入量、外管上拔高度、内管夯击次数、双管同步沉入深度，并检查外管的封底情况，有无进水、涌泥等，经核定后作为施工控制依据。

任务 7.7　PPG 灌注桩后压浆法

PPG 灌注桩后压浆法是利用预先埋设于桩体内的注浆系统，通过高压注浆泵将高压浆液压入桩底，浆液克服土粒之间的抗渗阻力，不断渗入桩底沉渣及桩底周围土体孔隙中，排走孔隙中的水分，充填于孔隙之中。由于浆液的充填胶结作用，在桩底形成一个扩大头。另一方面，随着注浆压力及注浆量的增加，一部分浆液克服桩侧摩阻力及上覆土压力沿桩土界面不断向上泛浆，高压浆液破坏泥皮，渗入（挤入）桩侧土体，使桩周松动（软化）的土体得到挤密加强。浆液不断向上运动，上覆土压力不断减小，当浆液向上传递的反力大于桩侧摩阻力及上覆土压力时，浆液将以管状流溢出地面。因此，控制一定的注浆压力和注浆量，可使桩底土体及桩周土体得到加固，从而有效提高桩端阻力和桩侧阻力，达到大幅度提高承载力的目的。

灌注桩后压浆法有以下几种类型：

（1）借桩内预设构件进行压浆加固，改善桩侧摩擦和支承情况。使用一根钢管及装在其内部的内管所组成的套管，使后灌浆通过单阀按照不连续的 1m 的间隔进行压浆。

（2）桩端压浆，加固桩端地基。通过压浆管将浆液压入桩端。使用的浆液视地基岩土类型而定，对于密砂层，宜采用渗透性良好、强度高的灌浆材料。灌注桩后压浆法用于灌注桩修补加固时，可利用钻孔抽芯孔分段自下而上向桩身进行后压浆补强。

（3）桩侧压浆，破坏和消除泥皮，填充桩侧间隙，提高桩土黏结力，提高侧摩阻力。

PPG 灌注桩后压浆法施工工艺流程为准备工作→按设计水灰比拌制水泥浆液→水泥浆经过滤至储浆桶（不断搅拌）→注浆泵、加筋软管与桩身压浆管连接→打开排气阀并开泵放气→关闭排气阀先试压清水，待注浆管道通畅后再压注水泥浆液→桩检测。

7.7.1　注浆设备及注浆管的安装

高压注浆系统由浆液搅拌器、带滤网的贮浆斗、高压注浆泵、压力表、高压胶管、预埋在桩中的注浆导管和单向阀等组成。

1. 高压注浆泵

高压注浆泵是实施后压浆的主要设备，高压注浆泵一般采用额定压力为 6～12MPa，额定流量为 30～100L/min 的注浆泵；高压注浆泵的压力表量程为额定泵压的1.5～2.0 倍。一般工程常用 2TGZ-120/105 型高压注浆泵，该泵的浆量和压力根据实际需要可随意变挡调速，可吸取浓度较大的水泥浆、化学浆液、泥浆、油、水等介质的单液浆或双液浆，吸浆量和喷浆量可大可小。2TGZ 型高压注浆泵的技术参数见表 7.2。

表 7.2　　　　　　　　　　　　　　　　**2TGZ 型注浆泵技术参数**

传动速度	排浆量/（L/min）	最大压力/mPa	电机/kW	重量/kg	长/mm	宽/mm	高/mm
1 速	32	10.5					
2 速	38	9	1	1070	1900	1000	750
3 速	75	5					
4 速	120	3					

浆液搅拌器的容量应与额定压浆流量相匹配，搅拌器的浆液出口应设置水泥浆滤网，避免因水泥团进入贮浆筒后被吸入注浆导管内而造成堵管或爆管事件的发生。

高压注浆泵与注浆管之间采用能承受 2 倍以上最大注浆压力的加筋软管，其长度不超过 50cm，输浆软管与注浆管之间设置卸压阀。

2. 压浆管的制作

注浆管一般采用 $\phi25$ 管壁厚度为 2.5mm 的焊接钢管，管阀与注浆管焊接连接。注浆管随同钢筋笼一起沉入钻孔中，边下放钢筋笼边接长注浆管，注浆管紧贴钢筋笼内侧，并用铁丝在适当位置固定牢固，注浆管应沿钢筋笼圆周对称设置，注浆管的根数根据设计要求及桩径大小确定。注浆管压浆后可取代等强度截面钢筋。注浆管的根数根据桩径大小进行设置，可参照表 7.3 的规定。

表 7.3　　　　　　　　　　　　　　　　**注 浆 管 根 数**

桩径 D/mm	$D<1000$	$1000 \leqslant D<2000$	$D \geqslant 2000$
根数	2	3	4

桩底压浆时，管阀底端进入桩端土层的深度应根据桩端土层的类别确定，持力层过硬时可适当减小，持力层较软弱及孔底沉渣较厚时可适当增加。一般管阀进入桩端土层的深度可参照表 7.4 确定。

表 7.4　　　　　　　　　　　　　　　　**管阀进入土层深度**

桩端土层类别	黏性土、黏土、沙土	碎石土、风化岩
管阀进入土层深度/mm	≥200	≥100

桩侧压浆时，管阀设置应综合地层情况、桩长、承载力增幅要求等因素确定，一般离桩底 5～15m 以上每 8～10m 设置一道。

压浆管的长度应比钢筋笼的长度多出 55cm，在桩底部长出钢筋笼 5cm，上部高出桩顶混凝土面 50cm，但不得露出地面以便于保护。

桩底压浆管采用两根通长注浆管布置于钢筋笼内，用铁丝绑扎，分别放于钢筋笼两侧。注浆管一般超出钢筋笼 300～400mm，其超出部分钻上花孔，予以密封。

桩侧压浆管由钢导管下放至设计标高，用弹性软管（PVC）连接。在预定的灌浆断面弹性软管环置于钢筋笼外侧捆绑，钢管置于钢筋笼内，两者用三通连接，在弹性软管沿环向外侧均匀钻一圈小孔，并予以密封。

在压浆管最下部 20cm 处制作成压浆喷头（俗称"花管"），在该部分采用钻头均匀钻出 4 排（每排 4 个）、间距为 3cm、直径为 3mm 的压浆孔作为压浆喷头；用图钉将压浆孔堵严，外面套上同直径的自行车内胎并在两端用胶带封严，这样压浆喷头就形成了一个简易的单向装置。当注浆时，压浆管中的压力将车胎进裂、图钉弹出，水泥浆通过注浆孔和图钉的孔隙压入碎石层中，而灌注混凝土时该装置又可以保证混凝土浆不会将压浆管堵塞。

将两根压浆管对称绑在钢筋笼的外侧。成孔后清孔、提钻、下钢筋笼。在钢筋笼的吊装安放过程中要注意对压浆管的保护，钢筋笼不得扭曲，以免造成压浆管在丝扣连接处松动，喷头部分应加混凝土垫块进行保护，不得摩擦孔壁以免造成压浆孔的堵塞。

7.7.2　水泥浆配制与注浆

1. 水泥浆配制

采用与灌注桩混凝土同强度等级的普通硅酸盐水泥与清水拌制成水泥浆液，水灰比根据地下土层情况适时调整，一般水灰比为 0.45～0.6。

先根据试验按搅拌筒上的对应刻度确定出一定水灰比的水泥浆液，在正式搅拌前，将一定水灰比水泥浆液的对应刻度在搅拌筒外壁上做出标记。配制水泥浆液时先在搅拌机内加一定量的水，然后边搅拌边加入定量的水泥，根据水灰比再补加水，水泥浆搅拌好后应达到对应刻度。搅拌时间不少于 3min，浆液中不得混有水泥结石、水泥袋等杂物。水泥浆搅拌好后，过滤后放入储浆筒，水泥浆在储浆筒内也要不断地进行搅拌。

2. 注浆

在碎石层中，水泥浆在工作压力的作用下影响面积较大。为防止压浆时水泥浆液从临近薄弱地点冒出，压浆的桩应在混凝土灌注完成 3～7d 后，并且该桩周围至少 8m 范围内没有钻机钻孔作业，且该范围内的桩混凝土灌注完成也应在 3d 以上。

压浆时最好采用整个承台群桩一次性压浆，压浆时先施工周边桩再施工中间桩。压浆时采用两根桩循环压浆，即先压第一根桩的 A 管，压浆量约占总量的 70%，压完后再压另一根桩的 A 管，然后依次为第一根桩的 B 管和第二根桩的 B 管，这样就能保证同一根桩两根管的压浆时间间隔在 30～60min 以上，给水泥浆一个在碎石层中扩散的时间。压浆时应做好施工记录，记录的内容应包括施工时间、压浆开始及结束时间、压浆数量以及出现的异常情况和处理的措施等。

注浆前，为使整个注浆线路畅通，应先用压力清水开塞，开塞的时机为桩身混凝土初凝后、终凝前，用高压水冲开出浆口的管阀密封装置和桩侧混凝土（桩侧压浆时）。开塞采用逐步升压法，当压力骤降、流量突增时，表明通道已经开通，应立即停机，以防止大量水涌入地下。

正式注浆作业之前，应进行试注浆，对浆液水灰比、注浆压力、注浆量等工艺参数进行调整优化，最终确定工艺参数。

在注浆过程中，应严格控制单位时间内水泥浆的注入量和注浆压力。注浆速度一般控制在 30～50 L/min。

当设计对压浆量无具体要求时，应根据下列公式计算压浆量。

桩底压浆水泥用量：

$$G_{cp} = \pi(htd + \xi n_0 d^3) \tag{7.2}$$

桩侧注浆水泥用量：

$$G_{cs} = \pi[t(L-h)d + \xi m n_0 d^3] \tag{7.3}$$

式中　G_{cp}、G_{cs}——桩底、桩侧注浆水泥用量，t；

$\quad\quad$ d、L——桩直径、桩长，m；

$\quad\quad$ h——桩底压浆时浆液沿桩侧上升高度，m，桩底单压浆时，h 可取 10～20m，桩侧为细粒土时取高值，为粗粒土时取低值，复式压浆时，h 可取桩底至其上桩侧压浆断面的距离；

$\quad\quad$ t——包裹于桩身表面的水泥结石厚度，可取 0.01～0.03m，桩侧为细粒土及正循环成孔取高值，粗粒土及反循环孔取低值；

$\quad\quad$ n_0——桩底、桩侧土的天然孔隙率，$n_0 = e_0/(1+e_0)$，e_0 为天然孔隙比；

$\quad\quad$ ξ——水泥充填率，对于细粒土取 0.2～0.3，对于粗粒土取 0.5～0.7；

$\quad\quad$ m——桩侧注浆横断面数。

注浆压力可通过试压浆确定，也可以根据式（7.4）计算确定。

$$p_g = p_w + \zeta_x \sum \gamma_i h_i \tag{7.4}$$

式中　p_g——泵压，kPa；

$\quad\quad$ p_w——桩侧、桩底注浆处静水压力，kPa；

$\quad\quad$ γ_i、h_i——注浆点以上第 i 层土有效重度（kN/m^3）和厚度（m）；

$\quad\quad$ ζ_x——注浆阻力经验系数，与桩底桩侧土层类别、饱和度、密实度、浆液稠度、成桩时间、输浆管长度等有关。桩底压浆时 ζ_x 的取值见表 7.5。

表 7.5　　　　　　　　　　　　　　　桩底压浆 ζ_x 取值

土层类别	软土	饱和黏性土、粉土、粉细砂	非饱和黏性土、粉土、粉细砂	中粗沙砾、卵石	风化岩
ζ_x	1.0～1.5	1.5～2.0	20～40	1.2～3.0	10～40

当土的密实度高、浆液水灰比小、输浆管长度大、成桩间歇时间长时，ζ_x 取高值；对于桩侧压浆，ζ_x 取桩底压浆取值的 0.3～0.7 倍。

被压浆桩离正在成孔桩作业点的距离不小于 $10d$（桩径），桩底压浆应对两根注浆管实施等量压浆，对于群桩压浆，应先外围、后内部。

（1）在压浆过程中，当出现下列情况之一时应改为间歇压浆，间歇时间为 30～180min。间歇压浆可适当降低水灰比，若间歇时间超过 60min，则应用清水清洗注浆管和管阀，以保证后续压浆能正常进行。

1）注浆压力长时间低于正常值。

2）地面出现冒浆或周围桩孔串浆。

（2）对注浆过程采用"双控"的方法进行控制。当满足下列条件之一时可终止压浆。

1）压浆总量和注浆压力均达到设计要求。

2）压浆总量已经达到设计值的 70%，且注浆压力达到设计注浆压力的 150% 并维持 5min 以上。

3）压浆总量已经达到设计值的 70%，且桩顶或地面出现明显上抬。桩体上抬不得超过 2mm。

压浆作业过程记录应完整，并经常对后压浆的各项工艺参数进行检查，发现异常情况时，应立即查明原因，采取措施后继续压浆。

（3）压浆作业过程的注意事项如下：

1）后压浆施工过程中，应经常对后压浆的各工艺参数进行检查，发现异常立即采取处理措施。

2）压浆作业过程中，应采取措施防止爆管、甩管、漏电等。

3）操作人员应佩戴安全帽、防护眼镜、防尘口罩。

4）压浆泵的压力表应定期进行检验和核定。

5）在水泥浆液中可根据实际需要掺加外加剂。

6）施工过程中，应采取措施防止粉尘污染环境。

7）对于复式压浆，应先桩侧后桩底；当多断面桩侧压浆时，应先上后下，间隔时间不宜少于 3h。

任务 7.8　某工程灌注桩施工方案（案例节选）

7.8.1　概况

1. 工程概况

某工程中的楼高为 3～8 层，框架结构，设计标高为 146.29m（±0.000），地面整平标高约为 140.50m，中间为架空层，作为车库，属二级建筑物，最大单柱荷重为 13000 kN，该工程的安全等级为二级，场地等级为二级，地基等级为二级。

2. 工程地质概况

（1）地形地貌及地质构造。拟建工程地势平坦，标高范围为 140.54～141.18m，正常水位为 136.10m，场地与小河沟之间已建有一堵高度为 2.5m 的浆砌石围墙。场地地貌属于丘陵地带。

场地岩土层的主要组成是上部为素填土；中部为粗砂层、圆砾和残积成因的沙砾岩残积砾质黏性土；下伏基岩为侏罗系下统长林组强风化砂岩、沙砾岩。该区域地质调查资料表明，场地内无断裂带通过。

（2）岩土层特征及分布情况。根据钻探可知，该场地岩土体类型自上而下划分为：素填土（冲积成因的）、粗砂、圆砾、沙砾岩残积砾质黏性土、强风化沙砾岩。

现将各岩土层的结构及其特征详述如下：

1）素填土（编号为①）。灰黄、褐黄色，填料以沙砾岩残积砾质黏性土为主，含较多角砾及碎石、碎石含量占 10%～20%。底部约 0.40m 厚为灰黑色耕土，含腐殖质，有臭味，填土年限约为 2 年。层厚为 3.7～5.4m，采芯率为 68%～82%。该层全场均有分布，厚度较均匀，工程地质性能差，承载力特征值 $f_{ak}=80kPa$。

2）粗砂（编号为②）。灰黄、褐黄色，湿、松散，粒级成分以粗砂为主，含少量砾石，粒度不均一，石英质，混粒，强砂感，微黏感，泥质胶结，胶结一般，系冲积成因。

235

层顶埋深为 3.7～5.4m，层厚为 0.5～0.9m，采芯率为 72%。该层仅分布场地西北角 ZK1、ZK5 地段，呈透镜体展布，工程地质性能较差，承载力特征值 $f_{ak}=130$kPa。

3）圆砾（编号为③）。灰、灰黄色，稍密～中密，饱和。圆砾含量占 50%～60%，次圆状，粒径为 20～60mm，最大粒径为 120mm，成分为沙砾岩、砂岩，呈中风化状态，粒间以粗中砂及少量泥质充填，胶结一般，局部相变为卵石或砾砂，系冲洪积成因。层顶埋深为 3.9～5.9m，层厚为 1.8～3.8m，采芯率为 62%～78%。该层全场均有分布，厚度较均匀，工程地质性能较好，承载力特征值 $f_{ak}=280$kPa。

4）沙砾岩残积砾质黏性土（编号为④）。黄褐色、黄白色，原岩组织结构已完全破坏，粒径大于 2mm 的颗粒含量占 20%～30%，岩芯呈沙土状，手捏易碎，浸水易软化，尚可干钻。层顶埋深为 6.9～8.5m，层厚为 6～10.2m，采芯率为 72%～82%。该层全场均有分布，厚度大且稳定，工程地质性能较好，承载力特征值 $f_{ak}=260$kPa。

5）强风化沙砾岩（编号为⑤）。黄褐色、紫褐色，原岩组织结构已基本破坏，岩芯呈碎屑状、碎块状，手掰可断，浸水易软化，干钻困难。层顶埋深为 16.6～18m，层厚为 3～5.85m，采芯率为 60%～72%。该层全场均有分布，仅部分钻孔揭露，工程地质性能好，承载力特征值 $f_{ak}=400$kPa。

（3）地基土设计参数。地基土设计参数见表 7.6。

表 7.6　　　　　　　　　　地 基 土 设 计 参 数

岩土层	重度/(kN/m³)	孔隙比	内聚力/kPa	内魔擦角/(°)	压缩模量/MPa	承载力特征值/kPa				基础深度承载力调整系数	
						重Ⅱ取值	标贯取值	经验取值	建仪取值	η_b	η_a
素填土①	18.8	0.80	12	10	8	120	—	80	80	0	1.1
粗砂②	18.6	0.72	—	16	6		130	130		3.0	4.4
圆砾③	20.4	0.56	—	32	22	300		260	260	3.0	4.4
砂砾岩残积砾质黏性土④	19.8	0.68	20	28	18		280	260	260	0.5	2
强风化沙砾岩⑤	20.2		30	42	38		420	400	400	—	—

（4）地下水。拟建场地的地下水主要为富存于素填土和圆砾层中的孔隙潜水，孔隙潜水的富水性较强。旱季时场地地下水主要受大气降水和场地北侧基岩裂隙水的侧向入渗补给，由东向西径流，汇入小河沟；雨季时小河水位抬升，则河水的侧向补给是场地地下水的主要补给来源，抽水试验表明场地地下水与小河之间有较强的水力联系。场地地下水的水位埋深为 3.3～4.6m，富水性强，据调查访问，地下水位的变化幅度为 1～2m。

3. 设计方案概况

本工程采用泥浆护壁冲孔灌注桩基础，选择强风化沙砾岩层为持力层，极限端阻力标

准值 $q_{pk}=3500\text{kPa}$。本工程建筑桩基的安全等级为二级，单桩单柱桩基提高一级，本工程泥浆护壁冲孔灌注桩共 209 根，其中 800mm 桩径的桩有 35 根，1000mm 桩径的桩有 80 根，1200mm 桩径的桩有 94 根。

7.8.2 施工准备

1. 人力准备

（1）为了保质保量按期完成任务，建立以项目经理和技术负责人为核心的生产管理班子，严格按照有关规范标准和公司质量原则，强化管理，做到岗位明确、职责分明，建立健全技术、质检、安全、生产、财务等管理体系，对本工程的工期、质量、成本、安全等要素进行全面的组织管理和把关。

（2）施工班组的组织安排。根据工程施工需要配备了一班技术熟练的施工班组，并对所有进场的工人进行三级安全教育，特殊工种需持证上岗，施工前对班组进行技术交底。

2. 技术经济准备

（1）组织人员现场踏勘，调查和收集施工所需的各项原始资料（包括场地的地质情况，水泥与地材资源情况，水电供应、交通运输条件等）。

（2）自审图纸，参加甲方组织的图纸会审，编制与审定施工方案，提交监理审核。

（3）由建设单位向施工单位移交接收工程坐标、水准点等书面材料并进行复核。

3. 施工现场准备

（1）场地平整。按"三通一平"的要求，对场地进行平整和夯实。

（2）搭设临时设施。按照施工方案的规定及时搭设临时性生产和生活设施。

（3）标高引测。根据甲方及规划局提供的标高基准点，将施工水准点引测到施工现场四周的四角上，并加以保护，误差不大于 2mm。

（4）桩位测量。根据桩位平面图，选某一轴线相交点为基准进行放样，测出桩位，并会同监理、甲方进行现场核样。

7.8.3 主要技术措施

1. 冲孔灌注桩施工的技术措施

（1）采用冲击、泥浆护壁、正循环施工工艺，水下浇筑混凝土成桩。施工过程须严格遵照设计要求和执行《建筑桩基技术规范》（JGJ 94—2008）的规定工艺和控制质量。

（2）材料检验。由材料组对每种进场材料进行材质检验，到场材料必须具备符合要求的合格证书。

（3）成孔灌注桩。

1）确保桩位不偏差。在冲孔机就位之前，对埋设护筒或第一模人工挖孔桩的位置、深度和垂直度进行复核，确保桩位正确性。

2）确保桩身垂直成孔。垂直度是灌注桩顺利施工的重要条件，因此在塔架就位之后应检查机台的平整和稳固情况，确保桩身成孔的垂直度。

3）控制冲击速度和护壁泥浆指标。控制冲锤的冲程不大于 3m，护壁泥浆的相对密度为 1.2～1.3；清孔时进行泥浆密度复验，相对密度控制在 1.05～1.25。每次制备的泥浆的循环使用次数取2次。

4）成孔检查。成孔之后应对孔径、孔深和沉渣等检测指标进行复验，必须达到设计和施工规范要求后方可进行下道工序施工。

（4）钢筋笼制作。钢筋笼的制作必须符合设计和施工的规范要求。对钢筋的规格和外形尺寸进行检查，控制偏差在允许范围之内。下笼时监督施工人员在钢筋笼的焊接过程中必须按规范的搭接长度和标准焊缝进行操作，并按要求放置垫层，每节二组，每组三块，补足焊接部位箍筋。钢筋笼入孔后，将吊筋固定，避免灌混凝土时钢筋笼上拱。

（5）浇筑混凝土成桩。

1）工程采用C25混凝土。搅拌时由专职试验员负责控制混凝土级配的配制工作，加料达到允许偏差范围之内。如遇雨天则对配合比进行相应调整。严格计量和测试管理，监督试块按要求制作，每根桩一组三块。

2）水下混凝土必须具有良好的和易性，控制坍落度在180～220mm。

3）混凝土灌注过程应严格按照工艺规程进行，确保初灌量和控制导管埋入混凝土的深度不小于2m。灌注时导管不得左右移动，保证有次序地拔管和连续浇筑混凝土直至整桩完毕。

2．质量保证措施

此部分内容略。

3．安全技术措施

此部分内容略。

7.8.4　施工现场标准化管理和文明工地建设

此部分内容略。

7.8.5　冲孔灌注桩施工

1．施工技术。

（1）测量定位和护筒埋设。

1）测量定位根据实际情况选用合适的仪器设备。

2）利用指定的轴线交点作控制点，采用极坐标法进行放样，桩位方向距离误差小于5mm。

3）测定护筒标高的误差不大于1cm。

4）护筒采用8mm的钢板卷制而成，长度为2000mm，ϕ800工程桩护筒内径为1200mm，ϕ1000工程桩护筒内径为1400mm，ϕ1200工程桩护筒内径为1600mm，由于第一层土为新近回填土，为防止施工中护筒外圈返浆造成坍孔和护筒脱落，护筒应埋入自然地面以下2m，护筒埋设的位置应准确，其中心与桩中心允许误差不大于20mm，并应保证护筒的垂直度和水平度。

（2）成孔工艺。采用冲击正循环配制泥浆护壁。采用正循环两浆清孔工艺，导管灌注成桩。冲孔灌注桩施工工艺流程如图7.26所示。

1）击进参数。本工程采用ZZ—5型桩机，桩锤冲程可定为0.8～1.0m。

2）桩孔质量检测。桩孔质量参数包括孔径、孔深、钻孔垂直和沉渣厚度，自测5%。

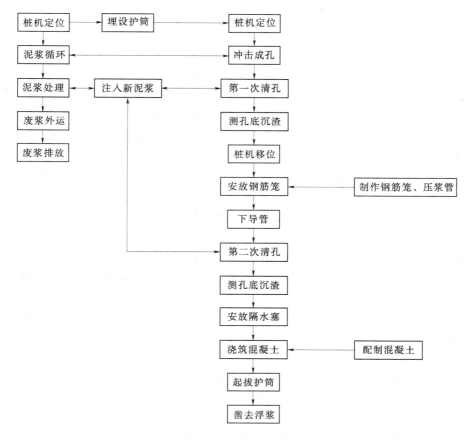

图 7.26　冲孔灌注桩的施工工艺流程

a. 孔径用孔径仪测量，若出现颈缩现象则应进行扫孔，符合要求后方可进行下道工序。

b. 冲孔前先用水准仪测顶护筒或孔桩护壁面标高，并以此作为基点，用测绳测量孔深，孔深偏差保证在 ±30cm 以内。

c. 沉渣厚度以第二次清孔后测定的量为准。

3）护壁与清渣。

a. 泥浆性能指标。泥浆性能指标见表 7.7。

表 7.7　　　　　　　　　　　　　泥浆性能指标

项目	黏度	相对密度	含砂量	胶体率	pH 值
指标	20～25	1.15～1.30	<3%	96%	7.0～9.0

b. 冲击成孔时泥浆的相对密度应控制在 1.20～1.30，以便携带砂子，保证孔壁稳定。每次制备的泥浆循环使用次数取 2 次。

4）清孔方法。

a. 第一次清孔。桩孔完成后，应进行第一次清孔，清孔时应将冲锤提离孔底 0.3～

0.5m，缓慢冲击，同时加大泵量，确保第一次清孔后孔内无泥块，相对密度达 1.25 左右。

b. 第二次清孔。钢筋笼、导管下好后，要用导管进行第二次清孔，第二次清孔的时间不少于 30min，测定孔底沉渣小于 5cm 时，方可停止清孔。测定孔底沉渣，应用测锤测试，测绳读数一定要准确，用 3～5 孔必须校正一次。清孔结束后，要尽快灌注混凝土，其间隔时间不能大于 30min。第二次清孔注入浆的相对密度为 1.15 左右，漏斗黏度为 18～25s，第二次清孔泥浆的相对密度控制在 1.20 左右，不超过 1.25。

5）泥浆的维护与管理。现场泥浆池的体积为 30m³，废浆池的体积为 50m³，确保每天冲击冲孔的需要。主泥浆循环槽的规格为 0.5m×0.6m，成孔过程中，泥浆循环系统应定期清理，确保文明施工。泥浆池实行专人管理和负责。对泥浆循环和沉淀池的砂性土，需专门配备人员进行打捞，处理后的渣土经数次翻晒后作干土外运。

（3）钢筋笼的制作与吊放。

1）钢筋笼按设计图纸制作，主筋采用单面焊接，搭接长度大于等于 10d。加强筋与主筋点焊要牢固，制作钢筋笼时在同一截面上搭焊接头的根数不得多于主筋总根数的 50%。

2）发现弯曲、变形钢筋时要作调直处理，钢筋局部弯曲要校直。制作钢筋笼时应用控制工具标定主筋间距，以便在孔口搭焊时保持钢筋笼的垂直度。为防止提升导管时带动钢筋笼，严禁弯曲或变形的钢筋笼下入孔口。

3）钢筋笼在运输吊放过程中严禁高起角落，以防止发生弯曲、扭曲变形。

4）每节钢筋笼焊 3～4 组护壁环，每组 4 只，以保证混凝土保护层的均匀。

5）钢筋笼吊放采用活吊筋，一端固定在钢筋笼上，另一端用钢管固定于孔口。

6）钢筋笼入孔时，应对准孔位徐徐轻放，要避免碰撞孔壁。若下笼过程中遇阻，不得强行下入，应查明原因处理后继续下笼。

7）每节钢筋笼焊接完毕后应补足接头部位的缠筋，方可继续下笼。

8）钢筋笼用吊筋固定，避免浇筑混凝土时钢筋笼上浮。

（4）混凝土的浇筑。

1）原材料及配合比。

a. 采用普通 32.5R 普通硅酸盐散装水泥，必须有出厂合格证和复试报告。

b. 石子的质量应符合规范要求，碎石的粒径采用 5～40mm，5mm 筛余量为 90%～100%，40mm 筛余量大于 5%。石料堆场应选干净处，严禁混入泥土杂质。

c. 砂子的质量应符合规范要求，选用级配合理、质地坚硬、颗粒洁净的中粗砂，在储运堆放过程中防止混入杂物。

d. 外加剂应符合规范要求，确定合格后，方可使用。

e. 应将配合比换算成每盘的配合比，应严格按配合比称量，不得随意变更。

2）混凝土搅拌。混凝土搅拌时应严格按配合比称量砂、石、外加剂。混凝土原材料投量允许偏差：水泥为 ±2%；砂石为 ±3%；水、外加剂为 ±2%。原材料投料时应依次加入砂、石子、水泥、水和外加剂，混凝土的搅拌时间不小于 90s。混凝土搅拌过程中应及时测试坍落度和制作试块，拌好的混凝土应及时浇筑，发现离析现象应重新搅拌，混凝土的坍落度应控制在 18～22cm。

3）混凝土浇筑。

a. 浇筑采用导管法，导管下至距孔底 0.5m 处，使用直径 220mm 的导管。导管使用前需经过通球和压水试验，确保无漏水、渗水时方能使用，导管接头连接须加密封圈并上紧丝扣。

b. 导管隔水塞采用水泥塞，塞上钉有胶皮垫，其直径大于导管内径 20～30mm。为确保隔水塞顺利排出，应先加 0.3m³ 砂浆，剪球后不准再将导管下放孔底。

c. 初浇量要保证导管内混凝土有 0.8～1.30m 深。本工程混凝土初浇量不得小于 1.5m³。

d. 在浇筑混凝土过程中提升导管时，由配备的质量员测量混凝土的液面高度并做好记录，严禁将导管提离混凝土面，导管深度应控制在 3～8m，不得小于 2m。

e. 按规范要求制作试块，试块尺寸为 150mm×150mm×150mm，每根工程桩做一组试块，标准养护，28d 后进行测试。

f. 灌注接近桩顶标高时，应按计算出的最后一次浇筑混凝土量严格进行灌注。

g. 在混凝土的浇筑过程中应防止钢筋笼上浮，当混凝土面接近钢筋笼底部时导管埋深宜保持在 3m 左右，并适当放慢浇筑速度，当混凝土面进入钢筋底端 1～2m 时可适当提升导管，提升时要平稳，避免出料冲击过大或钩带钢筋笼。

2. 工程质量标准及质量保证措施

施工及验收要求应遵照《建筑桩基技术规范》（JGJ 94—2008）、《混凝土结构工程施工质量验收规范（2010 版）》（GB 50204—2015）、《建筑地基基础工程施工质量验收规范》（GB 50202—2002）的规定。

（1）工程质量标准。

1）原材料和混凝土强度应符合设计要求和施工规范的规定。

2）成孔深度应符合设计要求，孔底沉渣的厚度应小于 5cm。

3）实际浇灌混凝土量不宜小于计算体积。

4）浇筑后的桩顶标高及浮浆的处理应符合设计要求和施工规范的要求。

5）所使用的材料必须具有质量保证书及检验合格报告。

6）成桩混凝土的质量要求：连续完整，无断桩、颈缩、夹泥现象，混凝土的密实度好，桩头混凝土无疏松现象。

（2）允许偏差项目。

1）成桩后桩孔中心位置偏差：20mm。

2）钢筋笼制作。主筋间距偏差为 ±10mm；箍筋间距偏差为 ±20mm；钢筋笼直径偏差为 ±10mm；钢筋笼总长度偏差为 ±10mm；钢筋搭接长度不小于 10d；焊缝宽度不小于 0.7d；焊缝厚度不小于 0.3d。

3）桩垂直度小于 0.5%。

4）混凝土加工。混凝土强度等级大于设计混凝土强度等级；混凝土坍落度为 18～22cm；主筋保护层厚度不小于 50mm。

（3）保证质量措施。

1）管理措施。

a. 分公司的工程技术部直接对该项目的工程质量进行监督与控制，直接掌握工程质量动态，指导全面质量管理工作，开展严格岗位责任制。

b. 对各工序、工种实行检查监督管理，行使质量否决权。对主要工序设置管理点，严格按工序质量控制体系和工序控制点要求进行运转。

c. 实行三级质量验收制度，每道工序班组 100％自检；质量员 100％检验；工地技术负责 30％抽查。

d. 认真填写施工日记。

2）技术措施。

a. 桩基轴线及桩位放样，定位后要进行复测，定位精度误差不超过 5mm。

b. 桩机定位、安装必须水平，现场配备水平尺，当击进深度达 5m 左右时，用水平尺再次校核机架水平度，不合要求时随时纠正。

c. 在第一次清孔时，冲锤稍提离孔底进行缓慢冲击，把泥块打碎，检测孔底沉渣小于 5cm 时方能提锤。

d. 钢筋笼在孔口焊接时采用十字架吊锤法，确保整体放进笼时的垂直度。

e. 混凝土搅拌时砂石料经过磅秤称量，误差不超过 3％。严格控制水灰比。根据现场砂石料的含水量情况调整加水量，每根桩做 1～25 次坍落度检验。

f. 浇筑混凝土时严禁中途间断，提升导管时要保证导管埋入混凝土中 3～8m。

g. 根据地层特点及时调整泥浆性能，防止颈缩和坍塌，进入砂层时泥浆的相对密度必须控制在 1.15～1.30，黏度为 20～25s，确保孔壁稳定。

3. 工程质量保证体系

（1）工程质量保证制度。

（2）工程质量保证的组织管理措施。

4. 材料质量控制体系

此部分内容略。

5. 保证工程进度措施

此部分内容略。

7.8.6 确保安全生产与文明施工的技术组织措施

1. 安全生产措施

此部分内容略。

2. 文明施工措施

此部分内容略。

项 目 小 结

本项目主要内容包括泥浆护壁成孔灌注桩、干作业钻孔灌注桩、人工挖孔灌注桩、沉管灌注桩、夯扩桩、PPG 灌注桩后压浆法等的施工要求、施工方法，重点阐述了这些灌注桩的具体施工流程；着重分析了这些灌注桩常见的工程问题及处理方法。

复习与思考题

1. 灌注桩与预制桩相比有何优缺点？

2. 简述泥浆护壁成孔灌注桩的施工工艺流程。

3. 水下混凝土是如何浇筑的？

4. 简述干作业钻孔灌注桩的施工工艺流程。

5. 简述人工挖孔灌注桩的施工工艺流程。

6. 简述锤击沉管灌注桩的施工工艺流程。

7. 简述振动沉管灌注桩的施工工艺流程

8. 简述夯扩桩的施工工艺流程。

9. 简述 PPG 灌注桩后压浆法的施工工艺流程。

项目 8　沉 井 工 程 施 工

【学习目标】

了解沉井的种类、组成部分及构造；掌握沉井制作、沉井下沉和沉井接高及封底施工方法；掌握施工中沉井施工中常出现的质量问题分析、控制和处理方法。

【引例与思考】

某沉井工程概况：泵站设计排雨水量 7500t/h，泵站沉井工作井要求一次浇筑完成，不得设置垂直施工缝，沉井下沉采用排水法，井挖土时严格控制挖土厚度，先中间后周围，均衡对称地进行，并根据需要留有土台，逐层切削，使沉井均匀下沉。主泵房沉井分段浇筑、分段下沉。井壁竖向二次浇筑采用凸槽接高缝，沉井下沉采用排水法下沉，干封底，均匀开挖使其下沉。

勘探期间测得河水位 1.33m，勘探期间场地大部分为空地，局部搭建有临时用房，地势较平坦，地面自然标高 4.22～5.03 之间，相对高差 0.81m。

与沉井相关的各层土质的特征见表 8.1。

表 8.1　　　　　　　　　　与沉井相关的各层土质的特征

土层层号	土层名称	层厚/m	层底标高/m	颜色	湿度	压缩性能	土 层 描 述
①	杂填土	2.7～3.2	4.22～5.03	杂色			主要成分建筑垃圾，黏性土填充
②	硬壳层						无
③	淤泥质粉质黏土夹粉土	8.5～11.4	1.14～2.23	灰色	饱和	高	切面光滑有光泽，摇振反应缓慢，干强度及韧性中等，夹粉土薄层，含少量有机质、腐殖质及云母屑
④	粉土夹粉质黏土	9.5～13.0	−10.26～−6.47	灰色	饱和	中	切面粗糙无光泽，摇振反应迅速，干强度及韧性低，含云母屑，夹粉质黏土薄层
⑤	砾砂	0.9～1.2	−20.19～−19.65	灰色	饱和	低	含少量贝壳
⑥1	粉质黏土	1.0～2.7	−21.26～−20.65	灰色	饱和	高	切面稍光滑少有光泽，无摇振反应，干强度与韧性中等，含有机质与贝壳
⑥2	黏土	2.3～2.7	−22.26～−21.95	灰色	饱和	中	切面光滑有油脂光泽，摇振反应无，干强度及韧性高

续表

土层层号	土层名称	层厚/m	层底标高/m	颜色	湿度	压缩性能	土层描述
⑦	砾砂	4.6～5.8	−24.96～−23.38	灰褐色	饱和	低	局部中粗砂含量较高
⑧	粉质黏土	1.8～3.4	−29.85～−29.09	灰色	饱和	高	切面较光泽稍有光泽，摇振反应无，干强度与韧性中高，含少量贝壳，局部为黏土

　　勘察单位根据静力触探比贯入阻力 Ps 值、土性指标及特征，并参照有关规范要求，推荐了各层土的沉井井壁摩阻力参数，具体见表8.2。

表8.2　　　　　　　　　　　各层土的沉井井壁摩阻力参数

土层层号	土层名称	静探 Ps 平均值/MPa	井壁摩阻力/KPa
①	杂填土	—	—
②	硬壳层	—	—
③	淤泥质粉质黏土夹粉土	6	7
④	粉土夹粉质黏土	15	16
⑤	砾砂	32	
⑥1	粉质黏土	14	
⑥2	黏土	32	
⑦	砾砂	36	
⑧	粉质黏土	16	

　　根据以上条件，如何制定沉井的施工方案？

任 务 8.1　认 知 沉 井 构 造

　　沉井基础是一种历史悠久的基础型式之一，适用于地基浅层较差而深部较好的地层，既可以用作陆地基础，也可用作较深的水中基础。沉井施工时先在地面或基坑内制作开口的钢筋混凝土井身，待其达到规定强度后，在井身内部分层挖土运出，随着挖土和土面的降低，沉井井身自重或在其他措施协助下克服与土壁间的摩阻力和刃脚反力，不断下沉，直至设计标高就位，然后进行封底。沉井基础施工步骤如图8.1所示。

8.1.1　沉井应用场合

　　沉井的特点是占地面积小，整体性强，稳定性好，具有较大的承载面积，能承受较大的垂直和水平荷载。此外，沉井既是基础，又是施工时的挡土和挡水围堰结构物，施工工艺简便，技术稳妥可靠，无需特殊专业设备，并可做成补偿性基础，避免过大沉降，保证基础稳定性。因此在深基础或地下结构中应用较为广泛，如桥梁墩台基础，地下泵房、水池、油库、矿用竖井，大型设备基础，高层和超高层建筑物基础等。

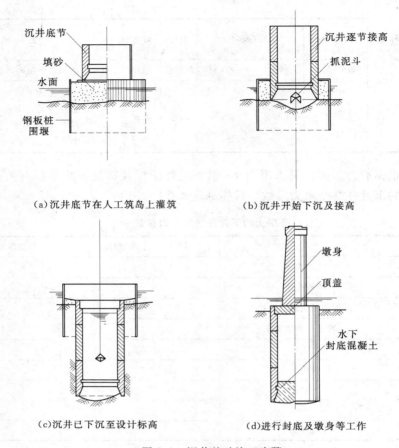

（a）沉井底节在人工筑岛上灌筑　　　　（b）沉井开始下沉及接高

（c）沉井已下沉至设计标高　　　　　（d）进行封底及墩身等工作

图 8.1　沉井基础施工步骤

　　沉井最适合在不太透水的土层中下沉，其易于控制沉井下沉方向，避免倾斜。通常在下列情况可考虑采用沉井基础：①上部荷载较大，表层地基土承载力不足，而在一定深度下有较好的持力层，且与其他基础方案相比较为经济合理；②在山区河流中，虽土质较好，但冲刷大，或河中有较大卵石不便桩基础施工；③岩层表面较平坦且覆盖层薄，但河水较深，采用扩大基础施工围堰有困难。

　　沉井基础的优点为①埋置深度可以很大，整体性强、稳定性好，有较大的承载面积，能承受较大的垂直荷载和水平荷载；②沉井既是基础，又是施工时的挡土和挡水结构物，下沉过程中无需设置坑壁支撑或板桩围壁，简化了施工；③沉井施工时对邻近建筑物影响较小。其缺点为①施工期较长；②施工技术要求高；③施工中易发生流沙造成沉井倾斜或下沉困难等。

8.1.2　沉井分类

（1）按施工的位置不同，沉井可分为一般沉井和浮运沉井。

　　一般沉井指直接在基础设计的位置上制造，然后挖土，依靠沉井自重下沉，若基础位于水中，则先人工筑岛，再在岛上筑井下沉。

浮运沉井指先在岸边制造，再浮运就位下沉的沉井。通常在深水地区（如水深大于10m），或水流流速大，有通航要求，人工筑岛困难或不经济时，可采用浮运沉井。浮运沉井多为钢壳井壁，亦有空腔钢丝网水泥薄壁沉井。在岸边先用钢料做成可以漂浮在水上的底节，拖运到设计的位置后在它的上面逐节接高钢壁，并灌水下沉，直到沉井稳定地落在河床上为止。然后在井内一面用各种机械的方法排除底部的土壤，一面在钢壁的隔舱中填充混凝土，使沉井刃脚沉至设计标高。最后灌筑水下封底混凝土，抽水并用混凝土填充井腔，在沉井顶面灌筑承台及上部建筑物。

　　（2）按制造沉井的材料可分为混凝土沉井、钢筋混凝土沉井和钢沉井等。混凝土沉井因抗压强度高，抗拉强度低，多做成圆形，且仅适用于下沉深度不大（4～7m）的松软土层。钢筋混凝土沉井抗压抗拉强度高，下沉深度大（可达数十米以上），可做成重型或薄壁就地制造下沉的沉井，也可做成薄壁浮运沉井及钢丝网水泥沉井等，在工程中应用最广。钢沉井由钢材制作，其强度高、重量轻、易于拼装、适于制造空心浮运沉井，但用钢量大，成本较高。

　　（3）按沉井的平面形状可分为圆形、矩形、圆端形和尖端沉井等几种基本类型，根据井孔的布置方式，又可分为单孔、双孔及多孔沉井，如图 8.2 所示。

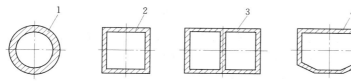

图 8.2　沉井的平面形状
1—圆形沉井；2—矩形沉井；3—双孔沉井；4—圆端形沉井；5—多孔沉井

　　圆形沉井在下沉过程中垂直度和中线较易控制；当采用抓泥斗挖土时，比其他沉井更能保证其刃脚均匀地支承在土层上；在土压力作用下，井壁只受轴向压力，即使侧压力分布不均匀，弯曲应力也不大，能充分利用混凝土抗压强度大的特点。

　　矩形沉井制造方便，基础受力有利，能更好地利用地基承载力。但四角处有较集中的应力存在，且四角处土不易被挖除，井角不能均匀的接触承载土层，因此四角一般应做成圆角或钝角；矩形沉井在侧压力作用下，井壁受较大的挠曲力矩，长宽比愈大其挠曲应力愈大，通常要在沉井内设隔墙支撑，以增加刚度，改善受力条件；另在流水中阻水系数较大，导致过大的冲刷。

　　圆端沉井或尖端沉井的控制下沉、受力条件、阻水冲刷均较矩形者有利，但施工较为复杂。

　　对平面尺寸较大的沉井，可在沉井中设隔墙，使沉井由单孔变成双孔。双孔或多孔沉井受力有利，亦便于在井孔内均衡挖土使沉井均匀下沉以及下沉过程中的纠偏。

　　（4）按沉井的立面形状可分为柱形、阶梯形和锥形沉井，如图 8.3 所示。柱形沉井受周围土体约束较均衡，下沉过程中不易发生倾斜，井壁接长较简单，模板可重复利用，但井壁侧阻力较大，当土体密实，下沉深度较大时，易出现下部悬空，造成井壁拉裂，故一般用于入土不深或土质较松软的情况。阶梯形沉井和锥形沉井可以减小土与井壁的摩阻力，井壁抗侧压力性能较为合理，但施工较复杂，消耗模板多，沉井下沉过程中易发生倾斜。多用于土质较密实，沉井下沉深度大，且要求沉井自重不太大的情况。通常锥形沉井井壁坡度为 1/20～1/40，阶梯形井壁的台阶宽为 100～200mm。

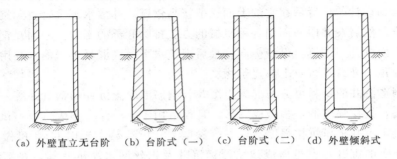

（a）外壁直立无台阶　（b）台阶式（一）　（c）台阶式（二）　（d）外壁倾斜式

图 8.3　沉井竖直剖面形式

8.1.3　沉井构造

1. 沉井的轮廓尺寸

沉井平面形状应当根据其上部建筑物或墩台底部的平面形状决定。对于矩形沉井，为保证下沉的稳定性，沉井的长短边之比不宜大于 3。若结构物的长宽比较为接近，可采用方形或圆形沉井。沉井顶面尺寸为结构物底部尺寸加襟边宽度。襟边宽度不宜小于 0.2m，且大于沉井全高的 1/50，浮运沉井不小于 0.4m，如沉井顶面需设置围堰，其襟边宽度根据围堰构造还需加大。结构物边缘应尽可能支承于井壁上或顶板支承面上，对井孔内不以混凝土填实的空心沉井不允许结构物边缘全部置于井孔位置上。

沉井的入土深度须根据上部结构、水文地质条件及各土层的承载力等确定。入土深度较大的沉井应分节制造和下沉，每节高度不宜大于 5m；当底节沉井在松软土层中下沉时，还不应大于沉井宽度的 0.8 倍。若底节沉井高度过高，沉井过重，将给制模、筑岛时岛面处理、抽除垫木下沉等带来困难。

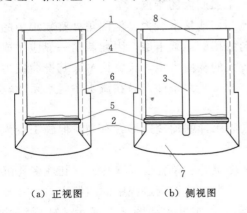

（a）正视图　　　（b）侧视图

图 8.4　沉井的一般构造

1—井壁；2—刃脚；3—隔墙；4—井孔；5—凹槽；
6—射水管组；7—封底混凝土；8—顶板

2. 沉井的一般构造

沉井一般由井壁、刃脚、隔墙、井孔、凹槽、封底和顶板等组成有时井壁中还预埋射水管等其他部分，如图 8.4 所示。

（1）井壁：井壁是沉井的主体部分，在沉井下沉过程中起挡土、挡水及利用本身重量克服土与井壁之间的摩阻力的作用。当沉井施工完毕后，它就成为基础或基础的一部分而将上部荷载传到地基。因此，井壁必须具有足够的强度和一定的厚度。根据井壁在施工中的受力情况，可以在井壁内配置竖向及水平向钢筋，以增加井壁强度。井壁厚度按下沉需要的自重、本身强度以及便于取土和清基等因素而定，一般为 0.8～1.5m，钢筋混凝土薄壁沉井可不受此限制。另为减少沉井下井时的摩阻力，沉井壁外侧也可做成 1‰～2‰向内斜坡。为了方便沉井接高，多数沉井都做成阶梯形，台阶设在每节沉井的接缝处，错台的宽度为 5～20cm，井壁厚度多为 0.7～1.5m。

（2）刃脚：井壁下端形如楔状的部分称为刃脚。其作用是在沉井自重作用下易于切土下沉。刃脚是根据所穿过土层的密实程度和单位长度上土作用反力的大小，以切入土中而不受损坏来选择的。刃脚踏面宽度一般采用 10～20cm，刃脚的斜坡度 α 应大于或等于 45°；刃脚的高度为 0.7～2.0m，视其井壁厚度而定，混凝土强度等级宜大于C20。沉井下沉深度较深，需要穿过坚硬土层或到岩层时，可用型钢制成的钢刃尖刃脚，如图 8.5（a）所示；沉井通过紧密土层时可采用钢筋加固并包以角钢的刃脚，如图 8.5（b）所示。

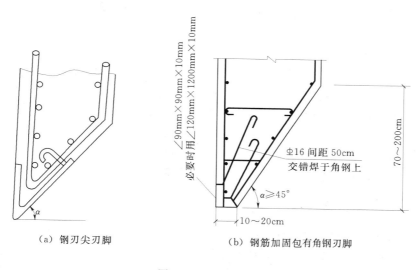

（a）钢刃尖刃脚　　　　（b）钢筋加固包有角钢刃脚

图 8.5　刃脚构造图

（3）隔墙：沉井隔墙是沉井外壁的支撑，其作用是将沉井空腔分隔成多个井孔，便于控制挖土下沉，防止或纠正倾斜和偏移，并加强沉井刚度，减小井壁挠曲应力。隔墙厚度一般小于井壁，0.5～1.0m。隔墙底面应高出刃脚底面 0.5m 以上，避免被土搁住而妨碍下沉。如为人工挖土，还应在隔墙下端设置过人孔，以便工作人员井孔间往来。

（4）井孔：为挖土排土的工作场所和通道。其尺寸应满足施工要求，最小边长不宜小于 3m。井孔应对称布置，以便对称挖土，保证沉井均匀下沉。

（5）凹槽：凹槽是为增加封底混凝土和沉井壁更好地联结而设立的，位于刃脚内侧上方，使封底混凝土底面反力更好地传给井壁。凹槽深度一般为 150～300mm，高约 1.0m。

（6）射水管：射水管是用来助沉的，多设在井壁内或外侧处。当沉井下沉较深，土阻力较大，估计下沉困难时，可在井壁中预埋射水管组。射水管应均匀布置，以利于控制水压和水量来调整下沉方向。射水压力视土质而定，一般水压不小于 600kPa。射水管口径为 10～12mm，每管的排水量不小于 0.2m³/min。如使用泥浆润滑套施工方法，应有预埋的压射泥浆管路。

（7）封底：沉井沉至设计标高进行清基后，便在刃脚踏面以上至凹槽处浇筑混凝土形成封底。封底可防止地下水涌入井内，其底面承受地基土和水的反力。封底混凝土顶面应高出凹槽 0.5m，其厚度可由应力验算决定，根据经验也可取不小于井孔最小边长的 1.5 倍。

（8）顶板：沉井封底后，若条件允许，为减轻基础自重，在井孔内可不填充任何东西，做成空心沉井基础，或仅填以砂石，此时须在井顶设置钢筋混凝土顶板，以承托上部结构的全部荷载。顶板厚度一般为 1.5～2.0m，钢筋布设应按结构计算要求的条件进行。

任务 8.2　沉 井 施 工 准 备

8.2.1　施工方案制定

沉井工程是地下工程，地质资料十分重要。每个沉井一般都应有 1 个地质勘探孔，钻孔设在井外，距外井壁距离宜大于 2m。要充分探明沉井地点的地层构造、各层土体的力学指标、摩阻力、地下水、地下障碍物等情况。施工前应在全面研究下述资料的基础上，编制施工组织设计，制定安全技术措施。

（1）沉井（或沉井群）的布置图、结构设计图及设计说明。

（2）布置沉井地段的地形、工程地质及水文地质资料。

（3）施工河段的水文资料。

（4）工程总进度对沉井工期的要求。

（5）可提供的设备和人力条件状况。

施工方案是指导沉井施工的核心技术文件，要根据沉井结构特点、地质水文条件、已有的施工设备和过去的施工经验，经过详细的技术、经济比较，编制出技术上先进、经济上合理的切实可行的施工方案。在方案中要重点解决沉井制作、下沉、封底等技术措施及保证质量的技术措施，对可能遇到的问题和解决措施要做到心中有数。

沉井位于浅水或可能被水淹没的岸滩上时，宜就地筑岛制作沉井；在制作及下沉过程中无被水淹没可能的岸滩上时，可就地整平夯实制作沉井；在地下水位较低的岸滩，若土质较好时，可开挖基坑制作沉井。位于深水中的沉井，可采用浮运沉井。根据河岸地形、设备条件，进行技术经济比较，确定沉井结构、场地制作及下水方案。

沉井施工前，应详细了解场地的地质和水文等条件，并据此进行分析研究，确定切实可行的下沉方案。水利水电工程大型沉井多位于湍急河段岸坡，其井筒加工预制好以后，无法采用浮运就位的方法，而多采用旱地现场制作，然后下沉的方法施工。这种施工方法是在地下水位线以上的旱地上修建始沉平台，在平台上布置施工临时设施，就地制作井筒。

沉井下沉前，须对附近地区构、建筑物和施工设备采取有效的防护措施，并在下沉过程中，经常进行沉降观测。出现不正常变化或危险情况，应立即进行加固支撑等，确保安全，避免事故。

沉井施工前，应对洪汛、河床冲刷、通航及漂流物等做好调查研究，需要在施工中度汛的沉井，应制定必要的措施，确保安全。

选定下沉方式要根据地下水、地层渗透系数、地质条件以及工期、造价等综合分析确定。对井内渗水能够采取措施排除，渣中卵砾石颗粒较大且有大弧石，或需要在岩石中下沉的沉井施工，宜采用抽水吊碴下沉法。对渗水量太大，可能有大量流沙涌入井内，砾石颗粒较小，大弧石少的沉井，可采用水下机械出渣法。如水工沉井一般处在河床深覆盖层上，通常砾石颗粒较大，或夹有大量漂卵石和弧石，或要求建基在坚硬的基岩上，如采用水下机械出渣法，工作量大，工期较长，因此宜采用抽水吊渣法施工。

8.2.2　场地准备

在干地上施工若天然地面土质较好，只需清除杂物并平整，再铺上 0.3～0.5m 厚的砂垫层即可；若土质松软，应平整夯实或换土夯实，然后再铺 0.3～0.5m 的砂垫层。若场地位于中等水深或浅水区，应根据水深和流速的大小来选择采用土岛或围堰筑岛。

1. 土岛

当水深在 2m 以内且流速小于 0.5m/s 时，可用不设防护的土岛，如图 8.6（a）所示；当水深超过 2～3m 且流速在 0.5～1m/s 间时，可用柴排或砂袋等将坡面加以围护，如图 8.6（b）所示。筑岛用易于压实且透水性强的土料如砂土或砾石等，不得用黏土、淤泥、泥炭或黄土类。土岛的承载力一般不得小于 10kPa，或按设计要求确定。岛顶一般应高出施工最高水位（加风浪高）0.5m 以上，有流水时还应适当加高；岛面护道宽度应大于 2.0m；临水面坡度一般可采用 1:1.75～1:3。

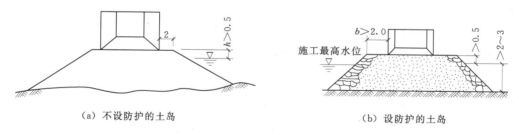

（a）不设防护的土岛　　　　　　　（b）设防护的土岛

图 8.6　土岛沉井（单位：m）

2. 围堰筑岛

当水深在 2～5m 时，可用围堰筑岛，以减少挡水面积和水流对坡面的冲刷，如图 8.7 所示。围堰筑岛所用材料应为透水性好且易于压实的砂土或粒径较小的卵石等。用砂筑岛时，要设反滤层，围堰四周应留护道，宽度可按式（8.1）计算：

$$b \geqslant H\tan(45° - \varphi/2) \tag{8.1}$$

式中　H——筑岛高度；

　　　φ——筑岛土在饱水时的内摩擦角。

8.2.3　施工机具及材料准备

（1）施工前，应对施工区域进行清理，拆迁各种障碍物；应对井区场地进行平整碾压，平整范围按沉井平面尺寸周边扩大 2～4m 确定，碾压后的地面承载能力应达到设计

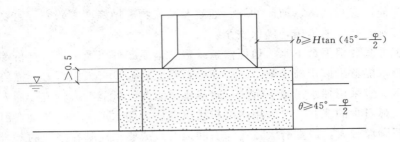

图 8.7 围堰筑岛

要求。如首节沉井高度为 $5\sim7m$，垫木的最大平均承压应力不大于 $0.15MPa$，则要求地基承载力为 $0.3MPa$ 以上。

（2）挖掘机具：土层或砂砾石层可以采用人工挖掘，大型沉井也可以采用小型装载机或抓斗挖掘。岩石层应采用手风钻钻炮眼爆破，人工或小型机械挖装。装渣吊斗可用钢板焊制，吊斗的容积应与起吊设备的能力相适应，斗底设置底开活门。

（3）起吊及运输机械：起吊机械应根据整个工程起吊的要求，选择中、小型起重机，以满足出渣、吊运模板、钢筋、水泵等的需要。水平运输机械宜以汽车为主。

（4）其他配套机械有电焊机、水泵、通风机、推土机、混凝土拌和机、混凝土罐、振捣器等。应建立或完善风、水、电、路和通信系统，混凝土供应系统，场内排水系统，钢结构加工场地，井内垂直运输设施、弃渣场地以及安全措施等。风、水、电及通信设施若无配套系统可利用，则应自建系统，配置空压机、柴油发电机组、水泵和相应的管线网路等。

（5）主要施工材料：木材主要用于模板和底节垫木；钢筋的规格数量按结构设计而定，一般多采用 Ⅱ 级钢筋，直径为 $14\sim28mm$；型钢、模板及其支撑钢管；混凝土用水泥、砂石骨料等。

8.2.4 布设测量控制网

事先要设置测量控制网和水准基点，作为定位放线、沉井制作和下沉的依据。如附近存在建（构）筑物等，要设沉降观测点，以便沉井施工时定期进行沉降观测。

任务 8.3 沉 井 制 作

8.3.1 井筒施工程序

井筒施工程序如下：

（1）准备工作，搬迁、平场、碾压、施工机械安装、布设临时设施。

（2）铺砂砾石层及摆平垫木。

（3）刃脚制作安装。

（4）底节沉井制作。

（5）底节沉井混凝土浇筑、养护至规定强度。

（6）支撑桁架及模板拆除。

（7）抽除垫木或拆砖座。

8.3.2　刃脚支设

沉井下部为刃脚，其支设方式取决于沉井重量、施工荷载和地基承载力。常用的方法有垫架法、砖砌垫座和土模。

在软弱地基上浇筑较重、较大的沉井，常用垫架法 [图 8.8（a）]。垫架的作用是将上部沉井重量均匀传给地基，使沉井井身浇筑过程中不会产生过大的不均匀沉降，而使刃脚和井身产生裂缝而破坏；使井身保持垂直；便于拆除模板和支撑。采用垫架法施工时，应计算井身一次浇筑高度，使其不超过地基承载力，其下砂垫层厚度亦需计算确定。直径（或边长）不超过 8m 的较小的沉井，土质较好时可采用砖垫座 [图 8.8（b）]，砖座的水平抗力应大于刃脚斜面对其产生的水平推力，方可稳定。砖垫座沿周长分成 6～8 段，中间留 20mm 空隙，以便拆除，砖垫座内壁用水泥砂浆抹面。对重量轻的小型沉井，土质较好时，可选用砂垫、灰土垫或直接在地层上挖槽作成土模 [图 8.8（c）]，土模表面及刃脚底面的地面上，均应铺筑一层 2～3cm 水泥砂浆，砂垫层表面涂隔离剂。

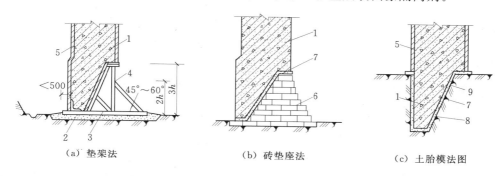

（a）垫架法　　　　　　　　（b）砖垫座法　　　　　　　（c）土胎模法图

图 8.8　沉井刃脚支设

1—刃脚；2—砂垫层；3—枕木；4—垫架；5—模板；6—砖垫座；
7—水泥砂浆抹面；8—刷隔离层；9—土胎模

刃脚支设用得较多的是垫架法。采用垫架法时，先在刃脚处铺设砂垫层，再在其上铺枕木和垫架，枕木常用断面 16cm×22cm。枕木应使顶面在同一水平面上，用水准仪找平，高差宜不超过 10mm，在枕木间用砂填实，枕心中心应与刃脚中心线重合。为了便于抽除，垫木应按"内外对称，间隔伸出"的原则布置，如图 8.9 所示，垫木之间的空隙也应以砂填满捣实。

垫架数量根据第一节沉井的重量和地基（或砂垫层）的容许承载力计算确定，间距一般为 0.5～1.0m。垫架应对称，一般先设 8 组定位垫架，每组由 2～3 个垫架组成。矩形沉井多设 4 组定位垫架，其位置在距长边两端 0.15L 处（L 为长边边长），在其中间支设一般垫架，垫架应垂直井壁。圆形沉井垫架应沿刃脚圆弧对准圆心铺设。在枕木上支设刃脚和井壁模板。如地基承载力较低，经计算垫架需要量较多时，应在枕木下设砂垫层，将沉井重量扩散到更大面积上。

8.3.3　井壁制作

沉井制作可在修建构筑物的地面上进行，亦可在基坑中进行，如在水中施工还可在人

253

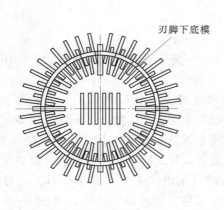

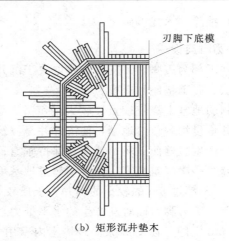

（a）圆形沉井垫木　　　　　　　　　（b）矩形沉井垫木

图 8.9　沉井垫木

工筑岛上进行。应用较多的是在基坑中制作。

　　沉井施工有下列几种方式：一次制作、一次下沉；分节制作、一次下沉；分节制作、分节下沉。如沉井过高，下沉时易倾斜，宜分节制作、分节下沉。沉井分节制作的高度，应保证其稳定性并能使其顺利下沉。采用分节制作、一次下沉时，制作高度不宜大于沉井短边或直径，总高度超过 12m 时，需有可靠的计算依据和采取确保稳定的措施。

　　分节下沉的沉井接高前，应进行稳定性计算，如不符合要求，可根据计算结果采取井内留土、填砂（土）、灌水等稳定措施。

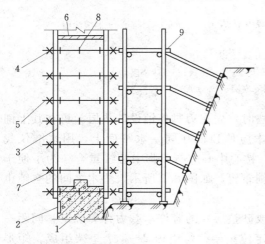

图 8.10　沉井井壁钢模板支设
1—下一节沉井；2—预埋悬挑钢脚手铁件；3—组合式定型钢模板；4—2 [8钢楞；5—对立螺栓；6——100×3 止水片；7—木垫块；8—顶撑木；9—钢管脚手架

　　井壁模板可用组合式定型模板（图 8.10），高度大的沉井亦可用滑模浇筑。沉井井筒外壁要求平整、光滑、垂直，严禁外倾（上口大于下口）。分节制作时，水平接缝需做成凸凹型，以利防水。如沉井内有隔墙，隔墙底面比刃脚高，与井壁同时浇筑时需在隔墙下立排架或用砂堤支设隔墙底模。隔墙、横梁底面与刃脚底面的距离以 500mm 左右为宜。

　　经过检查确认内模符合设计要求后，才能进行钢筋安装。钢筋先在厂内加工，现场手工绑扎。在起重机械允许的条件下钢筋也可在场外绑扎，现场整体吊装。刃脚钢筋布置较密，可予先将刃脚纵向钢筋焊至定长，然后放入刃脚内连接。主筋要预留焊接长度，以便和上一节沉井的钢筋连接。

　　沉井内的各种埋件，如灌浆管、排水管以及为固定风、水、电管线、爬梯等的埋件，均应在每节钢筋施工时按照设计位置预埋。

模板、钢筋、埋件等在安装过程中和安装完成以后，必须经过严格检验，合格后方能进行混凝土浇筑。浇筑可用塔式起重机或履带式起重机吊运混凝土吊斗，沿沉井周围均匀、分层浇筑；亦可用混凝土泵车分层浇筑，每层厚不超过300mm，并按规定距离布设下料溜筒，一般5～6m布置一套溜筒，混凝土通过溜筒均匀铺料。为避免不均匀沉陷和模板变形，四周混凝土面的高差不得大于一层铺筑厚度（约40cm）。底节井筒混凝土强度应较其他节提高一级（一般不低于C20）。刃角处不宜使用大于二级配的混凝土。

沉井混凝土浇筑宜对称、均匀地分层浇筑，避免造成不均匀沉降使沉井倾斜。每节沉井应一次连续浇筑完成，下节沉井的混凝土强度达到70%后才允许浇筑上节沉井的混凝土。

一节井筒应一次连续浇完，如因故不能浇完时，水平施工缝要进行可靠处理。混凝土浇筑完毕后，应立即遮盖养护。浇水养护时保持混凝土表面湿润即可，防止多余水流冲刷垫层，引起土体流失、坍陷，致使沉井混凝土开裂。

井筒内外模板拆除时间以所浇混凝土的龄期控制，拆模应按照井壁内外侧模板、隔墙下支撑、隔墙底模、刃脚下支撑、刃脚斜面模板的先后顺序进行。

任务8.4 沉 井 下 沉

沉井由地表沉至设计深度，主要取决于三个因素：一是井筒要有足够自重和刚度，能克服地层摩阻力而下沉；二是井筒内部被围入的地层要挖除，使井筒仅受外侧压力和下沉的阻力；三是从设计和施工方面采取措施确保井筒按要求顺利下沉。下沉过程也是问题最集中的时段，必须精心组织，精心施工。

8.4.1 下沉验算

沉井下沉，其自重必须克服井壁与土间的摩阻力和刃脚、隔墙、横梁下的反力，采取不排水下沉时尚需克服水的浮力。因此，为使沉井能顺利下沉，需验算沉井自重是否满足下沉的要求，这可用下沉系数 K 表示。下沉系数（图8.11）按式（8.2）计算：

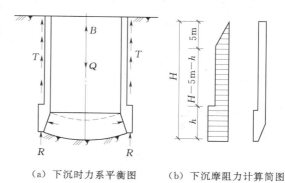

(a) 下沉时力系平衡图　　（b) 下沉摩阻力计算简图

图8.11　沉井下沉系数计算简图

$$k_0 = G/R \tag{8.2}$$

式中　G——井体自重，不排水下沉者扣除浮力；

　　　R——井壁总摩阻力，井壁摩阻力可参考表8.3；

　　　k_0——下沉系数，宜为1.15～1.25，位于淤泥质土中的沉井取小值，位于其他土层的取大值。

表8.3 井 壁 摩 阻 力

土的种类	井壁摩阻力/（kN/m²）	土的种类	井壁摩阻力/（kN/m²）
流塑状黏性土	10～15	粉砂和粉性土	15～25
软塑及可塑状黏性土	12～25	砂卵石	18～30
硬塑黏性土、粉土	25～50	砂砾石	15～20

沉井外壁摩阻力的确定应考虑下列情况：

（1）采用泥浆助沉时，单位摩阻力取 3～5kPa。

（2）当井壁外侧为阶梯形并采用灌砂助沉时，灌砂段的单位摩阻力可取 7～10kPa。

（3）外壁的摩阻力分布，如图 8.11 所示，在 0～5m 深度内，单位面积的摩阻力从零按直线增加，大于 5m 为常数。

当下沉系数较大，或在软弱土层中下沉，沉井有可能发生突沉时，除在挖土时采取措施外，宜在沉井中加设或利用已有的隔墙或横梁等作防止突沉的措施，并验算下沉稳定性。

当下沉系数不能满足要求时，可在基坑中制作，减少下沉深度；或在井壁顶部堆放钢、铁、砂石等材料以增加附加荷重；或在井壁与土壁间注入触变泥浆，以减少下沉摩阻力等措施。

8.4.2 垫架、排架拆除

大型沉井应待混凝土达到设计强度的 100％时方可拆除垫架（枕木、砖垫座），拆除时应分组、依次、对称、同步地进行。

抽除次序是：拆内模→拆外模→拆隔墙下支撑和底模→拆隔墙下的垫木→拆井壁下的垫木，最后拆除定位垫木。在抽垫木时，应边抽边在刃脚和隔墙下回填砂并捣实，使沉井压力从支承垫木上逐步转移到砂土上，这样既可使下一步抽垫容易，还可以减少沉井的挠曲应力。抽除时应加强观测，注意沉井下沉是否均匀。隔墙下排架拆除后的空穴部分用草袋装砂回填。

8.4.3 井壁孔洞处理

沉井壁上有时留有与地下通道、地沟、进水口、管道等连接的孔洞。为了避免沉井下沉时地下水和泥土涌入，也为了避免沉井各处重量不均，使重心偏移，易造成沉井下沉时倾斜，所以在下沉前必须进行处理。

对较大孔洞，制作时可在洞口预埋钢框、螺栓，用钢板、方木封闭，中填与空洞混凝土重量相等的砂石或铁块配重（图 8.12）。对进水窗则采取一次做好，内侧用钢板封闭。沉井封底后拆除封闭钢板、挡木等。

8.4.4 沉井下沉施工

沉井下沉有排水下沉和不排水下沉两种方案。一般应采用排水下沉，当土质条件较差，可能发生涌土、涌砂、冒水或沉井产生位移、倾斜及终沉阶段有超沉可能时，才向沉井内灌水，采用不排水下沉。

1. 排水挖土下沉

（1）排水方法。

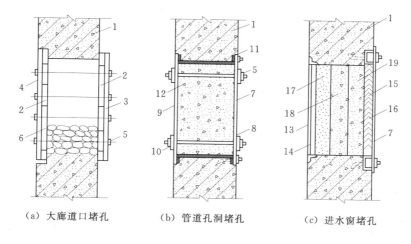

（a）大廊道口堵孔　　　（b）管道孔洞堵孔　　　（c）进水窗堵孔

图 8.12　沉井井壁堵孔构造

1—沉井井壁；2—50mm 厚木板；3—枕木；4—槽钢内夹枕木；5—螺栓；6—配重；7—10mm
厚钢板；8—槽钢；9—100mm×100mm 方木；10—50mm×100mm 方木；11—橡皮垫；
12—砂砾；13—钢筋算子；14—5mm 孔钢丝网；15—钢百叶窗；16—15mm 孔钢丝网；
17—砂；18—5～10mm 粒径砂卵石；19—15～60mm 粒径卵石

1）明沟、集水井排水：在沉井内离刃脚 2～3m 挖一圈排水明沟，设 3～4 个集水井，深度比地下水深 1～1.5m。沟和井底深度随沉井挖土而不断加深，在井内或井壁上设水泵，将地下水排出井外。为了不影响井内挖土操作和避免经常搬动水泵，一般采取在井壁上预埋铁件，焊钢操作平台安设水泵，或设木吊架安设水泵，用草垫或橡皮承垫，避免振动（图 8.13）。如果井内渗水量很少，则可直接在井内设高扬程潜水泵将地下水排出井外。

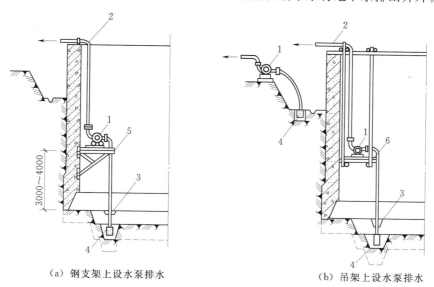

（a）钢支架上设水泵排水　　　　　（b）吊架上设水泵排水

图 8.13　明沟排水方法

1—水泵；2—胶管；3—排水沟；4—集水井；5—钢支架；6—吊架

2）井点降水：当地质条件较差，有流沙发生的情况时，可在沉井外部周围设置轻型井点、喷射井点或深井井点以降低地下水位［图 8.14（a）和（b）］，使井内保持干土开挖。

3）井点与明沟排水相结合的方法：在沉井外部周围设井点截水；部分潜水，在沉井内再辅以明沟、集水井用泵排水［图 8.14（c）］。

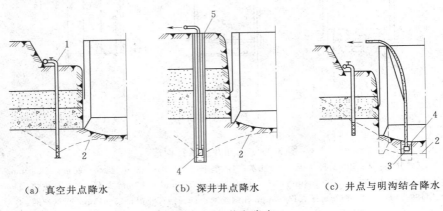

（a）真空井点降水　　　　（b）深井井点降水　　　　（c）井点与明沟结合降水

图 8.14　井点降水

1—真空井点；2—降低后的水位线；3—明沟；4—潜水泵；5—深井井点

（2）排水下沉。排水下沉挖土常用的方法有：人工或用风动工具挖土；在沉井内用小型反铲挖土机挖土；在地面用抓斗挖土机挖土。

挖土应分层、均匀、对称地进行，使沉井能均匀竖直下沉。有底架、隔墙分格的沉井，各孔挖土面高差不宜超过 1m。如下沉系数较大，一般先挖中间部分，沿沉井刃脚周围保留土堤，使沉井挤土下沉；如下沉系数较小，应事先根据情况分别采用泥浆润滑套、空气幕或其他减阻措施，使沉井连续下沉，避免长时间停歇。井孔中间宜保留适当高度的土体，不得将中间部分开挖过深。

对普通土层从沉井中间开始逐渐挖向四周，每层挖土厚 0.4～0.5m，沿刃脚周围保留 0.5～1.5m 土堤，然后再沿沉井壁，每 2～3m 一段向刃脚方向逐层全面、对称、均匀地削薄土层，每次削 5～10cm。当土层经不住刃脚的挤压而破裂，沉井便在自重作用下均匀垂直挤土下沉（图 8.15），使不产生过大倾斜。如下沉很少或不下沉，可再从中间向下挖 0.4～0.5m，并继续向四周均匀掏挖，使沉井平稳下沉。沉井下沉过程中，如井壁外侧土体发生塌陷，应及时采取回填措施，以减少下沉时四周土体开裂、塌陷对周围环境的影响。

沉井下沉过程中，每 8h 至少测量 2 次。当下沉速度较快时，应加强观测，如发现偏斜、位移时，应及时纠正。

2. 不排水下沉挖土

不排水下沉方法有用抓斗在水中取土；用水力冲射器冲刷土；用空气吸泥机吸泥土；用水中吸泥机吸水中泥土等。一般采用抓斗、水力吸泥机或水力冲射空气吸泥等方法在水下挖土。

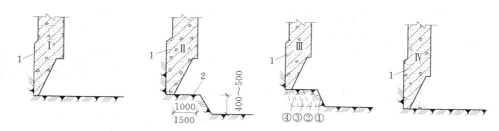

图 8.15　普通土层中开挖下沉方法
1—沉井刃脚；2—土堤；①、②、③、④—削坡次序

（1）抓斗挖土：用吊车吊抓斗挖掘井底中央部分的土，使之形成锅底。在砾石类土或砂中，一般当锅底比刃脚低 1～1.5m 时，沉井即可靠自重下沉，而将刃脚下土挤向中央锅底，再从井孔中继续抓土，沉井即可继续下沉。在黏质土或紧密土中，刃脚下土不易向中央坍落，则应配以射水管冲土 [图 8.16（a）]。沉井由多个井孔组成时，每个井孔宜配备一台抓斗。如用一台抓斗抓土时，应对称逐孔轮流进行，使其均匀下沉，各井孔内土面高差不宜大于 0.5m。

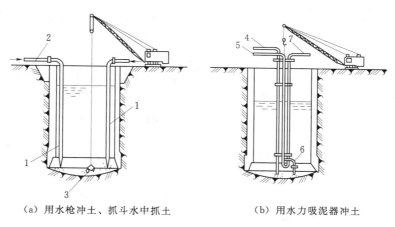

（a）用水枪冲土、抓斗水中抓土　　　　　（b）用水力吸泥器冲土

图 8.16　用水枪和水力吸泥器水中冲土
1—水枪；2—胶管；3—多瓣抓斗；4—供水管；5—冲刷管；6—排泥管；7—水力吸泥导管

（2）水力机械冲土：用高压水泵将高压水流通过进水管分别送进沉井内的高压水枪和水力吸泥机，利用高压水枪射出的高压水流冲刷土层，使其形成一定稠度的泥浆。泥浆汇流至集泥坑，然后用水力吸泥机或空气吸泥机将泥浆吸出，从排泥管排出井外 [图 8.16（b）]。

冲土顺序为先中央后四周，并沿刃脚留出土台，最后对称分层冲挖。尽量保持沉井受力均匀，不得冲空刃脚踏面下的土层。冲黏性土时，宜使喷嘴接近 90°的角度冲刷立面，将立面底部冲刷成缺口使之坍落。施工时，应使高压水枪冲入井底，所造成的泥浆量和渗入的水量与水力吸泥机吸入的泥浆量保持平衡。

水力机械冲土的主要设备包括水力吸泥机或空气吸泥机、吸泥管、扬泥管和高压水管、离心式高压水泵、空气吸泥时用空气压缩机等。水力吸泥机冲土主要适用于粉质黏土、粉土、粉细砂土。使用时不受水深限制，但其出土效率则随水压、水量的增加而提高，必要时应向沉井内注水，以加高井内水位。在淤泥或浮土中使用水力吸泥时，应保持沉井内水位高出井外水位 1～2m。

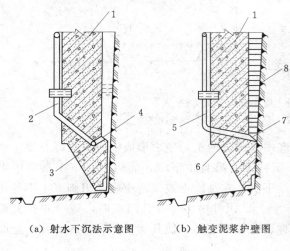

（a）射水下沉法示意图　　（b）触变泥浆护壁图

图 8.17　辅助下沉方法

1—沉井壁；2—高压水管；3—环形水管；4—出口；5—压浆管；6—橡胶皮一圈；7—压浆孔；8—触变泥浆护壁

（3）沉井的辅助下沉。常用的辅助下沉方法有射水下沉法和触变泥浆护壁下沉法等。

1）射水下沉法：用预先安设在沉井外壁的水枪，借助高压水冲刷土层，使沉井下沉。冲刷管的出水口径为 10～12mm，每一管的喷水量不得小于 $0.2m^3/s$。在砂土中，当冲刷深度在 8m 以下时，射水水压需要 0.4～0.6MPa；在砂砾石层中，冲刷深度在 10～12m 以下时，射水水压需要 0.6～1.2MPa；在砂卵石层中，冲刷深度在 10～12m 时，则射水水压需要 8～20MPa；黏土中下沉不适用于此法。射水下沉法示意图如图 8.17（a）所示。

2）触变泥浆护壁下沉法：沉井外壁制成宽度为 10～20cm 的台阶作为泥浆槽。泥浆用泥浆泵、砂浆泵或气压罐通过预埋在井壁体内或设在井内的垂直压浆管压入［图 8.17（b）］，使外井壁泥浆槽内充满触变泥浆，其液面接近于自然地面。触变泥浆是以 20% 膨润土及 5% 石碱（碳酸钠）加水调制而

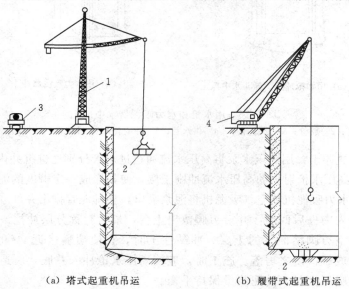

（a）塔式起重机吊运　　　　　（b）履带式起重机吊运

图 8.18　用塔式或履带式起重机吊运土方

1—塔式起重机；2—吊斗；3—运输汽车；4—履带式起重机

成。为了防止漏浆，在刃脚台阶上宜钉一层 2mm 厚的橡胶皮，同时在挖土时注意不使刃脚底部脱空。在泥浆泵房内要储备一定数量的泥浆，以便下沉时不断补浆。在沉井下沉到设计标高后，将水泥浆、水泥砂浆或其他材料从泥浆套底部压入，使泥浆被压进的材料挤出。水泥浆、水泥砂浆等凝固后，沉井即可稳定。

膨润土分散在水中，其片状颗粒表面带负电荷，端头带正电荷。如膨润土的含量足够多，则颗粒之间的电键使分散系形成一种机械结构，膨润土水溶液呈固体状态，一经触动（摇晃、搅拌、振动或通过超声波、电流）、颗粒之间的电键即遭到破坏，膨润土水溶液就随之变为流体状态。如果外界因素停止作用，水溶液又变作固体状态。该特性称作触变性，这种水溶液称为触变泥浆。

（4）井内土方运出。通常在沉井边设置塔式起重机或履带式起重机（图 8.18）等，将土装入斗容量 1～2m³ 的吊斗内，用起重机吊出井外，卸入自卸汽车运至弃土处。施工时对于井下操作工人须有安全措施，防止吊斗及土石落下伤人。

任务 8.5　沉井接高及封底

8.5.1　沉井接高

第一节沉井下沉至顶面距地面还剩 1～2m 时，应停止挖土，保持第一节沉井位置正直。第二节沉井高度可与底节相同（5～7m）。为了减少外井壁与周边土石的摩擦力，第二节井筒周边尺寸应缩小 5～10cm。以后的各节井筒周边也应依次缩小 5～10cm。第二节沉井的竖向中轴线应与第一节的重合。凿毛顶面，然后立模均匀对称地浇筑混凝土。

接高沉井的模板，不得直接支承在地面上，防止因地面沉陷而使模板变形；为防止在接高过程中突然下沉或倾斜，必要时应在刃脚处回填或支垫；接高后的各节井筒中心轴线应为一直线。第二节井筒混凝土达到强度要求后，继续开挖下沉。以后再依次循环完成上部各节井筒的制作、下沉。

8.5.2　沉井封底

1. 地基检验和处理

当沉井沉至离规定标高尚差 2m 左右时，须用调平与下沉同时进行的方法使沉井下沉到位，然后进行基底检验。检验内容是地基土质是否和设计相符，是否平整，并对地基进行必要的处理。要保证井底地基尽量平整，浮土及软土清除干净，以保证封底混凝土、沉井及地基底紧密连接。

如果是排水下沉的沉井，可以直接进行检查，不排水下沉的沉井由潜水工进行检查或钻取土样鉴定。地基若为砂土或黏性土，可在其上铺一层砾石或碎石至刃脚底面以上 200mm。地基若为风化岩石，应将风化岩层凿掉，岩层倾斜时应凿成阶梯形。若岩层与刃脚间局部有不大的孔洞，应由潜水工清除软层并用水泥砂浆封堵，待砂浆有一定强度后再抽水清基。不排水情况下，可由潜水工清基或用水枪及吸泥机清基。

2. 封底

当沉井下沉到距设计标高 0.1m 时，应停止井内挖土和抽水，使其靠自重下沉至设计或接近设计标高，再经 2～3d 下沉稳定，或在 8h 内经观测累计下沉量不大于 10mm 时，即可进行沉井封底。封底方法有排水封底和不排水封底两种，宜尽可能采用排水封底。

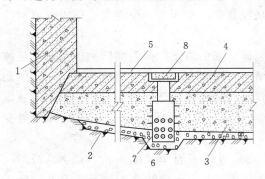

图 8.19　沉井封底
1—沉井；2—卵石盲沟；3—封底混凝土；4—底板；
5—砂浆面层；6—集水井；7—φ600～800mm 带
孔钢或混凝土管，外包尼龙网；8—法兰盘盖

（1）排水封底。排水封底又称干封底，地下水位应低于基底面 0.5m 以下。它是将新老混凝土接触面冲刷干净或打毛，对井底进行修整使之成锅底形，由刃脚向中心挖放射形排水沟，填以卵石作成滤水暗沟，在中部设 2～3 个集水井，深 1～2m，井间用盲沟相互连通，插入 φ600～800mm 四周带孔眼的钢管或混凝土管，外包二层尼龙窗纱，四周填以卵石，使井底的水流汇集在井中，用潜水泵排出（图 8.19）。

封底一般铺一层 150～500mm 厚碎石或卵石层，再在其上浇一层厚约 0.5～1.5m 的混凝土垫层。当垫层达到 50% 设计强度后开始绑扎钢筋，两端应伸入刃脚或凹槽内，浇筑上层底板混凝土。

封底混凝土与老混凝土接触面应冲刷干净，刃脚下应填满并振捣密实，以保证沉井的最后稳定。浇筑应在整个沉井面积上分层、不间断地进行，由四周向中央推进，每层厚 30～50cm，并用振捣器捣实；当井内有隔墙时，应前后左右对称地逐孔浇筑。混凝土采用自然养护，养护期间应继续抽水。待底板混凝土强度达到 70% 并经抗浮验算后，对集

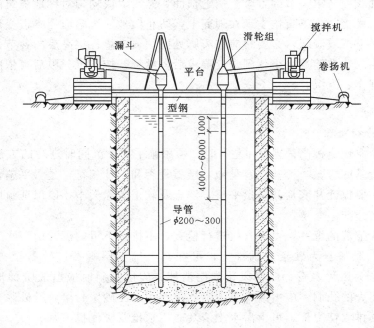

图 8.20　水下封底设备机具示意图

水井逐个停止抽水，逐个封堵。封堵方法是将滤水井中水抽干，在套管内迅速用干硬性的高强度混凝土进行堵塞并捣实，然后上法兰盘用螺栓拧紧或四周焊接封闭，上部用混凝土垫实捣平。

（2）不排水封底。当井底涌水量很大或出现流沙现象时，沉井应在水下进行封底。待沉井基本稳定后，将井底浮泥清除干净，新老混凝土接触面用水枪冲刷干净，并抛毛石，铺碎石垫层。水下混凝土封底可采用导管法浇筑（图 8.20）。若灌注面积大，可用多根导管，按先周围后中间、先低后高的顺序进行灌注，使混凝土保持大致相同的标高。各根导管的有效扩散半径应互相搭接，并能盖满井底全部范围。在灌注过程中，应注意混凝土的堆高和扩展情况，正确地调整坍落度和导管理深，使流动坡度不陡于 1：5。混凝土面的最终灌注高度，应比设计提高 15cm 以上。水下封底设备机具如图 8.20 所示。

待水下封底混凝土达到所需强度后，方可从沉井内抽水，检查封底情况，进行检漏补修，按排水封底方法施工上部钢筋混凝土底板。

任务 8.6　沉井施工难点及处理

8.6.1　井筒裂缝

（1）原因分析：①沉井支设在软硬不均的土层上，未进行加固处理，井筒浇筑混凝土后，地基出现不均匀沉降；②沉井支设垫木（垫架）位置不当，或间距过大，使沉井早期出现过大弯曲应力而造成裂缝；③拆模时垫木（垫架）未按对称、均匀拆除，或拆除过早，强度不够；④沉井筒壁与内隔墙荷载相差悬殊，沉陷不均，产生了由较大的附加弯矩和剪应力所造成的裂缝等。

（2）治理方法：①对表面裂缝，可采用涂两遍环氧胶泥或再加贴环氧玻璃布，以及抹、喷水泥砂浆等方法进行处理；②对缝宽大于 0.1mm 的深进或贯穿性裂缝，应根据裂缝可灌程度采用灌水泥浆或化学浆液（环氧或甲凝浆液）的方法进行裂缝修补，或者采用灌浆与表面封闭相结合的方法。缝宽小于 0.1mm 的裂缝，可不处理或只作表面处理即可。

8.6.2　井筒歪斜

（1）原因分析：①沉井制作场地土质软硬不均，事前未进行地基处理，筒体混凝土浇筑后产生不均匀下沉；②沉井一次制作高度过大，重心过高，易于产生歪斜；③沉井制作质量差，刃脚不平，井壁不垂直，刃脚和井壁中心线不垂直，使刃脚失去导向功能；④拆除刃脚垫架时，没有采取分区、依次、对称、同步地抽除承垫木，抽除后又未及时回填夯实，或井外四周的回填土夯实不均等。

（2）治理方法：①在沉井高的一侧集中挖土，在低的一侧回填砂石；②在沉井高的一侧加重物或用高压射水冲松土层；③必要时可在沉井顶面施加水平力扶正。

纠正沉井中心位置发生偏移的方法是先使沉井倾斜，然后均匀除土，使沉井底中心线下沉至设计中心线后，再进行纠偏。

8.6.3　下沉过快

（1）原因分析：①遇软弱土层；②长期抽水或因砂的流动，使井壁与土的摩阻力下降；③沉井外部土体出现液化。

（2）治理方法：可用木垛在定位垫架处给以支承，以减缓下沉速度。如沉井外部土液化出现虚坑时，可填碎石处理。

对瞬间突沉要加强操作控制，严格按次序均匀挖土；可在沉井外壁空隙填粗糙材料增加摩阻力，或用枕木在定位垫架处给以支撑，重新调整挖土；发现沉井有涌砂或软黏土因土压不平衡产生流塑情况时，可向井内灌水，把排水下沉改为不排水下沉等。

8.6.4　下沉遇流沙

（1）原因分析：①井内锅底开挖过深；井外松散土涌入井内；②井内表面排水后，井外地下水动水压力把土压入井内；③挖土深超过地下水位 0.5m 以上等。

（2）处理方法：①当出现流沙现象，可在刃脚堆石子压住水头，削弱水压力，或周围堆砂袋围住土体，或抛大块石，增加土的压重；②改用深井或喷射点井降低地下水位，防止井内流淤。深井宜安设在沉井外，点井则可设置在井外或井内；③改用不排水法下沉沉井，保持井内水位高于井外水位，以避免流沙涌入。

8.6.5　沉井上浮

（1）原因分析：①在含水地层沉井封底，井底未做滤水层，封底时未设集水井继续抽水，封底后停止抽水，地下水对沉井的上浮力大于沉井及上部附加重量而将沉井浮起；②施工次序安排不当，沉井内部结构和上部结构未施工，沉井四周未回填就封底，在地下、地面水作用下，沉井重量不能克服水对沉井的上浮力而导致沉井上浮。

（2）治理方法：不均匀下沉，可采取在井口上端偏心压载等措施纠正；在含水地层井筒内涌水量很大无法抽干时，或井底严重涌水、冒砂时，可采取向井内灌水，用不排水方法封底。如沉井已上浮，可在井内灌水或继续施工上部结构加载；同时在外部采取降水措施使其恢复下沉。

任务 8.7　针对［引例］内容制定的施工方案（案例节选）

8.7.1　施工部署

1. 沉井的主要施工方法

沉井是用于深基础和地下构筑物施工的一种工艺技术，其原理是在地面上或地坑内，先制作开口的钢筋混凝土筒身，待筒身混凝土达到一定强度后，在井内挖土使土体逐渐降低，沉井筒身依靠自重克服其与土壁之间的摩阻力，不断下沉直至设计标高，然后经就位校正后再进行封底处理。

（1）沉井方法：采用排水下沉和干封底的工艺技术。

根据对建场地的土层特征、地下水位及施工条件的综合分析，设计要求本工程的沉井采用排水下沉和干封底的施工方法。

该方法可以在干燥的条件施工，挖土方便，容易控制均衡下沉，土层中的障碍物便于发现和清除，井筒下沉时一旦发生倾斜也容易纠正，而且封底的质量也可得到保证。

（2）降水方法：井筒外深井降水与井内明排水相结合。

采用排水下沉和干封底的施工技术，关键是选择合理可行的降水方法，使降水效果满足排水下沉的技术要求。根据本工程的沉井施工特点分析，选择井筒外深井降水与井内明排水相结合的降水方法。采用该方法降水不但施工方便、降水效果好，而且能有效防止砂质粉土层可能发生的流沙或管涌等不良现象发生，以此保证沉井施工的安全和顺利进行。

（3）制作与下沉方法：两节制作、一次下沉。

沉井施工的一般方法为：分节制作、一次下沉；沉井过高，施工技术难度较大，而且在下沉时容易发生倾斜，因此应采用分节制作、一次下沉方法。沉井分节制作的高度，应保证其稳定性并能使其顺利下沉。根据本工程的特点与设计要求，对沉井应采用两节制作、一次下沉的方法。

沉井分节制作与下沉的要求是：第一节沉井高度为 5m 左右，第二节沉井高度为 5m 左右。

（4）沉井底部地基加固方法：水泥搅拌桩或钻孔灌注桩处理。

本工程的沉井持力层处在淤泥质粉质黏土层或淤泥质粉质黏土夹粉土内。该层土体湿度达到饱和，为流塑状态，属高压缩性，Ps 平均值较低，承载强度也相应较低。针对这一不利的地质情况，设计要求对该层土体采取水泥搅拌桩或钻孔灌注桩的处理措施，使地基得到加固，并防止或减少渗透和不均匀的沉降。

水泥搅拌桩设置范围为：区域范围为 16.8m×12.7m（长×宽），水泥搅拌桩直径 500mm，桩长为 6.9m。

2. 沉井工艺流程

根据本工程的特点与施工方法，沉井主要工序的工艺流程安排如图 8.21 所示。

3. 施工阶段划分与施工内容概述

分阶段、按步骤组织施工，针对各阶段的工程特点与工艺要求明确分期管理目标，并落实相应的技术与管理措施，这是加强施工过程控制的有效方法。根据施工工艺流程安排，沉井工程的主要施工过程大致可划分为以下四个施工阶段：

（1）施工准备阶段。工程开工前后应抓紧落实施工前期的各项准备工作，包括施工的组织准备、技术准备、物资准备及现场准备等工作。该阶段的主要工作内容概括如下：

1）熟悉施工图纸与地质资料等技术文件，编制施工组织设计和实施性的专项施工方案。

2）平整场地至要求的标高，铺设施工道路，开挖排水沟，接通水源和电源。

3）根据建设单位提供的坐标导点和水准引测点完成沉井的定位测量工作。为了控制沉井的位置与标高，在场内须设置沉井的轴线与标高控制点。

4）及时组织施工机具、材料及作业队伍进场，充分落实各项开工准备工作。

5）根据施工方案的要求，在沉井外布设真空深井泵井点管，并提前进行预降水工作。

6）根据施工图设计的要求，委托专业施工队伍对沉井底部的加固区域进行水泥搅拌桩或钻孔灌注桩。

7）根据施工图设计要求，完成沉井基坑的放坡开挖工作，为及时进行第一节沉井的

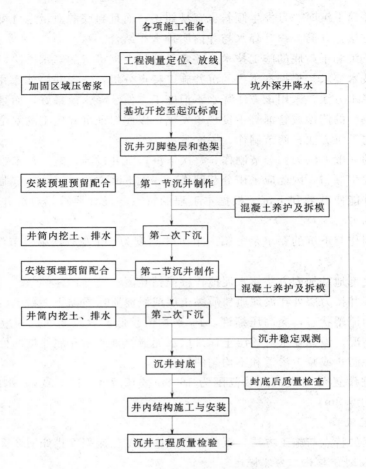

图 8.21 沉井施工工艺流程图

制作创造条件。

（2）第一节沉井制作。沉井工程进入了实施性的阶段。该阶段的主要工作内容可概括为以下几方面：

1）对开挖的沉井基坑测量定位和抄平，完成沉井刃脚的砂垫层和支垫架工作。

2）第一节沉井的钢筋绑扎和支模，其中穿插进行安装预埋预留的配合工作。

3）第一节沉井的混凝土浇捣、拆模与养护。

（3）第二节沉井制作与下沉阶段。该阶段的主要施工内容如下：

1）根据设计和规范的有关要求，完成上下节沉井之间的施工缝处理工作。

2）第二节沉井的钢筋绑扎和支模，其中穿插进行安装预埋预留的配合工作。

3）第二节沉井的混凝土浇捣、拆模与养护，同时完成沉井第二次下沉的有关准备工作。

4）沉井下沉，逐步下沉至设计要求的底标高，其中包括井筒内的挖土、明排水及井筒外的深井降水。

5）沉井过程中的测量复核和纠偏措施，包括对周边环境的监测与监控措施。

6）沉井的稳定监测，同时完成沉井封底的有关准备工作。

　　（4）沉井封底与收尾阶段。沉井下沉至设计的底标高后，必须进行观测检查，其稳定性被确认满足设计与规范后方可进行封底和后续工序的施工。该阶段的施工内容主要如下：

　　1）沉井底部的整平与垫层施工，同时完成井壁的清理与施工缝的处理工作。

　　2）底板钢筋绑扎和底板混凝土浇捣、养护。

　　3）测量弹线，落实井筒内的墙、柱、板等结构施工的准备工作。

　　4）完成井筒内的结构施工，为机电安装作业创造条件。

　　5）沉井工程的质量检查与验收。

　　4. 主要施工机械与机具配备计划

　　根据各施工阶段的实际需要，合理选择、布置及使用施工机械，是加快施工进度、提高工效和保证施工顺利进行的必要条件。本工程沉井各阶段所配备的主要施工机械与机具详见表 8.4。

表 8.4　　　　　　　　沉井各阶段所配备的主要施工机具

序号	机械名称、型号	数量/台套	使用部位
1	深井泵降水设备与设施	4	沉井外降水
2	液压式挖掘机（LS280）	1	基坑开挖、回填
3	电动蛙夯（H-201型）	2	土基及回填土夯实
4	混凝土汽车泵（$R=36m$）	1	沉井浇混凝土
5	自落式混凝土搅拌机（JG250）	1	砂浆和零星混凝土拌制
6	履带式挖机（W-1001）	1	井内挖土及垂直运输
7	电焊机（BXI-330）	3	施工全过程
8	插入式振动器（HZ6X-50）	8	振捣混凝土
9	平板式振动器（PZ-501）	2	振捣混凝土
10	钢筋切断机（QJ40-1）	1	钢筋制作成型
11	钢筋弯曲机（WJ40-1）	1	钢筋制作成型
12	钢筋调直机（TQ4-14）	1	钢筋制作成型
13	钢筋对焊机（UN1-75型）	1	钢筋对接
14	潜水泵（QS32×25-4型，25m³/h）	4	井内排水
15	高压水泵（8BA-18型，1.25MPa）	2	沉井冲泥备用
16	小型空压机（0.6MPa）	2	混凝土面凿除与清理

　　5. 主要劳动力使用计划

　　（1）劳动力组织的特点。与一般工程不同，本工程为大型的沉井构筑物，工艺技术独特，专业性强，一般需要连续地快速施工，因此劳动力组织具有以下特点：

　　1）真空深井泵降水、压密注浆加固地基及井内土方开挖等作业均为专业性较强的施工项目，需要选择具有资质的专业分包队伍组织施工。

　　2）根据沉井应连续施工的需要，与沉井有关的降水、挖土等劳动力应组成两班制，实行昼夜交接班作业。劳动力的投入量需要作相应的增加。

3）本工程的沉井为直径 7.9m 的圆形构筑物，制作的技术难度较大，尤其是钢筋与模板分项，操作技术要求高，因此劳动力的组织应选择具有类似工程施工经验的熟练技工。

（2）主要工种的劳动力配备数量。

1）深井降水：井点打设 5 人，日常降水管理 2 人。

2）水泥搅拌桩或钻孔灌注桩：12 人。

3）钢筋工：60 人（包括钢筋制作成型）。

4）支模木工：45 人。

5）混凝土工：20 人。

6）泥工：10 人。

7）挖土工：28 人（分两班作业）。

8）排水工：6 人（分两班作业）。

9）普工：12 人（分两班作业）。

10）测量工：2 人。

6. 沉井各阶段主要工序的作业进度控制

根据沉井工程的特点与分阶段组织施工的需要，各阶段主要工序的作业进度控制计划安排如下：

（1）施工准备阶段：完成各项施工准备工作的时间需要 10 日历天。其中主要工序为水泥搅拌桩或钻孔灌注桩进行地基加固，水泥搅拌桩采用一套设备作业，约需要 4 日历天，钻孔灌注桩采用一套设备作业约需要 6 日历天。

（2）第一节沉井制作：该阶段的作业进度控制计划为 15 日历天。其中主要工序的进度安排分别为：沉井制作 6 天；沉井混凝土养护 9 天左右。

（3）第二节沉井制作与下沉阶段：该阶段的作业进度控制计划为 46 日历天。主要工序的进度安排分别为：沉井制作 8 天；沉井混凝土养护 25 天左右，井壁强度满足 75% 以上和刃脚强度达到 100% 设计强度的要求；沉井下沉至设计标高需要 13 天，其中考虑了地质条件对作业所产生的不利影响。

（4）沉井封底与收尾阶段：该阶段的作业进度控制计划为 23 日历天。主要工序的进度安排分别为：封底前的沉井稳定性观测 7 天；沉井封底 6 天；沉井内结构收尾 10 天。

8.7.2 主要项目的施工方法与技术措施

8.7.2.1 工程测量

1. 测量工作安排

为了保证测量精度满足设计图纸与施工质量的要求，现场测量工作将按以下部署进行：

（1）测量工作应抓紧在施工准备阶段开始。根据施工总平面图的座标控制点，引测工程轴线和高程控制点，为全面开展施工创造条件。

（2）根据本工程沉井的施工特点，在场内建立平面主轴线控制网和水准复核点，以满足施工的需要。

（3）施工前期的测量工作应由公司专业测量师负责、施工员或技术员配合完成。施工期间，现场施工员或技术员负责操平放线工作，公司专业测量师负责定期复核。

（4）根据施工图设计要求，完成沉井的沉降观测工作。

（5）根据当地建设主管部门的有关规定，做好测量技术资料的保存与归档工作。

2. 沉井的测量控制方法

（1）沉井位置与标高的控制：在沉井外部地面及井壁顶部设置纵横十字中心线和水准基点，通过经纬仪和水准仪的经常测量和复核，达到控制沉井位置和标高的目的。

（2）沉井垂直度的控制：在井筒内按 4 或 8 等分做出垂直轴线的标记，各吊线坠逐个对准其下部的标板以控制垂直度，并定期采用两台经纬仪进行垂直偏差观测。挖土时，应随时观测沉井的垂直度，当线坠离标板墨线达 50mm 时，或四周标高不一致时，应及时采取纠偏措施。

（3）沉井下沉控制：在井筒外壁周围测点弹出水平线，或在井筒外壁上的四个侧面用墨线弹出标尺，每 20mm 一格，用水准仪及时观测沉降值。

（4）沉井过程中的测量控制措施：沉井下沉时应对其位置、垂直度及标高（沉降值）进行观测，每班至少测量两次（在班中和每次下沉后测量一次）。沉井接近设计的底标高时，应加强观测，每 2h 一次，预防超沉。

（5）测量工作的管理措施：沉井的测量工作应由专人负责。每次测量数据均需要如实记录，并制表发送给有关各部门。测量时如发现沉井有倾斜、位移、沉降不均或扭转等情况，应立即通知值班技术负责人，以便指挥操作人员采取相应措施，使偏差控制在规范允许的范围以内。

8.7.2.2　井外深井降水与井内明排水结合的施工方法

根据设计要求，本工程的沉井采用排水下沉和干封底的施工技术。采用该项技术的前提条件是落实沉井内外的降水措施，确保沉井过程不受地下水的影响，特别要防止③层土发生流沙情况。经对多种降水方案的比较与论证，发现采用井外深井降水与井内明排水结合的方法较为合理可行，尤其是深井降水，具有排水量大、降水深及平面布置干扰小等优点。有关的施工方法与技术措施如下述。

1. 深井布设位置与要求

根据有关深井降水的技术参数测算，沉井外围应布置 4 口深度为 15m 的深井，每口深井的有效降水面积约 $300m^2$，降水深度可达到 12m 左右，以此保证降水效果能满足排水沉井和干封底的施工的需要。深井布设的基本要求如下：

（1）在沉井外围（离沉井外壁 4m 左右）布设 4 口深井，深井之间的距离控制在 18～20m 以内。每口深井的降水范围大致为 1/4 的沉井区域。

（2）打设深井采用 WK-1000 旋挖钻机干钻法成孔，清水护壁。深井成孔的直径为 700mm，井管直径为 273mm，以瓜子片加粗砂为滤料。围填沥料应做到四周均匀，下料不能过快，防止局部沥料脱空而影响降水效果。

（3）根据井深和沉井区域土层的含水量，在井底 0.5m 以上设置一节长度为 4.0m 的滤管，并在自然地面以下 4.0m 处设置一节长度为 2.0m 的滤管。深井泵吸水头应放在沥水管下口处沉砂管部位，以便有效地抽取地下水。

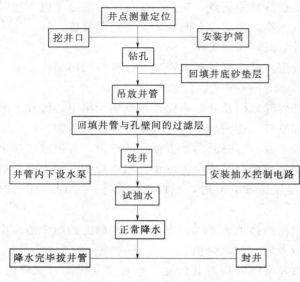

图8.22 深井施工技术工艺流程图

（4）每口深井配置一台JC100-110深井水泵，排量为每小时10t，扬程38m。深井泵电机座与井口连接处要垫好橡皮，并保证密封，防止漏气。真空泵与深井泵每2口连接为一组，配备一台2S-185真空泵，通过抽真空加大井内外的压力差，以此加快集水速度，提高降水效果。

2. 深井布置的工艺流程

为了保证施工质量，深井的布置打设应符合施工技术规范的要求，其工艺流程如图8.22所示。

3. 深井降水的进度安排

深井设置应在施工准备阶段完成。每安装完成一口井后即可进行验收。4口深井的设置时间应控制在2天左右。深井泵安装并验收后即可进行预降水。为了保证坑内的降水效果，沉井前的预降水时间宜为15天左右。沉井施工期间，降水应连续进行，降水深度应控制在沉井底以下0.5～1.0m。降水周期应满足设计要求。

4. 沉井内的明排水方法

在沉井外部采用深井井点截水的同时，在沉井内部开挖明沟、集水井，采用潜水泵进行明排水，以此保证降水效果。井内明排水的主要技术措施为沉井过程中，如发现井内土体湿陷，应在离刃脚2～3m处挖一圈排水明沟，并设3～4个集水井，其深度应比地下水位深1～1.5m。明沟和集水井的深度应随沉井的挖土而不断加深。集水井内的积水由高扬程的潜水泵排至沉井外。

井内明排水也可以将抽水泵设在井壁内，一般需要在井壁上预埋铁件，焊钢操作平台安置水泵，或在井壁上吊木架安置水泵。

8.7.2.3 水泥搅拌桩或钻孔灌注桩地基加固方法

水泥搅拌桩加固，水泥搅拌桩管径D500，桩顶标高为4.9m，桩长15m，数量为140根，水泥搅拌桩管径D500，桩顶标高为－3.2m，桩长106.9m，数量为154根，搅拌桩采用425号普通硅酸盐水泥，水泥用量为50kg/m，要求桩身无侧限抗压强度（90d龄期）不低于1.2MPa，钻进速度小于1.0m/min为宜，提升钻具速度小于0.8m/min。打桩施工完成后承载力检验采用复合地基载荷试验和单桩载荷试验，载荷试验必须在桩身强度满足试验载荷条件时，并宜在成桩28d后进行，检测数量为桩总数的1%，且每项单体不少于3点。水泥搅拌桩单桩承载力特征值$Ra \geqslant 90kN$，复合地基承载力特征值$f_{spk} \geqslant 100kPa$。

8.7.2.4 沉井制作方法与技术措施

1. 作业条件

沉井制作与下沉前，应充分落实相应的作业条件，全面完成以下几方面的施工准备工作：

（1）编制实施性的施工方案，用于指导沉井施工。编制方案必须根据沉井工程的特点、地质水文情况及已有的施工设备、设施等条件，并经过详细的技术、经济比较，以此保证方案的经济合理性与技术可行性。在方案中要重点考虑沉井制作与下沉的安全、质量保证措施，对可能遇到的问题和解决方法做到心中有数。

（2）布置测量控制网。在现场要事先设置沉井中心线和标高的测量控制点，作为沉井定位放线和下沉观测的依据。

（3）深井降水点的布设和压密注浆加固地基等工作已结束，其施工质量已通过验收符合设计和规范的有关要求。

（4）根据设计要求完成了沉井基坑的开挖。

2. 刃脚支设形式

沉井下部为刃脚，其支设方法取决于沉井的重量、施工荷载和地基承载力。常用的刃脚支设形式有垫架法、砖砌垫座和土模。

根据本工程的具体施工条件分析，沉井的刃脚支设形式宜采用垫架法。垫架的作用是将上部沉井重量均匀传递给地基，使沉井制作过程中不会产生较大的不均匀沉降，防止刃脚和井身产生破坏性裂缝，并可使井身保持垂直。

采用垫架法时，先在刃脚处铺设砂垫层，再在其上铺设垫木（枕木）和垫架。垫木常用 150mm×150mm 断面的方木。垫架的数量应根据第一节沉井的重量和砂垫层的容许承载力计算确定，间距一般为 0.5～1.0m。垫架应沿刃脚圆弧对准圆心铺设。

3. 刃脚垫木铺设数量和砂垫层铺设厚度测算

刃脚垫木的铺设数量，由第一节沉井的重量及地基（砂垫层）的承载力而定。沿刃脚每米铺设垫木的根数 n 可按式（8.3）计算：

$$n = G / (A \cdot f) \tag{8.3}$$

式中　G——第一节沉井单位长度的重力，kN/m；

A——每根垫木与砂垫层接触的底面积，m^2；

f——地基或砂垫层的承载力设计值，kN/m^2。

根据上式测算：已知沉井外壁直径为 7.9m，壁厚 0.70m，第一节井身高度 4.5m，混凝土量约 75m^3；地基土为粉质黏土，地基承载力设计值为 180kPa，砂垫层的承载力设计值暂估为 150kPa。因此：

$$G = 75 \times 25 / (16.6 \times 3.14) = 1875 / 52.12 = 36 kN/m$$

又：$A = 0.15 \times 2 = 0.3$（m^2）

砂垫层上每米需铺设垫木数量：$n = G / (A \cdot f) = 36 / (0.3 \times 150) = 0.8$（根）。

即：垫木间距为 0.42m，取 0.4m 整数。

沉井刃脚需铺设垫木数量计算：$7.9 \times 3.14 / 0.4 = 62$（根）。

沉井的刃脚下采用砂垫层是一种常规的施工方法，其优点是既能有效提高地基土的承载能力，又可方便刃脚垫架和模板的拆除。砂垫层的厚度一般根据第一节沉井重量和垫层底部地基土的承载力计算而定。计算公式为

$$h = \frac{(G/f - L)}{2\tan\theta} \qquad (8.4)$$

式中　G——沉井第一节单位长度的重力，kN/m；

　　　f——砂垫层底部土层承载力设计值，kN/m^2；

　　　L——垫木长度，m；

　　　θ——砂垫层的压力扩散角，一般取 $22.5°$。

根据本工程的施工条件，初步测算砂垫层厚度以 $0.5m$ 为宜，铺设宽度为 $2.5m$。

4. 沉井制作的钢筋施工工艺

(1) 钢筋应有出厂质量证明和检验报告单，并按有关规定分批抽取试样做机械性能试验，合格后方可使用。

(2) 根据施工图设计要求，钢筋工长预先编制钢筋翻样单。所有钢筋均须按翻样单进行下料加工成型。

(3) 钢筋绑扎必须严格按图施工，钢筋的规格、尺寸、数量及间距必须核对准确。

(4) 井壁内的竖向钢筋应上下垂直，绑扎牢固，其位置应按轴线尺寸校核。底部的钢筋应采用与混凝土保护层同厚度的水泥砂浆垫块垫塞，以保证其位置准确。

(5) 井壁钢筋绑扎的顺序为：先立 2～4 根竖筋与插筋绑扎牢固，并在竖筋上划出水平筋分档标志，然后在下部和齐胸处绑扎两根横筋定位，并在横筋上划出竖筋的分档标志，接着绑扎其他竖筋，最后再绑扎其他横筋。

(6) 井壁钢筋应逐点绑扎，双排钢筋之间应绑扎拉筋或支撑筋，其纵横间距不大于 600mm。钢筋纵横向每隔 1000 设带铁丝垫块或塑料垫块。

(7) 井壁水平筋在联梁等部位的锚固长度，以及预留洞口加固筋长度等，均应符合设计抗震要求。

(8) 合模后对伸出的竖向钢筋应进行修整，宜在搭接处绑扎一道横筋定位。浇灌混凝土后，应对竖向伸出钢筋进行校正，以保证其位置准确。

5. 沉井制作的模板施工工艺

模板分项是沉井制作过程中的关键工序，其设计选型、用料、制作及现场安装等方法直接关系到沉井的工程质量与施工安全。根据本工程沉井施工的特点与要求，模板的工艺技术与施工方法作以下考虑：

(1) 模板的设计选型：井壁的内外模板全部采用组合式的定型钢模板，散装散拆，以方便施工，但刃脚部位应采用非定型模板单独拼装、支设。平面模板选取 $300mm \times 1500mm$ 的规格，以满足圆形井壁的施工要求。围檩采用 8 号轻型槽钢按弧度分段定制。竖向龙骨采用 $\phi48 \times 3.5mm$ 钢管。模板之间的连接件采用配套的 U 形卡、L 形插销、钩头螺栓及对拉螺栓等。

(2) 模板安装的工艺流程：位置、尺寸、标高复核与弹线 → 刃脚支模 → 井壁内模支设（配合钢筋安装）→ 井壁外模支设（配合完成钢筋隐检验收）→ 模板支撑加固 → 模板检查与验收。

(3) 定型模板的制作尺寸要准确，表面平整无凹凸，边口整齐，连接件紧固，拼缝严密。安装模板按自下而上的顺序进行。模板安装应做到位置准确，表面平整，支模要横平竖直不歪斜，几何尺寸要符合图纸要求。

（4）井壁侧模安装前，应先根据弹线位置，用 $\phi 14$ 短钢筋离底面 50mm 处焊牢在两侧的主筋上（注意电焊时不伤主筋），作为控制截面尺寸的限位基准。一片侧模安装后应先采用临时支撑固定，然后再安装另一侧模板。两侧模板用限位钢筋控制截面尺寸，并用上下连杆及剪刀撑等控制模板的垂直度，确保稳定性。

（5）沉井的制作高度较高，混凝土浇筑时对模板所产生的侧向压力也相应较大。为了防止浇混凝土时发生胀模或爆模情况，井壁内外模板必须采用 $\phi 16$ 对拉螺栓紧固。对拉螺栓的纵横向间距均为 450mm。对拉螺栓中间满焊 $100mm \times 100mm \times 3mm$ 钢板止水片。底部第一道对拉螺栓的中心离地 250mm。

（6）第一节沉井制作时，井壁的内外模板均采用上、中、下三道抛撑进行加固，以保证模板的刚度与整体稳定性。第二节沉井制作时，井壁外模仍按上述方法采用抛撑，井壁内模可采用井内设中心排架与水平钢管支撑的方法进行加固。水平钢管支撑呈辐射状，一端与中心排架连接，另一端与内模的竖向龙骨连接。

（7）封模前，各种预埋件或插筋应按要求位置用电焊固定在主筋或箍筋上。预留套管或预留洞孔的钢框应与钢筋焊接牢固，并保证位置准确。

（8）模板安装前必须涂刷脱模剂，使沉井混凝土表面光滑，减小阻力便于下沉。

6. 沉井制作的混凝土施工工艺

（1）混凝土浇筑采用汽车泵直接布料入模的方法。每节沉井浇混凝土必须连续进行，一次完成，不得留置施工缝。

（2）浇筑混凝土前必须完成的工作主要有：钢筋已经隐检符合质量验收规范与设计要求；模板已安装并经过检查验收合格，模板内的垃圾及杂物已清理干净，模板已涂刷脱模隔离剂；沉井的位置、尺寸、标高和井壁的预埋件、预留洞等已经过复核无误；由专业试验室或混凝土制品厂提供的混凝土配合比设计报告已经审核批准实施；首次使用的混凝土配合比应进行开盘鉴定，进场混凝土应进行配合比泵送工作性能鉴定，其工作性能应满足设计配合比的要求。

（3）混凝土浇筑应分层进行，每层浇筑厚度控制在 300～500mm（振动棒作用部分长度的 1.25 倍）。

（4）混凝土捣固应采用插入式振动器，操作要做到"快插慢拔"。混凝土必须分层振捣密实，在振捣上一层混凝土时，振动器应插入下层混凝土中 5cm 左右，以消除两层之间的接缝。上层混凝土的振捣应在下层混凝土初凝之前进行。

（5）振动器插点要均匀排列，防止漏振。一般每点振捣时间为 15～30s，如需采取特殊措施，可在 20～30min 后对其进行二次复振。插点移动位置的距离应不大于振动棒作用半径的 1.5 倍（一般为 30～40cm），振动器距离模板不应大于振动器作用半径的 0.5 倍，但不宜紧靠模板振动，且应尽量避免碰撞钢筋、预埋管件等。

（6）为了防止模板变形或地基不均匀下沉，沉井的混凝土浇筑应对称、均衡下料。

（7）上、下节水平施工缝应留成凸形或加设止水带。支设第二节沉井的模板前，应安排人员凿除或清理施工缝处的水泥薄膜和松动的石子，并冲洗干净，但不得积水。继续浇筑下节沉井的混凝土前，应在施工缝处铺设一层与混凝土内成分相同的水泥砂浆。

（8）混凝土浇筑完毕后 12h 内应采取养护措施，可对混凝土表面复盖和浇水养护，井壁侧模拆除后应悬挂草包并浇水养护，每天浇水次数应满足能保持混凝土处于湿润状态的要求。浇水养护时间的规定为：采用普通硅酸盐水泥时不得少于 7 天，当混凝土中掺有缓凝型外加剂或有抗渗要求时不得少于 14 天。

8.7.2.5　沉井下沉方法与技术措施

1. 沉井下沉的作业顺序安排

下沉准备工作 → 设置垂直运输机械设备 → 挖土下沉 → 井内外排水、降水 → 边下沉边观测 → 纠偏措施 → 沉至设计标高 → 核对标高、观测沉降稳定情况 → 井底设盲沟、集水井 → 铺设井内封底垫层 → 底板防水处理 → 底板钢筋施工与隐蔽工程验收 → 底板混凝土浇筑 → 井内结构施工 → 上部建筑及辅助设施 → 回填土。

2. 沉井下沉验算

沉井下沉前，应对其在自重条件下能否下沉进行必要的验算。沉井下沉时，必须克服井壁与土间的摩阻力和地层对刃脚的反力，其比值称为下沉系数 K，一般应不小于 1.15～1.25。井壁与土层间的摩阻力计算，通常的方法是：假定摩阻力随土深而加大，并且在 5m 深时达到最大值，5m 以下时保持常值。计算方法如图 8.23 所示。

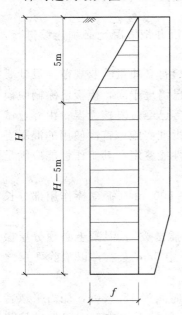

图 8.23　沉井下降摩阻力
计算简图

沉井下沉系数的验算公式为

$$K = \frac{Q - B}{T + R} \tag{8.5}$$

$$T = \pi D (H - 2.5) \cdot f$$

式中　　K——下沉安全系数，一般应大于 1.15～1.25；

Q——沉井自重及附加荷载，kN；

B——被井壁排出的水量，kN，如采取排水下沉法时，$B = 0$；

T——沉井与土间的摩阻力，kN；

D——沉井外径，m；

H——沉井全高，m；

f——井壁与土间的摩阻系数，kPa，由地质资料提供；

R——刃脚反力，kN，如将刃脚底部及斜面的土方挖空，则 $R = 0$。

本工程沉井的验算的条件如下：

沉井外径：7.9m。

沉井全高 8.7m，分二节制作、二次下沉，第一节高度 4.5m，第二节高度 4.2m。

第一节沉井自重为 $7.2 \times 3.14 \times 0.7 \times 4.5 \times 25 = 1780.38$（kN）。

沉井总重为 $7.2 \times 3.14 \times 0.7 \times 8.7 \times 25 = 3442.07$（kN）。

井壁摩阻系数为：③层土均为 6kPa。

第一节沉井下沉系数验算：

$K1 = 1780.38/3.14×7.9(4.5-2.5)×30 = 1780.38/1488.36 = 1.19$

第一节沉井的下沉系数满足安全验算要求。

第二节沉井下沉系数验算：

$K2 = 3442.07/3.14×7.9(8.7-2.5)×20 = 3442.07/3075.94 = 1.12$

第二节沉井的下沉系数满足安全验算要求。

3. 沉井下沉的主要方法和措施

（1）第一节沉井制作完成后，其混凝土强度必须达到设计强度等级的100％后方可进行刃脚垫架拆除和下沉的准备工作。

（2）井内挖土应根据沉井中心划分工作面，挖土应分层、均匀、对称地进行。挖土要点是：先从沉井中间开始逐渐挖向四周，每层挖土厚度为0.4～0.5m，沿刃脚周围保留0.5～1.5m的土堤，然后再沿沉井井壁每2～3m一段向刃脚方向逐层全面、对称、均匀地削薄土层，每次削5～10cm，当土层经不住刃脚的挤压而破裂时，沉井便在自重的作用下挤土下沉。

（3）井内挖出的土方应及时外运，不得堆放在沉井旁，以免造成沉井偏斜或位移。如确实需要在场内堆土，堆土地点应设在沉井下沉深度2倍以外的地方。

（4）沉井下沉过程中，应安排专人进行测量观察。沉降观测每8小时至少2次，刃脚标高和位移观测每台班至少1次。当沉井每次下沉稳定后应进行高差和中心位移测量。每次观测数据均须如实记录，并按一定表式填写，以便进行数据分析和资料管理。

（5）沉井时，如发现有异常情况，应及时分析研究，采取有效的对策措施：如摩阻力过大，应采取减阻措施，使沉井连续下沉，避免停歇时间过长；如遇到突沉或下沉过快情况，应采取停挖或井壁周边多留土等止沉措施。

（6）在沉井下沉过程中，如井壁外侧土体发生塌陷，应及时采取回填措施，以减少下沉时四周土体开裂、塌陷对周围环境造成的不利影响。

（7）为了减少沉井下沉时摩阻力和方便以后的清淤工作，在沉井外壁宜采用随下沉随回填砂的方法。

（8）沉井开始下沉至5m以内的深度时，要特别注意保持沉井的水平与垂直度，否则在继续下沉时容易发生倾斜、偏移等问题，而且纠偏也较为困难。

（9）沉井下沉近设计标高时，井内土体的每层开挖深度应小于30cm或更薄些，以避免沉井发生倾斜。沉井下沉至离设计底标高10cm左右时应停止挖土，让沉井依靠自重下沉到位。

4. 井内挖土和土方吊运方法

沉井内的分层挖土和土方吊运采用人工和机械相配合的方法。根据本工程的沉井施工特点，在沉井上口边配备一台5吨的W-1001履带式起重机（也即抓斗挖机），负责机械开挖井内中间部分的土方和将井内土方吊运至地面装车外运。井内靠周边的土方以人工开挖、扦铲为主，以此严格控制每层土的开挖厚度，防止超挖。井内土体如较为干燥，可增配一台小型（0.25m³）液压反铲挖掘机，在井内进行机械开挖，达到减少劳动力和提高工效的目的。

井内土方挖运实行人机同时作业，必须加强对井下的操作工人的安全教育和培训，强化工人的安全意识，并落实安全防护措施，以防止事故发生。

8.7.2.6 沉井封底的主要方法

1. 封底的技术措施

当沉井下沉至距设计底标高 10cm 时，应停止井内挖土和排水，使其靠自重下沉至或接近设计底标高，再经过 2～3 天的下沉稳定，或经观测在 8 天内累计下沉量不大于10mm 时，即可进行沉井封底。沉井干封底的施工要点和主要技术措施如下述：

(1) 先对井底进行修整使其形成锅底形状，再从刃脚向中心挖出放射形的排水沟，内填卵石成为排水暗沟，并在中间部位设 2～3 个集水井（深 1～2m），井间用盲沟相互连通，井内插入 $\phi600～800$、四周带孔眼的钢管或混凝土管，四周填以卵石，使井底的水流汇集在井中，然后用潜水泵排出，以此保证沉井内的地下水位低于基底面 0.5m 左右。

(2) 根据设计要求，封底由三层组成：450 厚石渣，150 厚素混凝土，以及 500 厚混凝土底板。封底材料在刃脚下必须填实，混凝土垫层应振捣密实，以保证沉井的最后稳定。

(3) 垫层混凝土达到 50% 设计强度后，可进行底板钢筋绑扎。钢筋应按设计要求伸入刃脚的凹槽内。新老混凝土的接触面应冲刷干净。

(4) 底板混凝土浇筑时，应分层、不间断地进行，由四周向中间推进，每层浇筑厚度控制在 30～50cm，并采用振动器振捣密实。

(5) 底板混凝土浇筑后应进行自然养护。在养护期内，应继续利用集水井进行排水。待底板混凝土强度达到 70% 并经抗浮验算后，再对集水井进行封堵处理。集水井的封堵方法是：将井内水抽干，在套管内迅速用干硬性的高强度混凝土进行堵塞并捣实，然后上法兰盘用螺栓拧紧，或用电焊封闭，上部再用混凝土垫实捣平。

2. 沉井封底后的抗浮稳定性验算

沉井封底后，整个沉井受到被排除地下水向上浮力的作用，如沉井自重不足于平衡地下水的浮力，沉井的安全性会受到影响。为此，沉井封底后应进行抗浮稳定性验算。

沉井外未回填土，不计井壁与侧面土反摩擦力的作用，抗浮稳定性计算公式为：

$$K = G/F \geqslant 1.1$$

式中　G——沉井自重力，kN；

　　　F——地下水向上的浮力，kN。

验算条件：

沉井自重为井壁和封底混凝土重量：$3442.07+1211.04=4653.11$（kN）。

地下水向上浮力：由地质勘察资料得知，拟建场地的地下水位标高为 1.67～1.78，平均静止水位标高为 1.72m，下沉底标高为 -6.2m，故验算浮力的地下水深度按 7.92m考虑，则：$F = 3.14 \times 7.9^2 \times 10 \times 7.92/4 = 3880.15$(kN)。

$$K = 4653.11/3880.15 = 1.2$$

根据上述计算可知，封底完成后可以停止排水。

8.7.3 沉井施工质量与安全控制的主要措施

1. 沉井质量主控项目的检验标准

此部分内容略。

2. 沉井易渗漏部位的质量控制要点

沉井易渗漏部位的质量控制要点见表 8.5。

表 8.5　　　　　　　　　　　　沉井易渗漏部位的质量控制要点

序	易渗漏部位	质 量 控 制 要 点
1	沉井支模的对拉螺栓	检查螺栓止水片规格、焊缝的满焊程度及螺栓孔是否采用强度砂浆封堵等
2	沉井分节间的施工缝	按规定留置凸缝，混凝土浇筑前凿除疏松混凝土、接缝清洗干净、湿润接浆、振捣密实，拆模后再对施工缝进行防水处理
3	预留孔、洞二次灌混凝土	孔、洞浇灌前应凿毛、清洗、绑筋加固、湿润；浇混凝土采用提高一级混凝土强度等级的措施，并振捣密实
4	封底与井壁接触处	沉井下沉前对底板与井壁的接触处进行凿毛处理，底板混凝土浇灌前对接触处进行清洗、湿润、接浆处理
5	混凝土浇灌时分层缝、施工缝	混凝土浇灌时必须分层、振实、控制混凝土的初凝时间，不允许留设垂直施工缝。严格按规范要求进行养护

3. 安全施工措施

此部分内容略。

项 目 小 结

本项目主要内容包括认知沉井构造、沉井施工准备、沉井制作、沉井下沉、沉井接高及封底、沉井施工质量控制等，重点阐述了这些灌注桩的具体施工流程；着重分析了这些灌注桩常见的工程问题及处理方法。通过本项目的学习，应掌握沉井的种类、组成部分及构造；掌握沉井制作、沉井下沉和沉井接高及封底施工方法等；对施工中沉井施工中常出现的质量问题能进行原因分析、控制和处理。

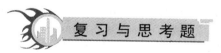

复习与思考题

1. 什么是沉井？沉井的特点和适用条件是什么？

2. 沉井是如何分类的？

3. 沉井一般有哪几部分组成的？各部分作用又是如何？

4. 简述刃脚支设的方法？

5. 下沉系数是什么？如果计算值小于容许值，该如何处置？

6. 简述沉井排水下沉和不排水下沉挖土常用的方法？

7. 简述沉井不排水封底的方法？

8. 导致沉井倾斜的主要原因是什么？该用何方法纠偏？

参 考 文 献

［1］ 中华人民共和国住房和城乡建设部．房屋建筑制图统一标准（GB 50001—2010）［S］．北京：中国计划出版社，2011．

［2］ 中华人民共和国住房和城乡建设部．总图制图标准（GB/T 50103—2010）［S］．北京：中国计划出版社，2011．

［3］ 中华人民共和国住房和城乡建设部．建筑制图标准（GB/T 50104—2010）［S］．北京：中国计划出版社，2011．

［4］ 中华人民共和国住房和城乡建设部．建筑结构制图标准（GB/T 50105—2010）［S］．北京：中国建筑工业出版社，2010．

［5］ 上海市建设和管理委员会．建筑地基基础工程施工质量验收规范（GB 50202—2002）［S］．北京：中国计划出版社，2002．

［6］ 中华人民共和国住房和城乡建设部．土方与爆破工程施工及验收规范（GB 50201—2012）［S］．北京：中国建筑工业出版社，2012．

［7］ 中华人民共和国住房和城乡建设部．砌体结构设计规范（GB 50003—2011）［S］．北京：中国建筑工业出版社，2012．

［8］ 陕西省住房和城乡建设厅．砌体结构工程施工质量验收规范（GB 50203—2011）［S］．北京：中国建筑工业出版社，2011．

［9］ 陕西省建筑科学研究院．钢筋焊接及验收规程（JGJ 18—2012）［S］．北京：中国建筑工业出版社，2012．

［10］ 中华人民共和国住房和城乡建设部．混凝土结构设计规范（GB 50010—2010）［S］．北京：中国建筑工业出版社，2011．

［11］ 中国建筑科学研究院．混凝土结构工程施工质量验收规范（GB 50204—2015）［S］．北京：中国建筑工业出版社，2015．

［12］ 中华人民共和国住房和城乡建设部．砌体结构设计规范（GB 50003—2011）［S］．北京：中国建筑工业出版社，2012．

［13］ 江苏省住房和城乡建设厅．建筑地面工程施工质量验收规范（GB 50209—2010）［S］．北京：中国计划出版社，2010．

［14］ 王玮，孙武．基础工程施工［M］．北京：中国建筑工业出版社，2010．

［15］ 钟汉华．基础工程施工［M］．郑州：黄河水利出版社，2016．

［16］ 孔定娥．基础工程施工［M］．合肥：合肥工业出版社，2010．

［17］ 刘福臣，李纪彩，周鹏．地基与基础工程施工［M］．南京：南京大学出版社，2012．

［18］ 冉瑞乾．建筑基础工程施工［M］．北京：中国电力出版社，2011．

［19］ 董伟．地基与基础工程施工［M］．重庆：重庆大学出版社，2013．

［20］ 江正荣．建筑施工计算手册［M］．3 版．北京：中国建筑工业出版社，2013．

［21］ 中国建筑一局（集团）有限公司．建筑工程季节性施工指南［M］．北京：中国建筑工业出版社，2007．

［22］ 应惠清．建筑施工技术［M］．2 版．上海：同济大学出版社，2011．

［23］ 建筑施工手册（第五版）编写组．建筑施工手册［M］．5 版．北京：中国建筑工业出版社，2012．